Ansätze der inhärent sicheren Konstruktion modifizierbarer, cyberphysischer Produktionssysteme

Approaches to the Inherently Safe Design of Modifiable, Cyber-Physical Production Systems

Von der Fakultät für Maschinenwesen
der Rheinisch-Westfälischen Technischen Hochschule Aachen
zur Erlangung des akademischen Grades einer
Doktorin der Ingenieurwissenschaften
genehmigte Dissertation

vorgelegt von

Melanie Sarah Katharina Padberg, geb. Buchsbaum

Berichter/in:

Univ.-Prof. Dr.-Ing. Christian Brecher
Univ.-Prof. Dr.-Ing. Alexander Verl

Tag der mündlichen Prüfung: 11. Oktober 2023

ERGEBNISSE AUS DER PRODUKTIONSTECHNIK

Melanie Padberg

Ansätze der inhärent sicheren Konstruktion modifizierbarer, cyberphysischer Produktionssysteme

Herausgeber:
Prof. Dr.-Ing. T. Bergs
Prof. Dr.-Ing. Dipl.-Wirt. Ing. G. Schuh
Prof. Dr.-Ing. C. Brecher
Prof. Dr.-Ing. R. H. Schmitt

Band 29/2023

WZL | RWTH AACHEN UNIVERSITY

Fraunhofer IPT

Bibliografische Information der Deutschen Nationalbibliothek
Die Deutsche Nationalbibliothek verzeichnet diese Publikation in der Deutschen Nationalbibliografie; detaillierte bibliografische Daten sind im Internet über https://portal.dnb.de abrufbar.

Melanie Padberg:

Ansätze der inhärent sicheren Konstruktion modifizierbarer, cyberphysischer Produktionssysteme

1. Auflage, 2023

Gedruckt auf holz- und säurefreiem Papier, 100% chlorfrei gebleicht.

Wissenschaftsverlag des Instituts für Industriekommunikation und Fachmedien
an der RWTH Aachen
Steinbachstr. 25, 52074 Aachen
Internet: www.apprimus-verlag.de, E-Mail: info@apprimus-verlag.de

Druck: CPI Druckdienstleistungen GmbH
Ferdinand-Jühlke-Straße 7 | 99095 Erfurt

ISBN 978-3-98555-184-2

D 82 (Diss. RWTH Aachen University, 2023)

Vorwort

Die vorliegende Arbeit entstand während meiner Tätigkeit als wissenschaftliche Mitarbeiterin am Werkzeugmaschinenlabor WZL der RWTH Aachen. Wesentliche Teile der Forschungsarbeiten wurden gefördert durch die Deutsche Forschungsgemeinschaft (DFG) im Rahmen der Exzellenzstrategie des Bundes und der Länder – EXC-2023 Internet of Production – 390621612.

Zunächst bedanke ich mich bei Prof. Dr.-Ing. Christian Brecher für das entgegen gebrachte Vertrauen und die Möglichkeit zur Promotion in der Abteilung "Steuerungstechnik und Automatisierung". Prof. Dr.-Ing. Alexander Verl danke ich für die Übernahme des Koreferats sowie Prof. Dr.-Ing. Eike Stumpf für den Vorsitz der Prüfungskommission.

Meinen besonderen Dank möchte ich Dr.-Ing. Markus Obdenbusch und Dr.-Ing. Werner Herfs aussprechen. Euer Vertrauen hat mich ermutigt, über mich hinauszuwachsen und für meine Forschungsarbeit wegweisende Aufgaben, wie den Aufbau des der Arbeit zugrundeliegenden Demonstrationsszenarios oder die Übernahme der Geschäftsführung des Exzellenzclusters "Internet of Production", anzunehmen. Beide Aufgaben haben den Grundstein durch Aufbau und Konzepte für meine Arbeit gelegt. Von besonderer Bedeutung war der interdisziplinäre Austausch mit Kolleginnen und Kollegen der verschiedenen beteiligten Institute des Exzellenzclusters, die mir neue Themenfelder eröffnet und andere Perspektiven auf die Herausforderungen meines Fachgebietes aufgezeigt haben.

Fachlich und persönlich haben mich in besonderen Maße die Kollegen Philipp Blanke, Christian Fimmers, Simon Pieske, Christoph Pallasch, Jerome Flender, Lukas Gründel, Katrin Schilling, Manuel Belke und Oliver Petrovic begleitet und mich durch zahlreiche Diskussionen bei der Themenfindung und Ausarbeitung konstruktiv und kritisch unterstützt. Mein Dank gilt ebenfalls meinen studentischen Hilfskräften und Abschlussarbeitern – insbesondere Frances Ziegler und Mohammed Chaikh Albasatineh –, die die Ausarbeitung des Forschungsthemas bedeutend geprägt haben.

Ein besonderer Dank gilt meinem Freundeskreis aus dem Studium und Jannik Röttger für aufbauende Gespräche und gemeinsame Unternehmungen im und abseits des Forschungsalltags.

Ich danke meiner Mutter Dagmar Buchsbaum, die mir diesen Lebensweg ermöglicht und mich stets zur Weiterentwicklung ermutigt hat, ohne dabei die wesentlichen Dinge des Lebens aus den Augen zu verlieren. Auch meiner Schwiegerfamilie möchte ich für die Unterstützung meiner Familie in den entscheidenden Phasen danken.

Mein größter Dank gilt meinem Mann Pascal Padberg, der mich mit Geduld und dem nötigen Nachdruck in dieser besonderen Zeit begleitet hat. Du hast mir nicht nur den Rücken freigehalten, sondern mich darüber hinaus motiviert, fachlich diskutiert, in schweren Phasen aufgebaut und den Alltag unserer Familie aufrechterhalten. Du und unsere Kinder haben mich angespornt, die Arbeit zu vollenden.

Bad Homburg vor der Höhe, im Oktober 2023 Melanie Padberg

Zusammenfassung

Mit der fortschreitenden digitalen Transformation der Produktion unter dem Begriff Industrie 4.0 werden flexible, datenbasierte Steuerungskonzepte entwickelt. Unterstützt wird diese Entwicklung durch das "Internet of Production" und das damit verbundene Konzept des Digitalen Schattens. Geräte und Maschinen werden in die Lage versetzt, eigenständig Entscheidungen zu treffen. Das bedeutet, dass sie auch Fehlentscheidungen treffen können. Im Schadensfall muss geprüft werden, ob das Verhalten der Maschine vorhersehbar und vermeidbar war. Dies führt zu Vorbehalten gegenüber dem industriellen Einsatz flexibler Fertigungs- und Steuerungssysteme.

Die Maschinenrichtlinie 2006/42/EG beschreibt die Integration wichtiger Sicherheitsgrundnormen, die den Entwickler eines technischen Systems durch eine definierte Vorgehensweise bei der Risikoabschätzung und -minimierung unterstützen. Diese Richtlinie wurde jedoch für statische, nicht-adaptive Systeme entwickelt, so dass für Neuentwicklungen im Bereich der datenbasierten Produktionsoptimierung und Prozessanpassung bisher nur wenige Regeln zur Verfügung stehen. Die Definition des Einsatzbereiches und die damit verbundene Überwachung des Systems gewinnen an Bedeutung. So müssen alle Fehler, die zu einer Gefährdung der Produktionsprozesse führen können, im Rahmen der Sicherheitsgewährleistung vor dem Einsatz analysiert und kontrolliert sowie in der Betriebsphase überwacht und kontrolliert werden. Da Sicherheit einfach, überschaubar, nachvollziehbar und überprüfbar sein muss, ist die Umsetzung flexibler Sicherheitslösungen in adaptiven Systemen nicht vorgesehen. Sicherheitssteuerungen müssen heute jedoch komplexere Prozesse abdecken und daher intelligenter und dynamischer werden.

Diese Arbeit befasst sich daher mit dem Aufbau von cyberphysischen Produktionssystemen (CPPS) und der Entwicklung von Konzepten für inhärent sichere CPPS. In einem ersten Schritt wurden Anforderungen an sichere CPPS formuliert. Basierend auf den definierten Anforderungen wurde eine inhärent sichere Systemarchitektur entwickelt. Zur Verknüpfung der einzelnen Systemkomponenten wurde die Methode des ontologiebasierten Datenmanagements vorgestellt und weiterentwickelt. Die so entwickelte Architektur wurde unter Verwendung von Redundanz zu einer sicheren cyberphysischen Steuerungsarchitektur erweitert. Zur Beschreibung der Systemgrenzen wurden anschließend verschiedene Methoden zur Extraktion und Überwachung der räumlichen Systemgrenzen exemplarisch umgesetzt und verglichen. Das Ergebnis wurde als Sicherheitsfunktion implementiert und eine Methode zur Realisierung des gewünschten Systemverhaltens bei sicherheitsrelevanten Ereignissen durch vertragsbasiertes Design vorgestellt. Zur Evaluierung diente ein aus mehreren Zellen bestehenden CPPS zur Bearbeitung von Autoscheiben.

Summary

With the advancing digital transformation of production under the term Industry 4.0, flexible, data-based control concepts are being developed. This development is supported by the "Internet of Production" and the associated concept of the Digital Shadow. Devices and machines are enabled to make decisions independently. This means that they can also make wrong decisions. In the event of damage, it must be examined whether the machine's behavior was foreseeable and avoidable. This leads to reservations about the industrial use of flexible manufacturing and control systems.

The Machinery Directive 2006/42/EC describes the integration of important basic safety standards that support the developer of a technical system through a defined procedure for risk assessment and minimization. However, this directive was developed for static, non-adaptive systems, so that for new developments in the field of data-based production optimization and process adaptation only a few rules are available so far. The definition of the application area and the associated monitoring of the system are gaining in importance. Thus, all faults that could endanger production processes must be analyzed and controlled before use as part of the safety guarantee, and monitored and controlled during the operating phase. Since safety must be simple, manageable, traceable and verifiable, the implementation of flexible safety solutions in adaptive systems is not envisaged. However, safety controls today must cover more complex processes and therefore become more intelligent and dynamic.

This thesis therefore deals with the construction of cyber-physical production systems (CPPS) and the development of concepts for inherently safe CPPS. In a first step, requirements for safe CPPS were formulated. Based on the defined requirements, an inherently safe system architecture was developed. To link the individual system components, the method of ontology-based data management was introduced and further developed. The architecture thus developed was extended to a safe cyber-physical control architecture using redundancy. To describe the system boundaries, various methods for extracting and monitoring the spatial system boundaries were then implemented and compared as examples. The result was implemented as a safety function and a method for realizing the desired system behavior in the case of safety-relevant events through contract-based design was presented. For evaluation a CPPS consisting of several cells for the processing of car windows was used.

Inhaltsverzeichnis

Content

Abkürzungsverzeichnis

Abbreviations

AMQP	Advanced Message Queuing Protocol
CAD	Computer-Aided Design
CAEX	Computer Aided Engineering Exchange
CBD	Contract-based Design
CoAP	Constrained Application Protocol
COLLADA	COLLAborative Design Activity
CPPS	Cyberphysisches Produktionssystem
CPS	Cyberphysisches System
DC	Diagnosedeckungsgrad
DDS	Data Distribution Service
DSL	Domain specific language
ECRA2.0	Edge Computing Reference Architecture 2.0
ELT	Extract, Load, Transform
ERP	Enterprise Ressource Planning
ETL	Extract, Transform, Load
FAR-Edge	Factory Automation Edge Computing Operating System Reference Architecture
FMEA	Failure Mode and Effects Analysis
HSR	High Availability Seamless Redundancy
IIRA	Industrial Internet Consortium Reference Architecture
IML	Interdisciplinary Modeling Language
IMS	Integrierte Fertigungseinrichtungen
(I)IoT	(Industrial) Internet of Things
JSON	JavaScript Object Notation
KI	Künstliche Intelligenz
LRE	Link Redundancy Entity
MES	Manufacturing Execution System
MTTF	Mittlere Betriebsdauer bis zum Ausfall (engl.: Mean Time to Failure)

MQTT	Message Queue Telemetry Transport
OBDA	Ontology-based Data Access
OBDM	Ontology-based Data Management
OC SVM	One Class Support Vector Machines
OSSD	Output Signal Switching Device
OWL	Web Ontology Language
PFH	probability of dangerous failure per hour
PL	Performance Level
PRP	Parallel Redundancy Protocol
QoS	Quality of Service
RAMEC	Reference Architecture Model Edge Computing
RDF	Resource Description Framework
REST	Representational State Transfer
ROA	Resource-oriented Architecture
SIL	Sicherheitsanforderungsstufe (engl.: Safety Integrity Level)
SLA	Service Level Agreement
SOA	Service-oriented Architecture
SPS / PLC	Speicherprogrammierbare Steuerung /Programmable Logic Controller
SRASW	Sicherheitsbezogene Anwendungssoftware
SRCF	Sicherheitsbezogene Steuerungsfunktion
SRECS	Sicherheitsbezogenen Steuerungssysteme
SRP/CS	Sicherheitsbezogene Teile von Steuerungen
SysML	Systems Modeling Language
TLS	Transport Layer Security
TSN	Time-Sensitive Networking
UML	Unified Modeling Language
URDF	Unified Robot Description Format
XML	Extensible Markup Language

1 Einleitung

Durch die fortschreitende digitale Transformation der Produktion unter dem Begriff Industrie 4.0 werden neue Steuerungskonzepte vorangetrieben [VOGE20; KAGE13; ABEL16]. Sie verfolgt das Ziel einer ressourcenschonenden und energieeffizienten, flexiblen Produktion. Diese Entwicklung wird durch das Internet der Dinge und die damit verbundenen eingesetzten Services unterstützt [SCHU16b]. Es werden Konzepte, wie die auftragsgesteuerte Produktion, adaptierbare Fabrik und selbstorganisierende Logistik mithilfe von Multiagentensystemen untersucht, die einen modularen Aufbau der Produktion als Grundlage sehen. Sowohl die Hardware, als auch die Software bzw. Steuerung muss zur Umsetzung der Konzepte flexibel gestaltet werden [VOGE20].

Die Umsetzung solcher flexiblen Produktionssysteme stockt, da zurzeit Defizite durch zu wenige und unstrukturierte Daten aus Produktionsbetrieben vorliegen, Planungssysteme nicht adaptiv sind und zudem Daten im Planungssystem nicht kontinuierlich überprüft werden [SCHU16b]. Außerdem wird befürchtet, dass neue Geschäftsmodelle für Unternehmen nicht profitabel sind und die bisher vorherrschenden Erfolgsmodelle der Unternehmen bedrohen [BREC21a]. Geräte und Maschinen sollen immer häufiger eigenständige Entscheidungen treffen. Dies bedeutet, dass sie auch Fehlentscheidungen treffen können. Im Schadensfall muss geprüft werden, ob das Verhalten der Maschine vorhersehbar und vermeidbar war [GRÜT16]. Dies führt zu weiteren Vorbehalten bezüglich des Einsatzes flexibler Produktions- und Steuerungssysteme [BREC21a].

Da Sicherheit einfach, übersichtlich, nachvollziehbar und überprüfbar sein muss, ist die Umsetzung flexibler Sicherheitslösungen in adaptiven System nicht vorgesehen. Sicherheit wird nicht von vornherein mitgedacht, sondern folgt in der Regel den sich nach und nach durchsetzenden Trends der Flexibilisierung. Nach wie vor werden Sicherheitssysteme konservativ ausgelegt, sodass im Zweifel immer ein elektromechanischer Not-Halt ausgeführt wird. Dies erlaubt wenig Raum für Flexibilität. Sicherheitssteuerungen müssen komplexere Vorgänge abdecken und daher intelligenter und dynamischer werden. Dies beinhaltet auch, die bisher vorhandenen Logik-Funktionen stetig zu erweitern. [PILZ17]

Die Haftungsfrage im Falle eines Schadens geht einher mit der Frage nach Verantwortung. Eine Person oder ein Unternehmen muss mit persönlichen und rechtlichen Konsequenzen rechnen. Rechtliche und technische Rahmenbedingungen, die durch Regeln, Normen und politische Vorgaben definiert sind, müssen eingehalten werden, um der Verantwortung über das technische System gerecht zu werden. Diese Verantwortung umfasst den gesamten Produktlebenszyklus eines technischen Systems und damit die Bereiche der technischen Sicherheit, dem Schutz der Mitarbeitenden am Arbeitsplatz, Umweltverträglichkeit, Ressourceneinsatz/-verbrauch, Leistungsfähigkeit und Funktionsfähigkeit. Es muss daher immer klar sein, wer sich wofür vor wem zu verantworten hat. Neben der Frage, wie lange und aus welchen Gründen jemand verantwortlich ist, spielt jedoch auch das Wissen über mögliche Folgen und der Umgang mit den bestehenden Unsicherheiten eine entscheidende Rolle. [ACAT21]

Um Unternehmen und den auszuführenden Personen einen rechtlichen Rahmen zur Übernahme der Verantwortung zu geben, müssen Maschinen, die auf dem europäischen Markt bereitgestellt werden, grundlegenden Sicherheits- und Gesundheitsschutzanforderungen der Richtlinie 2006/42/EG (Maschinenrichtlinie) erfüllen [DEUT93]. Diese Richtlinie beschreibt das Miteinbeziehen von wichtigen Sicherheitsgrundnormen, wie die ISO 12100, die die Entwickler eines technischen Systems durch ein definiertes Vorgehen zur Abschätzung und Minimierung des Risikos unterstützen. Diese Richtlinie und die sich anschließenden Sicherheitsnormen wurden jedoch für statische, nicht-adaptive Systeme entwickelt, sodass für neue Entwicklungen im Bereich der datenbasierten Produktionsoptimierung und -anpassung bisher wenige Regeln vorliegen.

Aus rechtlicher Perspektive wird erwartet, dass bei einem Schadensfall nach wie vor der Beweis angeführt werden muss, inwiefern ein Fehlverhalten zu erwarten war. Die zugrundeliegenden Daten in ihrer Masse und letztendlich die für die Fehlentscheidung relevanten Daten können nicht einfach zur Beweisführung herangezogen werden. Hinzu kommt, dass die deliktische Haftung abhängig von der Berechenbarkeit, also einer konkreten Berechnungsanweisung des Systems, ist [GRÜT16]. Daher wird davon ausgegangen, dass zukünftig keine konkreten Handlungen in autonomen Systemen mehr vordefiniert und abgesichert werden, sondern das System einer Überwachung unterzogen wird. Zur Bewertung des Sorgfaltsmaßstabs werden vorerst Einzelfälle betrachtet. Hierbei werden die Auswahl (geeignet für Einsatzzweck), Bedienung (ordnungsgemäße Dokumentation) und Überwachung (System genügt während des Einsatzes den Sicherheitsanforderungen) beurteilt. Der Aufwand zur Protokollierung wird umfangreicher. Durch die Flexibilisierung von Produktionsanlagen und einen damit verbundenen erhöhten Automatisierungsgrad verschiebt sich das Sorgfaltsmaß vom Nutzer zum Hersteller. Die Festlegung des Einsatzgebietes und die damit verbundene Überwachung des Systems gewinnen im Vergleich zu Bedienfehlern an Wichtigkeit. [HORN16]

Die Frage der Rechtssicherheit bei Verwendung von Algorithmen der künstlichen Intelligenz (KI) besteht im allgemeinen schön länger. Hierbei stellt sich die Frage, ob der Mensch zur Verantwortung gezogen werden kann, wenn der Algorithmus eine falsche Entscheidung trifft. Es besteht die Annahme, dass der Programmierer immer das Verhalten der Maschine im Detail beherrscht und erklären kann, wie die verwendeten Algorithmen funktionieren. Ein Fehler im System ist damit immer ein Fehler des Programmierers. Durch die Nutzung von KI wechselt der Programmierer seine Rolle zum Schöpfer. Es entsteht also eine Verantwortungslücke [MATT04]. Zur Gewährleistung der Sicherheit muss sichergestellt werden, dass alle potenziellen Risiken aufgrund von Systemfehlern entweder ausgeschaltet oder in akzeptabler Weise gemindert werden. Daher müssen alle Fehler, die zu einer Gefährdung der Herstellungsprozesse führen könnten, im Rahmen der Sicherheitsgewährleistung vor dem Einsatz analysiert und kontrolliert und in der Betriebsphase überwacht und kontrolliert werden [JARA18].

Zentrale Faktoren zur Rechtssicherheit sind die Verfügbarkeit und der Zugang, die Integrität, die Vertraulichkeit und die Verwertung der Daten. Durch die flexible Kommunikation zwischen Anlagen und Komponenten können im Verbund arbeitende cyberphysische Produktionssysteme (CPPS) Fehler und somit Sach- und Vermögensschäden verursachen. Hier wird insbesondere auf die Verschuldungshaftung und der damit verbundene Sorgfaltsmaßstab bei der Entwicklung solcher Systeme hingewiesen [HORN17]. Die Festlegung der Grenzen des Einsatzgebiets und die Überwachung des Systems spielen daher eine zentrale Rolle [HORN16]. Die Risikobeurteilung sollte also nicht erst am Ende der Entwicklung eines flexiblen, adaptiven Produktionssystems durchgeführt werden, sondern frühzeitig integriert und iterativ bei der Entwicklung mitgedacht werden [SCHU18; PILZ17].

Auf Basis dessen ist das Ziel dieser Arbeit, sich mit dem Aufbau von CPPS auseinanderzusetzen und Konzepte für sichere CPPS zu entwickeln. Neben dem Aufbau einer sicheren Infrastruktur, werden Mechanismen zur eindeutigen Bereitstellung von Daten vorgestellt, mit denen dynamische Sicherheitsfunktionen, die zum einen das Verhalten, aber auch die Systemumgebung überwachen. Diese Funktionen werden implementiert und evaluiert.

Der Stand der Technik in Forschung und Industrie (vgl. Kapitel 2) fasst die wesentlichen Eigenschaften von CPPS und Entwicklungen im Bereich der Sicherheit zusammen und gibt Aufschluss über vorhandene Forschungslücken. Zum Schließen der identifizierten Forschungslücken wird in Kapitel 3 die Zielsetzung und die Vorgehensweise abgeleitet, sowie das Demonstrationsszenario vorgestellt. Im ersten Schritt werden dazu in Kapitel 4 Anforderungen an CPPS und an die Sicherheit steuerungs-technischer Systeme identifiziert. Auf Basis der Anforderungen wird in Kapitel 5 eine inhärent sichere Systemarchitektur bezogen auf die eindeutige Bereitstellung von Daten aus heterogenen Datenquellen, die Anordnung von Funktionen im System und eine sichere Kommunikationsinfrastruktur vorgestellt und unter Berücksichtigung von Anforderungen aus der Sicherheit untersucht. Anschließend werden gemäß dem Vorgehen zur Risikominimierung beispielhaft Systemgrenzen identifiziert und in flexible Sicherheitsfunktionen überführt (vgl. Kapitel 6). Die Systemarchitektur wird abschließend gemeinsam mit den Sicherheitsfunktionen implementiert und evaluiert (vgl. Kapitel 7).

Introduction

The advancing digital transformation of production under the term Industry 4.0 is driving new control concepts [VOGE20; KAGE13; ABEL16]. It pursues the goal of resource-conserving and energy-efficient, flexible production. This development is supported by the Internet of Things and the associated services used [SCHU16b]. Concepts such as order-driven production, adaptable factories and self-organizing logistics are being examined with the help of multi-agent systems, which see a modular structure of production as the basis. Both the hardware and the software or control system must be designed flexibly to implement the concepts [VOGE20].

The implementation of such flexible production systems is faltering because there are currently deficits due to too little and unstructured data from production companies, planning systems are not adaptive and data in the planning system is not continuously checked [SCHU16b]. In addition, it is feared that new business models are not profitable for companies themselves and threaten the previously prevailing success models of companies [BREC21b]. Devices and machines are increasingly expected to make independent decisions. This means that they can also make wrong decisions. In the event of damage, it is examined whether the behavior of the machine was foreseeable and avoidable [GRÜT16]. This leads to further reservations regarding the use of flexible production and control systems [BREC21b].

Since safety must be simple, clear, comprehensible and verifiable, the implementation of flexible safety solutions in adaptive systems is not foreseen. Safety is not directly thought of, but usually follows the trends of flexibilization that are gradually asserting themselves. Safety systems are still designed extremely conservatively, so that in case of doubt, an electromechanical emergency stop is always carried out. This leaves little room for flexibility. Safety control systems must cover more complex processes and therefore become more intelligent and dynamic. This also means constantly expanding the logic functions that have existed up to now. [PILZ17]

The question of liability in the event of damage goes hand in hand with the question of responsibility. A person or a company must reckon with personal and legal consequences. Legal and technical framework conditions, which are defined by rules, standards and political guidelines, must be adhered to in order to fulfil the responsibility for the technical system. This responsibility encompasses the entire product life cycle of a technical system and thus the areas of technical safety, protection of employees at the workplace, environmental compatibility, use/consumption of resources, performance and functionality. It must therefore always be clear who is responsible for what before whom. However, in addition to the question of how long and for what reasons someone is responsible, knowledge of possible consequences and how to deal with existing uncertainties also play a decisive role. [ACAT21]

In order to provide a legal framework for companies and the persons performing the work to assume responsibility, machines made available on the European market must fulfil the fundamental health and safety requirements of Directive 2006/42/EC (Machinery Directive) [DEUT93]. This directive describes the inclusion of important basic safety standards, such as ISO 12100, which support the developers of a technical system through a defined procedure for assessing and minimizing risk. However, this guideline and the subsequent safety standards were developed for static, non-adaptive systems, so that only a few rules are yet available for new developments in the area of data-based production optimization and adaptation.

From a legal perspective, it is expected that in the event of a claim, evidence must still be adduced as to what extent wrongdoing was to be expected. The underlying data in its mass and ultimately the data relevant for the wrong decision cannot simply be used to prove the case. In addition, tortious liability is dependent on calculability, i.e. a concrete calculation instruction of the system [GRÜT16]. It is therefore assumed that in the future, concrete actions in autonomous systems will no longer be predefined and secured, but that the system will be subject to monitoring. To evaluate the standard of care, individual cases will be considered for the time being. The selection (suitable for the purpose), operation (proper documentation) and monitoring (system meets the security requirements during use) are assessed. The effort for logging becomes more extensive. Due to the flexibilisation of production plants and the increased degree of automation associated with it, the degree of care is shifting from the user to the manufacturer. The definition of the area of application and the associated monitoring of the system are gaining in importance compared to operating errors. [HORN16]

The question of legal certainty in the use of artificial intelligence (AI) algorithms has generally existed for some time. The question here is whether the human can be held responsible if the algorithm makes a wrong decision. There is an assumption that the programmer always has detailed knowledge of the machine's behavior and can explain how the algorithms used work. An error in the system is thus always an error of the programmer. By using AI, the programmer changes his role to creator. A responsibility gap thus arises [MATT04]. To ensure safety, it must be ensured that all potential risks due to system errors are either eliminated or mitigated in an acceptable manner. Therefore, all errors that could compromise manufacturing processes must be analyzed and controlled as part of the safety assurance process prior to deployment and monitored and controlled during the operational phase [JARA18].

Central factors for legal safety are the availability and access, integrity, confidentiality and utilization of data. Due to the flexible communication between systems and components, interconnected CPPSs can cause errors and thus damage to property and assets. Here, special reference is made to the liability for fault and the associated standard of care in the development of such systems [HORN17]. The definition of the limits of the area of application and the monitoring of the system therefore play a central role [HORN16]. The risk assessment should therefore not only be carried out at the end of the development of a flexible, adaptive production system, but should be integrated at an early stage and iteratively considered during the development [SCHU18; PILZ17].

Based on this, the aim of this thesis is to deal with the construction of CPPS and to develop concepts for secure CPPS. In addition to the development of a secure infrastructure, mechanisms for the unambiguous provision of data are presented, with which dynamic safety functions, which monitor both the behavior and the system environment, are implemented and evaluated. These will be implemented and evaluated.

The state of the art in research and industry (cf. Chapter 2) summarizes the essential characteristics of CPPS and developments in the field of safety and provides information about existing research gaps. In order to close the identified research gaps, the objectives and the approach are derived in chapter 3. In the first step, requirements for CPPS and the safety of control systems are identified in chapter 4. Based on the requirements, an inherently secure system architecture is presented in chapter 5 with regard to the unambiguous provision of data from heterogeneous data sources, the arrangement of functions in the system and a safe communication infrastructure, and is examined with regard to safety requirements. Then, in accordance with the procedure for risk minimization, exemplary system limits are identified and transferred into flexible safety functions (cf. chapter 6). Finally, the system architecture is implemented and evaluated together with the safety functions (cf. chapter 7).

2 Stand der Technik in Forschung und Industrie

State of the Art in Research and Industry

Cyberphysische Produktionssysteme (CPPS) sind schon länger Gegenstand der Forschung, werden aber in der Industrie bisher kaum oder nur teilweise eingesetzt. In der Sicherheitstechnik finden sie bisher keine Anwendung. Dies liegt insbesondere am sehr speziell an Normen orientierten Aufbau von Sicherheitssystemen, der keine Flexibilität zulässt. Um die Unterschiede der flexiblen, adaptiven Produktion durch CPPS im Gegensatz zu den starren Sicherheitssystemen darzustellen, werden in Kapitel 2.1 der Aufbau cyberphysischer Produktionssysteme und in Kapitel 2.2 die Sicherheit in Automatisierungssystemen vorgestellt. Damit Konzepte der CPPS auf Sicherheitssysteme übertragen werden können, wird der Stand der Forschung zur Beschreibung von Systemkomponenten (Kapitel 2.1.1), Steuerungskonzepten (Kapitel 2.1.2) und Ansätze zur Orchestrierung von Daten (Kapitel 2.1.3) dargestellt. Da wiederum Ansätze der Sicherheit in CPPS übertragen werden müssen, damit diese in der Industrie eingesetzt werden können, werden heutige Ausführungen von Sicherheitssystemen in der Industrie (Kapitel 2.2.1), sowie die wichtigsten Konzepte zugrundeliegender Normen (Kapitel 2.2.1) vorgestellt. Der Aufbau von Sicherheitsfunktionen (Kapitel 2.2.3) und erste Ansätze zur inhärent sicheren Konstruktion in CPPS (Kapitel 2.2.4) werden beschrieben. Abschließend wird ein Vorgehen zur vertragsbasierten Gestaltung von Steuerungsfunktionen vorgestellt, welches eine Brücke zwischen flexiblen Steuerungssystemen und strengen Vorgaben für sicherheitsrelevante Funktionen liefern kann (Kapitel 2.3).

2.1 Aufbau cyberphysischer Produktionssysteme

Structure of cyber-physical production systems

Cyberphysische Systeme (CPS) verknüpfen reale mit informationsverarbeitenden Objekte oder Prozesse. Diese können örtlich übergreifend ausgeführt sein und verfügen über jederzeit verbundene Informationsnetze. Systeme können während ihrer Betriebszeit verändert werden, sodass Daten, Informationen und Dienste jederzeit ausgetauscht werden können [VDI/13; LEE08]. CPS im produktionstechnischen Umfeld werden cyberphysische Produktionssysteme (CPPS) genannt. Die im CPPS bereitgestellten Daten und Dienste unterstützen die Transformation einer starren Produktion hin zu einer flexiblen, adaptiven Produktion, die sich selbst organisieren und konfigurieren kann [JESC17; HÄNE16]. Diese Eigenschaften werden durch die Transformation von den durch die vernetzen Objekte und Prozesse bereitgestellten Daten zu Modellen bis hin zu Funktionen erreicht [BAGH15]. Durch die Komplexität und Heterogenität der Ausführung von CPPS, existieren verschiedene Ansätze zur Beschreibung von Objekten oder Prozessen (vgl. Kapitel 2.1.1), der Steuerung (vgl. Kapitel 2.1.2) und Orchestrierung von Daten (vgl. Kapitel 2.1.3) in CPPS.

2.1.1 Beschreibung von Systemkomponenten

Description of system components

Das Ziel der Beschreibung und Modellierung von Komponenten in CPPS ist die Erzeugung der Interoperabilität, die Informationstransparenz, technische Hilfestellung und die Dezentralisierung der Entscheidungsfindung [HERM16]. Häufig verwendete Modellierungssprachen im Zusammenhang mit Industrie 4.0 sind UML/SysML (Unified Modeling Language/Systems Modeling Language), AutomationML, domänenspezifische Sprachen (DSL) und die Web Ontology Language (OWL) [WORT20]. DSL sind sehr starr und speziell und werden daher kaum weiterverwendet [FAYZ10]. Für die Beschreibung von Komponenten der Steuerungstechnik und Sicherheitstechnik existieren bereits einige etablierte Ansätze, die sich verschiedenen Phasen des Anlagenlebenszyklus zuordnen lassen. Hierbei lassen sich prinzipiell domänenspezifische Modelle von domänenübergreifenden Modellen unterscheiden (vgl. Bild 2.1). Domänenübergreifende Modelle wie bspw. AutomationML können sich aus Domänenmodellen zusammensetzen. Während diese Modelle sehr stark durch allgemeingültige Strukturen geprägt sind, unterliegen Anreicherungen mit Daten häufig speziell auf die konkrete Anwendung zugeschnittenen Datenmodellen. Es befassen sich jedoch zunehmend Modelle wie die Verwaltungsschale oder der Digitale Schatten mit dem Zusammenführen von Daten aus dem Engineering und der Produktion.

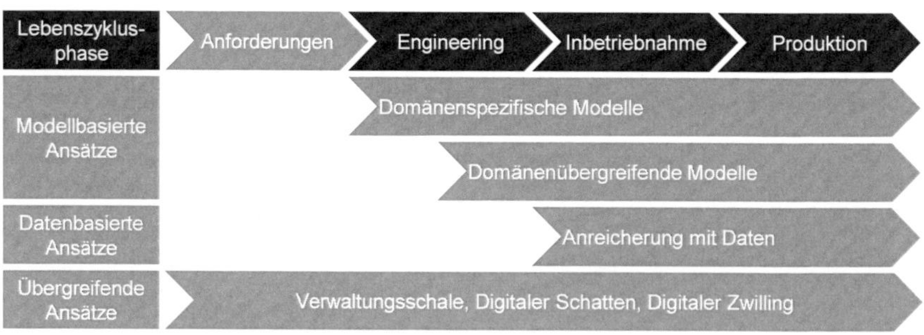

Bild 2.1: Modell- und datengetriebene Ansätze zur Beschreibung von Systemkomponenten im Anlagenlebenszyklus

Model and data driven approaches for the description of system components in the plant life cycle

Der Entwurf von Produktionsanlagen – also mechatronischen Systemen – unterliegt immer einem interdisziplinären Ansatz zwischen mechanischen, elektrischen und informationsverarbeitenden Teilsystemen [JANS10; LI19]. Der Nutzer und die Umwelt definieren die Anforderungen, aus denen domänenspezifische Teilmodelle extrahiert werden, die wiederum auf mathematisch-physikalischen Verhaltensmodellen basieren [JANS10]. Im Engineering gibt es mathematisch-physikalische und strukturbasierte Modellierungsmöglichkeiten [JANS10]. Unter mathematischer Modellierung versteht man bspw. Simulationen basierend auf der mechanischen Struktur der Komponenten durch CAD-Programme oder mathematischen Modellierungsumgebungen wie Matlab/Simulink. Die strukturbasierte Modellierung wird mittels grafischer Modellierungssprachen, wie UML (Unified Modeling Language), SysML (Systems Modeling Language) und IML (Interdisciplinary Modeling Language) durchgeführt. Mithilfe dieser Modellierungssprachen wird der strukturelle Aufbau, die Funktionen und Interaktionen von Systemkomponenten beschrieben [OBJE17; OBJE19; FLEN19]. UML bezieht sich auf die Modellierung reiner Softwareprojekte [OBJE17]. SysML basiert auf UML, wurde jedoch hinsichtlich des Systems Engineerings erweitert. SysML stellt verschiedene Diagrammtypen wie bspw. Aktivitätsdiagramme, Anforderungsdiagramme, Zustandsdiagramme und Sequenzdiagramme bereit [OBJE19]. SysML wird vorrangig im Engineering verwendet. SysML kann jedoch auch während der Produktionsphase als Grundlage für das Erstellen und Testen neuer Konfigurationen verwendet werden [GROC19]. IML wurde für die Modellierung von Produktionsanlagen entwickelt und beschränkt sich auf die funktionale Struktur, die Interaktionsstruktur und das Verhalten des Systems [FLEN19].

PLCopen [PLCO22] ist eine Arbeitsgruppe, die Logik, Motion und Safety basierend auf IEC 61131 harmonisiert. Hierfür werden Bibliotheken für Funktionsblöcke für spezifische Anwendungen der Automatisierungstechnik beschrieben. Außerdem befasst sich das Konsortium mit der Zertifizierung der Funktionsblöcke, der Kommunikation mittels OPC UA und dem Bereitstellen einer XML-basierten, offenen Schnittstelle. PLCopen Safety definiert sicherheitsbezogene Aspekte innerhalb der IEC 61131-3, mit dem Ziel, diese für Softwaretools verfügbar zu machen. Sicherheitsbezogene Kommunikationsbusse unterstützen den Weg von hartverdrahteten Sicherheitslösungen zu softwarebasierten Sicherheitslösungen. Sicherheitsfunktionen sollten daher nicht erst am Ende eines Entwicklungszyklus betrachtet werden, sondern bereits früher zur Sicherstellung der Zuverlässigkeit des Gesamtsystems integriert werden. PLCopen Safety eignet sich für anwendungsbezogene Sicherheitsapplikationen (SRASW), die durch die Normen IEC 62061, ISO 13849-1 oder IEC 61511 beschrieben werden. [PLCO18]

AutomationML ist ein Datenaustauschformat, das für Automatisierungstechnologien entwickelt wurde und auf bereits vorhandenen Standards aufbaut. Es unterteilt Automatisierungssysteme in die Anlagentopologie, sowie deren Relationen, die mithilfe von CAEX (Computer Aided Engineering Exchange), Geometrie- und Kinematikinformationen, die mithilfe von COLLADA (COLLAborative Design Activity) und Logikinformationen, die mithilfe von PLCopenXML beschrieben werden [AUTO18]. AutomationML bezieht sich auf den Datenaustausch im Engineering-Kontext, nicht jedoch auf die Produktion. Es wird zwischen Schutzeinrichtungen und anderen Automatisierungskomponenten unterschieden, deren Abhängigkeit wiederum mithilfe eines Konnektors InterlockingConnector beschrieben werden kann [DRAT10]. PLCopenXML stellt bspw. in Ablaufsprache geschriebene Steuerungslogik in XML dar. Hieraus kann dann entsprechender Code generiert werden. [PLCO09]

Während der Produktion fallen Daten an, die semantisch aufbereitet und beschrieben werden müssen. Diese werden häufig frei modelliert [SCHU16b]. Da diese dann in der

Regel nicht interoperabel sind, wurden Initiativen gegründet, um gemeinsame Informationsmodelle für Automatisierungssysteme zu erarbeiten. Zur interoperablen Nutzung von OPC UA werden bspw. OPC UA Companion Spezifikationen für entsprechende Branchen erarbeitet. Die Informationsmodelle ergeben ein Netz aus Knoten und Beziehungen. Die Knoten repräsentieren Objekte mit unterschiedlichen Eigenschaften, wie z. B. Geräte, Maschinen und Anlagen und können hierarchisch angeordnet werden. Es existiert bspw. ein Informationsmodell das PLCopen, also die IEC 61131-3, abbildet. [VDMA17]

Die Verwaltungsschale (vgl. Bild 2.2) wurde eingeführt, um die logische Gesamtheit aller verfügbarer Daten in Bezug auf ein Produktionsasset innerhalb einer Organisationseinheit zu beschreiben [DRAT17]. Sie besitzt dafür Rollen-, Typ- und Instanzdaten, die mithilfe verschiedener Sichten Teilmodelle zu einem logischen Konstrukt verbinden. Teilmodelle enthalten Informationselemente, Datenobjekte und fachliche Funktionalitäten. Der Zusammenschluss aus Verwaltungsschale und physikalischer Komponente wird Industrie 4.0-Komponente genannt [MARS17].

Die erste Erwähnung des Begriffs des Digitalen Zwillings wurde durch Glaessgen et al. geprägt [GLAE12]. Demnach ist der Digitale Zwilling ein realistisches Abbild des zugrundeliegenden Systems. Das Abbild besteht aus physikalischen, mehrskaligen, probabilistischen Simulationen, die mit physikalischen Modellen und Sensordaten angereichert werden. Im Rahmen der Produktionstechnik wird der Digitale Zwilling als die digitale Repräsentation eines Produktionsassets bzw. des realen Systems beschrieben [DAVI18; MART18; ATOR18; LUO19]. Nach Stark et al. besteht der Digitale Zwilling aus einem Digitalen Master, der universelle Modelle enthält und dem Digitalen Schatten, der instanzbezogene Informationen bereithält, die dann im Digitalen Zwilling zu intelligenten Informationen mithilfe von Algorithmen und Simulationen verknüpft werden [STAR17]. Das Konzept des Digitalen Zwillings enthält statische und dynamische Informationen, die sich über den Lebenszyklus hinweg verändern, womit der Digitale Zwilling über den Lebenszyklus hinweg an Komplexität zunimmt [SCHR16; ROSE15; HEHE16]. Hierfür wurden erste Softwarearchitekturen beschrieben, die sich mit der konkreten Anbindung physikalischer Assets mit der virtuellen Umgebung beschäftigen [GABO16; ALAM17] oder bereits Modelle für rekonfigurierbare Digitale Zwillinge miteinbeziehen [ZHAN19]. Die Begriffe Digitaler Zwilling und Verwaltungsschale können synonym verwendet werden [DRAT17].

Der Digitale Schatten ist ein Konzept, das sich auf das Sammeln und Aggregieren von Fertigungsdaten als Grundlage zur Entscheidungsfindung für spezifische Anwendungsfälle bezieht (vgl. Bild 2.2) [RIES19; SCHU20]. Digitale Schatten werden immer mit einem spezifischen Ziel durch Daten des zugrundeliegenden Systems erstellt, d.h. es existieren beliebig viele Digitale Schatten, die verschiedenen Eigenschaften des Systems aufgreifen [BREC21c]. Der Digitale Schatten selbst stellt dafür die Möglichkeit des Erstellens verschiedener Abbilder bereit und steuert und optimiert den Daten- und Informationsfluss [BAUE18]. Daten kommen von verschiedenen Quellen und werden kombiniert [RIES19; SCHU20; BREC21c]. Dabei handelt es sich sowohl um echtzeitnahe, als auch historische Daten und Daten, die durch Analysen erzeugt wurden

[BAUE18]. Quellen sind vorrangig Produktionsassets wie bspw. Produkte, Materialien, Aufträge, technische Ressourcen und Menschen, aber auch Simulationen, Management Software oder Designtools [BREC21c; BAUE18]. Die Daten des Digitalen Schattens müssen domänenspezifisch mit Informationen angereichert werden [RIES19; SCHU20]. Die Daten des Digitalen Schatten und des Digitalen Zwillings werden verwendet, um Prozesse zu optimieren, prädiktiv zu warten, dezentral und adaptiv zu steuern und in ihnen versteckte Abhängigkeiten zu finden [BREC21c; SIEG17; ROSE15; JAEN18; BREC18; BREC19a], aber auch, um Informationen über das Produkt bereitzustellen und zu sammeln, und dessen Qualität zu überwachen [SCHU16a; SCHL17; ROSE15; MERK19; BREC19a]. Dabei werden Produktionsassets bspw. mithilfe von AutomationML modelliert [SCHR16; BIES18].

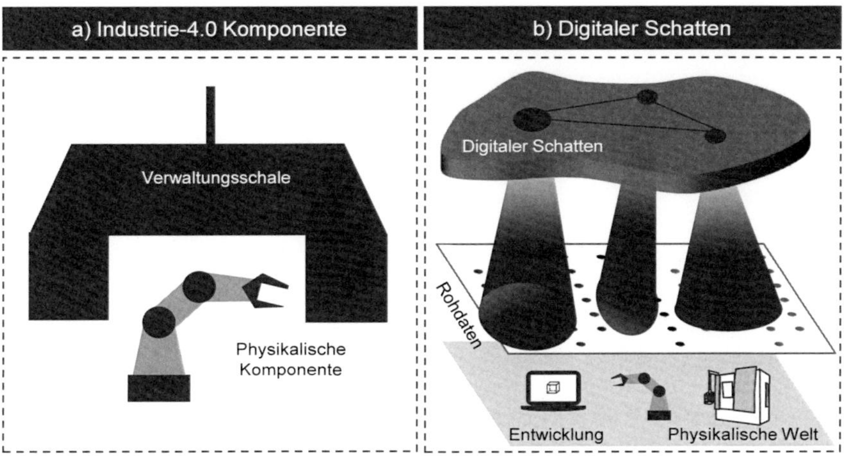

Bild 2.2: Vergleich Industrie 4.0-Komponente und Digitaler Schatten

Comparison of Industry 4.0-Component and Digital Shadow

Die Nutzung von Ontologien zur Beschreibung von Engineering- und Produktionsprozessen ist in der Forschung – jedoch nicht in der Industrie – sehr verbreitet [LIPP20]. Es kann zwischen Top-Level Ontologie (Upper Ontology, allgemeinen Begrifflichkeiten), Domänenontologie, Aufgabentopologie und Anwendungsontologie unterschieden werden, wobei die Anwendungsontologie Domäne und Aufgabe zusammenführt [REHB17]. Upper Ontologies wie bspw. ADACOR, MASON, ARUM und DOLCE beschreiben Fertigungsprozesse, um Produktfeatures mit den Fähigkeiten der Anlagen zu verknüpfen [BORG04; LEMA06; HARC15; OCKE19]. Industriestandards werden hierfür auch zunehmend in Ontologien überführt: bspw. das RAMI4.0, IEC 62264, AutomationML und weitere Standards [GRAN16; GRAN17; HILD17].

Lipp und Schilling beschreiben für den Einsatz von Ontologien in der Produktion die fünf Handlungsfelder Data/Service Catalog, Integrating Domains, Database Access, Consistency and Reasoning und Data Aggregation. Der Data/Service Catalog soll Übersicht über verfügbare Daten und Services, ähnlich einen Bibliothekskatalog geben. Um den Austausch zwischen verschiedenen Domänen zu ermöglichen, sollen

Beziehungen wie *sameAs*, *broader* or *narrower* verwendet werden (Integrating Domains). Außerdem soll der Datenzugriff für Nutzer durch OBDA anwendungsfreundlicher gestaltet werden (Database Access). Da es trotzdem immer wieder zu Ungereimtheiten im Semantic Web beim Zusammenführen verschiedener Modelle kommen kann, sollen die Modelle auf Konsistenz und Logik (Consistency and Reasoning) überprüft werden. Abschließend stellt die Datenaggregation die Möglichkeit heterogene Daten zusammenzuführen bereit. [LIPP20]

2.1.2 Steuerungskonzepte für CPPS

Control concepts for CPPS

Steuerungskonzepte für CPPS müssen zwei Bereiche umfassen: die Steuerungsfunktion und die Steuerungsarchitektur. Zur Steuerungsfunktion gehören alle Funktionen, die zur Erfüllung einer Steuerung des Systems beitragen. Die Architektur beschreibt die Anordnung verschiedener Funktionen über verschiedene Geräte und Softwarelayer.

Steuerungsfunktion

Mithilfe des Standards IEC 61131 wird der Aufbau und die Programmierung speicherprogrammierbarer Steuerungen (SPS) beschrieben [DKE 04; DKE 14]. Die funktionale Grundstruktur ist in Bild 2.3 dargestellt. Programmierbare Funktionen betreffen die Steuerlogik, die Signal-/Daten-Verarbeitung, Schnittstellenfunktionen, die Ausführungssteuerung und die Systemkonfiguration. Für die Ablage der Anwendungsdaten ist ein Speicher integriert. Es müssen Techniken wie Redundanz, Fehlertoleranz und automatische Tests, sowie Diagnosefunktionen genutzt werden [DKE 04]. Für die Programmierung sollen Programmiersprachen wie Ablaufsprache, Anweisungsliste, strukturierter Text, Kontaktplan und Funktionsbaustein-Sprache verwendet werden [DKE 14].

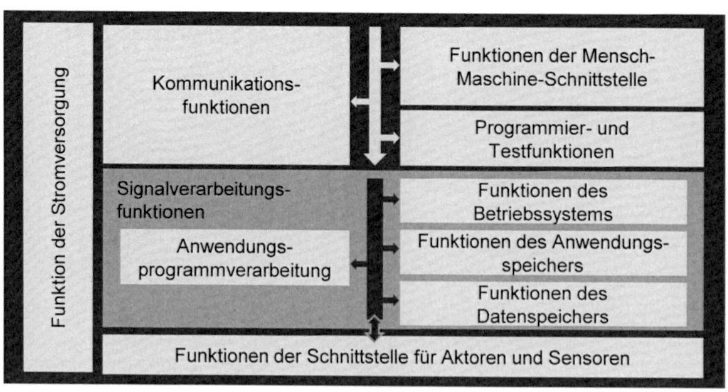

Bild 2.3: Darstellung der funktionalen Struktur einer SPS nach IEC 61131 [DKE 04]
Presentation of the functional structure of a PLC after IEC 61131 [DKE 04]

Cavalieri und Salafia präsentieren einen Ansatz zur Beschreibung und Modellierung von IEC 61131-3 Programmen und ihren Beziehungen bezogen auf verteilte Steuerungen in der Produktionsanlage für die Verwaltungsschale. Hierfür wird ein in UML modelliertes Metamodell verwendet [BUND19], dass auf Basis des in der IEC 61131-3 vorgestellten Softwaremodells die Konfiguration beschreibt, die sich aus Variablen, Ressource, Programmorganisationseinheit, des Tasks und schließlich dem Programm bestehend aus Funktionsblöcken und Funktionen ergibt [CAVA20].

Die DIN EN 61499-1 beschreibt die Beherrschung von verteilten Geräten mittels Leitsystem durch die Nutzung von Funktionsbausteinen [DIN/14]. Dazu werden als Referenzmodelle ein Systemmodell, Gerätemodell, Ressourcenmodell, Anwendungsmodell, Funktionsbausteinmodell, Verteilungsmodell, Managementmodell und Betriebszustandsmodell beschrieben. Funktionen/Anwendungen, die durch das Leitsystem ausgeführt werden sollen, können über mehrere Geräte verteilt sein. Ein Gerät besitzt mindestens eine Kommunikationsschnittstelle und mindestens eine Prozessschnittstelle. Eine Ressource ist eine funktionelle Einheit innerhalb eines Geräts, die mehrere Funktionen beinhalten kann und diese kontrolliert. Das Anwendungsmodell beschreibt eine Anwendung, die aus einen Funktionsbausteinnetzwerk besteht. Diese sind gekoppelt durch einen Ereignis- und einen Datenfluss. Ein Funktionsbaustein besitzt neben seinem Typ- und Instanznamen Ereignisein- und -ausgänge sowie Datenein- und -ausgänge. Der Ereignisfluss interagiert mit der Ausführungssteuerung, der Datenfluss mit Algorithmen und internen Daten, die die Fähigkeit der Ressource abbilden.

Die Anwendung der DIN EN 61499 ist in der Industrie jedoch nicht weit verbreitet. Es existieren Ansätze in der Forschung im Zusammenhang mit der Verwendung von SOAs mit dem Ziel, die Flexibilität und Rekonfigurierbarkeit von verteilten Steuerungssystemen zu verbessern [DAI17; LYU20]. Eine Anpassung der klassischen SPS an Anforderungen von Industrie 4.0-konformen Produktionen beinhaltet die Erfüllung von Anforderungen, wie das deadlinebasierte Ausführen von Steuerungsfunktionen, die Zeitsynchronisierung aller beteiligten Geräte, Nutzung von eventbasierten Programmiermodellen und virtuellen Prototyping-Umgebungen [SEHR20].

Steuerungsarchitektur

Viele Ansätze für IoT-/CPPS-konforme Hardware- und Software-Architekturen befassen sich mit der reinen Aufzeichnung und Auswertung von Daten aus dem Shopfloor zur Optimierung der Produktionsprozesse, jedoch ohne direkte Rückführung also Steuerung des Prozesses [KEFA19; LADE17; HERW18; FLEI16]. Eine typische Architektur beinhaltet dabei die physikalische Resource, einen lokalen Server zur Vorverarbeitung der Daten und einen Cloud Server zum Speichern der Daten und Ausführen aufwendiger Algorithmen auf den Daten. Steuerungsarchitekturen werden dazu aus verschiedenen Blickwinkeln beschrieben. So wird eine Beschreibung der Komponenten inklusive ihrer Abhängigkeiten mit den notwendigen Funktionen, der Kommunikationsinfrastruktur und der eingesetzten Hardware benötigt.

Zur Beschreibung der Komponenten und ihren Abhängigkeiten wird bspw. AutomationML verwendet [PERE15]. Typische Funktionen, die in CPPS realisiert werden, betreffen konkret die Datenerfassung, die Prozesssteuerung, die Bereitstellung von Fertigungsanwendungen und Simulationen, ERP- und MES-Dienste und weitere [PERE15; SCHE18; PALL18b; SCHÄ18; CIAV17; INNE17] oder werden übergeordnet als vernetzte Engineering Daten, Interoperabilität, Plug-& Produce-Fähigkeit, dezentrale Steuerung, Wiederverwendbarkeit und Rekonfigurierbarkeit beschrieben [VOGE20].

Da industrielle Kommunikationsprotokolle nicht interoperabel sind, werden andere Protokolle zur Umsetzung flexibler Steuerungsarchitekturen verwendet [HENN18]. Hierzu werden vorrangig OPC UA [PERE15; KAES18] oder MQTT [KAES18; PALL18a; BREC19a] adressiert. Auch weitere Protokolle wie DDS, CoAP, AMQP und HTTP REST werden betrachtet [AL-F15]. MQTT und REST sind sehr flexibel einsetzbar, verfügen jedoch über keine Semantik; OPC UA bringt diese mit [HENN18].

Viele dieser Architekturen basieren auf dienstebasierten Architekturen (SOA) und verweisen somit die Vorteile der losen Kopplung, die Möglichkeiten der Rekonfiguration und der asynchronen Kommunikation [SCHE18; HENN18; GÖTZ18; VORD18]. Auch diese können auf Basis der IEC 61499 implementiert werden [MEND11] oder werden bspw. als Multiagentensysteme beschrieben [VOGE20; SANT16].

Das Cloud Computing beschreibt ein Modell, das für den übergreifenden, zweckmäßigen Netzwerkzugriff auf für mehrere Nutzer bereitgestellte Computing-Ressourcen, wie bspw. Netzwerke, Server, Speicher, Dienste und Anwendungen, bereitgestellt wird [MELL11]. Beispielhaft wurden mithilfe des Cloud-Computings Anwendungen bspw. für die Simulation und Steuerung von Robotern [CHEN10; KEHO13; KRET16; GIVE14; PEAK15], die Integration von Planungstools für die Fertigung [WANG17], die Virtualisierung von Steuerungen [GIVE14] und Methoden für die Zustandsüberwachung von Produktionsanlagen entwickelt [BREC17; MOUR16; OBDE18]. Der Einsatz des Cloud Computings in der Automatisierungstechnik hat viele Vorteile, ist jedoch bezogen auf die Echtzeitanforderungen und Ausfallsicherheit problematisch [HEGA15; AHME17; VARG16; ROMA18]. Daher werden Rechenkapazitäten und Speicherressourcen von der Cloud weg auf lokale Geräte verlagert, damit dort zeitkritische Aufgaben durchgeführt werden können. Rechenintensive und zeitunkritische Aufgaben werden weiterhin in der Cloud bearbeitet. Auch das sogenannte Fog Computing stellt einer Erweiterung der Cloud und stellt Rechen- und Speicherkapazitäten, sowie Netzwerkservices zwischen Endgeräten und Cloud-Servern bereit [BONO12]. Der Umgang mit großen Datenmengen soll durch die Nutzung der Edge ermöglicht werden und wird gleichzeitig als größte Herausforderung gesehen. Weitere Herausforderungen sind die Quality-of-Service (QoS) und physikalische Schäden durch Fehlnutzung von Ressourcen und Informationen [SHI16; VARG16; ROMA18; GEOR16]. Zur Anwendung in der Automatisierungstechnik wurden bereits mehrere Referenzarchitekturen des Edge Computings vorgestellt: Factory Automation Edge Computing Operating System Reference Architecture (FAR-Edge) [FAR-17], Edge Computing Reference Architecture 2.0 (ECRA2.0) [EDGE17], Industrial Internet Consortium Reference Architecture

(IIRA) [INDU18] und Reference Architecture Model Edge Computing (RAMEC) [WILL20]. Anwendungen des Edge Computings in der Produktionstechnik wurden bspw. durch [BREC18; HU19; PALL18a] beschrieben.

Obdenbusch entwickelt eine Referenzarchitektur für cloudbasiertes Condition Monitoring. Hierfür beschreibt er eine Vision für zukünftige IT-Architekturen in produzierenden Unternehmen angelehnt an das RAMI4.0. Für die Abbildung der Funktion des Condition Monitorings wird die Nutzung und Erweiterung des in der VDMA 24582 vorgeschlagenen generischen Funktionsbausteins gewählt. Es wird ein Schichtenmodell bestehend aus acht Schichten vorgestellt, das die Manufacturing Domain mit der Cloud Domain verbindet: Business Layer, App Layer, Application Core Service Layer, Cloud Core Service Layer, Persistence Layer, Communication Layer, Semantic Annotiation Layer, Asset Layer, Industrie 4.0-Component und Security. Der Integration Layer wird mit OPC UA realisiert, die durch ein Informationsmodell semantisch ergänzt wird und mittels REST nach außen hin bereitgestellt wird. Für die Umsetzung des Persistence Layers wurde ein Datenmodell für eine relationale Datenbank entwickelt, die die Hauptmodelle Maschine, Komponente, Sensorik und Messwerterfassung, Benutzerverwaltung sowie Apps umfasst. Der App Core Layer umfasst grundlegende Funktionen für Dienste, der App Layer umfasst Endkundenanwendungen, die auf den Diensten des App Core Layer basieren. [OBDE18]

2.1.3 Ansätze zur Orchestrierung von Daten

Approaches to the orchestration of data

Um mithilfe von Daten Aussagen über den Prozess zu treffen, ihn zu optimieren, zu steuern oder zu adaptieren, müssen diese bereitgestellt werden. Klassisch werden Daten mithilfe eines Dienstes direkt oder mithilfe eines Kommunikationsprotokolls (z.B. HTTP, MQTT und OPC UA) an eine Datenbank geschickt und dort gespeichert. Die Daten können für weitere Analysen aus den Datenbanken abgefragt werden. Die Datenbank dient somit als Datenquelle.

Die verschiedenen verfügbaren Datenbanken sind für verschiedene Anwendungsszenarien optimiert. So gibt es SQL-Datenbanken (relationale DBs) und NoSQL-Datenbanken (Key-Value, Graph, Document, usw.). Datenbanken werden von einem Datenbankmanagementsystem (DBMS) verwaltet, welches folgende Anforderungen bereitstellt: Integration (einheitliche Verwaltung), Operationen, Katalog, Benutzersichten, Konsistenzüberwachung, Zugriffskontrolle, Transaktionen, Synchronisation und Datensicherung [CODD82]. Heutige DBMS können auch über mehrere physikalische Geräte verteilte Datenbanken verwalten; regeln jedoch nur den Zugriff auf einen speziellen Typ Datenbank.

Data Warehouses und Data Lakes sind Datenbanksysteme, die nur zum Lesen von Daten für größere Analysen, also nicht für die alltägliche Verwendung gedacht sind. Sie sind somit zusätzliche zentralisierte Datenbanken, die i.d.R. in verteilten Datenbanken vorhandene Daten repliziert ablegen. Data Warehouses verwenden dazu das

ETL-Paradigma (Extract, Transfer, Load). Data Lakes hingegen speichern die Datenquellen unverändert ab, nutzen also die ELT-Logik. Data Lakes können große Mengen heterogener Daten von verschiedensten Datenquellen speichern. Um die Daten weiterverwenden zu können, werden diese mit Metadaten beschrieben. [STOC19; KHIN18]

Zum Zugreifen auf große Datenstrukturen (Data Lakes oder verteilte Datenbanken) werden u.a. SQL Query Engines verwendet. Diese verwenden SQL zur Abfrage von Daten auf verschiedenen Datenbanken. Beispiele hierfür sind Hive, Presto und Snowflake. Presto bspw. hat Konnektoren zu relationalen Datenbanken wie MySQL oder ProstgreSQL, aber auch zu NoSQL-Datenbanken wie MongoDB. Daten aus verschiedenen Quellen werden virtuell repräsentiert [THE 22].

Weitere Abstraktionsmöglichkeiten für den Zugriff eines Nutzers auf Daten sind die Nutzung von REST-APIs oder GraphQL. REST ist ein Architekturstil, der für verteilte Anwendungen entwickelt wurde. Anfragen, die über eine REST-API gestellt werden, rufen im Hintergrund Anwendungen auf, die bspw. Datenbankabfragen, aber auch andere Funktionalitäten beinhalten können [RELA19]. GraphQL wurde entwickelt, um den bei REST-Anfragen zustande kommenden Datentransfer zu reduzieren, in dem Anfragen differenzierter gestellt werden können und eine gezieltere Antwort gegeben werden kann [GRAP21]. Zudem ist GraphQL selbstdokumentierend. Durch REST werden keine expliziten semantischen Beschreibungen vorgegeben [OBDE18]. Hierfür gibt es jedoch API-Dokumentationsframeworks, wie RAML, Blueprint oder OpenAPI.

Um die unternehmensübergreifende, interoperable Nutzung und Nachverfolgbarkeit von Daten zu gewährleisten, wurde ein auf faktenbasiertes Modell *FactDAG* entwickelt [GLEI20], das auf der Nutzung eines Persistent Identifiers bestehend aus dem Tripel Authority, Internal ID und Revision ID basiert. Das Modell des *FactDAGs* wurde mit dem *W3C PROV* Standard semantisch ergänzt und mithilfe des Memento Protokolls implementiert [GLEI21]. Der *FactStack* soll gewährleisten, dass Daten unternehmensübergreifend über lange Zeiträume aufgefunden und genutzt werden können, um Daten der Produktion für deren Optimierung an zurückliegende und kommende Produktionsschritte bereitzustellen.

Wie bereits in Kapitel 2.1.1 beschrieben, werden zur Beschreibung von Produktionsassets häufig Ontologien angewendet. Um umfangreiche Analysen mithilfe der Ontologien durchführen zu können, beschreiben Lipp und Schilling fünf Handlungsfelder: Data Service/Catalogue, Integrating Domains, Database Access, Consistency and Reasoning und Data Aggregation [LIPP20]. So können verteilte Daten mithilfe von Ontology-based Data Access (OBDA) Ansätzen in der Kombination des integrierten Domänenwissens verfügbar gemacht werden. Es werden mögliche Anwendungsfälle beschrieben, jedoch nicht implementiert. OBDA ist ein weit verbreiteter Ansatz, der ein wichtiger Baustein für Informationssysteme mit großen Datenmengen und Sematic Web Applikationen ist [RODR13]. Der Nutzer wird von der Struktur der Datenquellen isoliert. Zumeist beziehen sich Implementierungen des OBDA Ansatzes auf die SQL-

Datenabfragen mithilfe einer Ontologie [XIAO18]. Hierfür wurden Bibliotheken entwickelt (z.B. Ontop [RODR13]) und erste Anwendungsfälle, z.B. im Bereich der Krebsforschung [ZHAN17] oder im Bereich der Historik [CALV15] implementiert.

Ein ähnlicher Ansatz im Bereich der Produktionstechnik wird durch Pomp et al. verfolgt [POMP17]. Hier werden heterogene Daten verschiedener Quellen (Batch und Streaming) in eine zentrale Plattform geladen und das in der Datenbank hinterlegte Datenmodell oder ein durch den Nutzer definiertes Modell in ein semantisches Modell überführt, das an den Wissensgraphen angehängt wird. Dieser Graph kann nun verwendet werden, um die hinterlegten Daten anzureichern, zu transformieren oder zu analysieren.

Heutige Automatisierungssysteme stellen Daten zunehmend mithilfe von MQTT und OPC UA bereit, sodass andere Anwendungen diese direkt konsumieren können. D.h., nicht alle durch das System zur Verfügung gestellten Daten werden in Datenbanken gespeichert, sondern werden nur temporär durch die Protokolle bereitgestellt. Dennoch sind diese Datenquellen von wichtiger Bedeutung für Automatisierungssysteme, werden jedoch nicht durch die zuvor beschriebenen Systeme aufgegriffen.

Das Konzept des *Digital Shadow Caster* transformiert Daten, die in Produktionsassets oder anderen Systemen erzeugt werden, mithilfe von Modellen, die durch Domänenwissen entstanden sind und durch einen *Shadow Type* instruiert wurden in eine *Shadow Instanz*. Diese Instanz kann direkt durch andere Produktionsassets oder Services verwendet werden. Das Konzept soll sowohl für Publish/Subscribe- als auch anderen Systemarchitekturen anwendbar sein [BREC21c]. Die Implementierung eines *Digital Shadow Casters* für Produktionsdaten, die mithilfe von MQTT aus dem System heraus verbreitet werden, wird durch [BREC21d] vorgestellt.

2.2 Sicherheit von Automatisierungssystemen

Safety of automation systems

Zur Sicherstellung der Sicherheit in Automatisierungssystemen werden Konzepte, die in Normen beschrieben sind (vgl. Kapitel 2.2.1), in heutigen Sicherheitssystemen umgesetzt. Die gängige Ausführung solcher Systeme in der Industrie (vgl. Kapitel 2.2.2), sowie die Entwicklung von Sicherheitsfunktionen (vgl. Kapitel 2.2.3) werden vorgestellt. Abschließend werden erste Untersuchungen zum Einsatz von Sicherheitssystemen (bezogen auf die funktionale Sicherheit) in CPPS vorgestellt (vgl. Kapitel 2.2.4).

2.2.1 Relevante Normen

Relevant standards

Zur Gewährleitung der Sicherheit von Maschinen bezogen auf Steuerungen spielen verschiedene Normen eine Rolle. Die ISO 12100 beschreibt als übergreifende Sicherheitsgrundnorm (A-Norm) das allgemeine Vorgehen zur Risikobeurteilung und Anforderungen zur Minimierung der Risiken. Bezogen auf Steuerungssysteme müssen die drei Sicherheitsfachgrundnormen ISO 13849, EN 62061 und IEC 61508 (B1-Normen) zusammen (vgl. Bild 2.4) betrachtet werden. Außerdem kann im Bereich der modularen Produktion zusätzlich die ISO 11161 zur Beschreibung von integrierten Fertigungssystemen (B1-Norm) herangezogen werden. Durch den zunehmenden Austausch von Daten über Unternehmensgrenzen hinweg und die damit einhergehenden neuartigen Konzepte zur Vernetzung und Informationsbereitstellung, wird neben der Maschinensicherheit auch die Cyber-Security immer wichtiger. Für diese werden Maßnahmen in der IEC 62443 beschrieben.

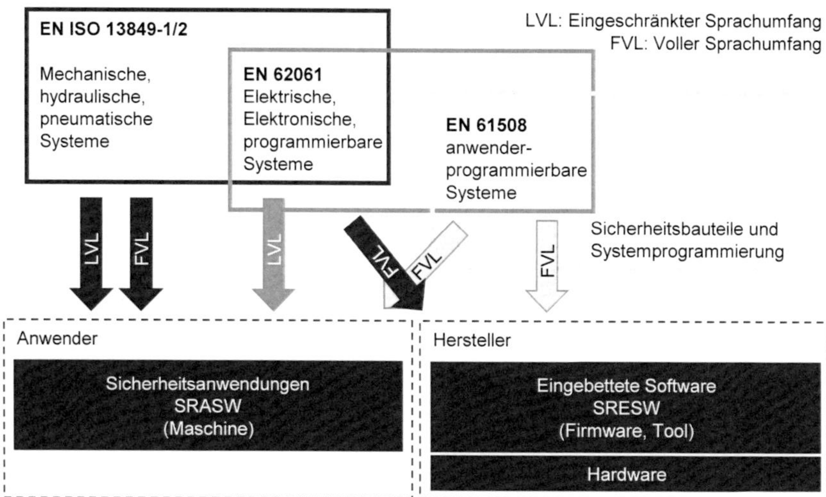

Bild 2.4: Zusammenhang zwischen ISO 13849, EN 62061 und IEC 61508
Relation between ISO 13849, EN 62061 and IEC 61508

ISO 12100 "Sicherheit von Maschinen – Allgemeine Gestaltungsleitsätze" [INTE10c] beschreibt Terminologien, Leitsätze und Methoden zur Konstruktion sicherer Maschinen unterstützt durch die Risikobeurteilung und Risikominimierung. Das Vorgehen zur Risikobeurteilung umfasst folgende fünf Schritte (vgl. Bild 2.5):

1. Festlegen der Grenzen der Maschine, einschließlich deren bestimmungsgemäßer Verwendung und vernünftigerweise vorhersehbarer Fehlanwendungen
2. Identifizieren von Gefährdungen und zugehörigen Gefährdungssituationen
3. Einschätzen des Risikos und Treffen von Entscheidungen über die Notwendigkeit zur Risikominderung
4. Bewerten des Risikos und Treffen von Entscheidungen über die Notwendigkeit zur Risikominderung
5. Beseitigen der Gefährdung oder Vermindern des mit der Gefährdung verbundenen Risikos durch Schutzmaßnahmen

Die Risikominimierung erfolgt anhand drei iterativer Schritte: der Risikominimierung durch inhärent sichere Konstruktion, durch technische und ergänzende Schutzmaßnahmen und der Bereitstellung von Benutzerinformationen. Risikobeurteilung und Risikominderung beziehen sich immer auf sämtliche Phasen der Lebensdauer der Maschine, die Fähigkeit der Maschine, ihre Funktion auszuführen und die Benutzerfreundlichkeit. Hierfür werden Informationen bezüglich der Beschreibung der Maschine, Vorschriften, Normen und weitere anwendbare Dokumente, Erfahrung im Einsatz und relevante ergonomische Grundsätze benötigt.

Der erste Schritt der Risikobeurteilung befasst sich mit der Festlegung der Grenzen der Maschine. Diese können Verwendungsgrenzen (Betriebsarten, Einsatzbereich, Fähigkeiten des Nutzers), räumliche Grenzen, zeitliche Grenzen (Lebensdauer, Wartungsintervalle) und weitere Grenzen (Material, Sauberhaltung, Umgebung, etc.) sein. Auf dieser Basis werden Gefährdungen identifiziert, die durch das Eingreifen von Personen während der gesamten Lebensdauer der Maschine, mögliche Betriebszustände der Maschine und unbeabsichtigtes Verhalten der Bedienperson oder vorhersehbare Fehlanwendung der Maschine entstehen können. Auf Basis der durchgeführten Risikoanalyse und -bewertung wird die Risikominderung durchgeführt. Zur Risikominderung durch inhärent sichere Konstruktion bezogen auf Steuerungen müssen verschiedene Maßnahmen bezogen auf Ingangsetzung, Wiederanlauf und Unterbrechung von Prozessen ergriffen werden und Funktionen zur Selbstüberwachung, sowie Sicherheitsfunktionen umgesetzt werden. Diese können beispielsweise durch programmierbare, elektronische Steuerungen umgesetzt werden, für die sowohl die Hardware, als auch die Software eine wichtige Rolle spielen. Zur Minimierung des Ausfalls von Sicherheitsfunktionen können zuverlässige Bauteile, die Anwendung von Bauteilen mit spezifischen Ausfallverhalten und Redundanz bzw. die Verdopplung von Bauteilen oder Teilsystemen verwendet werden. [INTE10c]

Die ISO 13849-1 [INTE15] überführt die in ISO 12100 geforderten Maßnahmen auf sicherheitsbezogene Teile von Steuerungen. Maschinensteuerungen führen Steuerungs- und Sicherheitsfunktionen aus. Sicherheitsfunktionen werden durch ein oder mehrere sicherheitsbezogene Teile von Steuerungen (SRP/CS) ausgeführt. Diese können gleichzeitig auch Steuerungs- und Betriebsfunktionen ausführen. Ein SRP/CS kann sowohl als Hardwarekomponente oder Software ausgeführt sein. Er kann somit separat oder integral ausgeführt sein. SRP/CS werden bei nichttrennenden Schutzeinrichtungen, berührungslos wirkenden Schutzeinrichtungen, Steuerungsbaugruppen Leistungsschaltelementen und für Sicherheitsfunktionen ausführender Steuerungen angewandt.

Risikominimierung kann durch inhärent sichere Konstruktion oder dem Einbringen von Schutzeinrichtungen vorgenommen werden. Hierfür werden SRP/CS eingesetzt. SRP/CS können Eingangs-, Logik-/Bearbeitungs- oder Ausgangs-/Energieübertragungselemente sein und werden bspw. mittels elektrischer oder optischer Elemente verbunden. Zusammen führen diese Elemente eine Steuerungsfunktion aus. Außerdem können unterschiedliche Kanäle zur Durchführung derselben Sicherheitsfunktion mittels unterschiedlicher SRP/CS unterschieden werden.

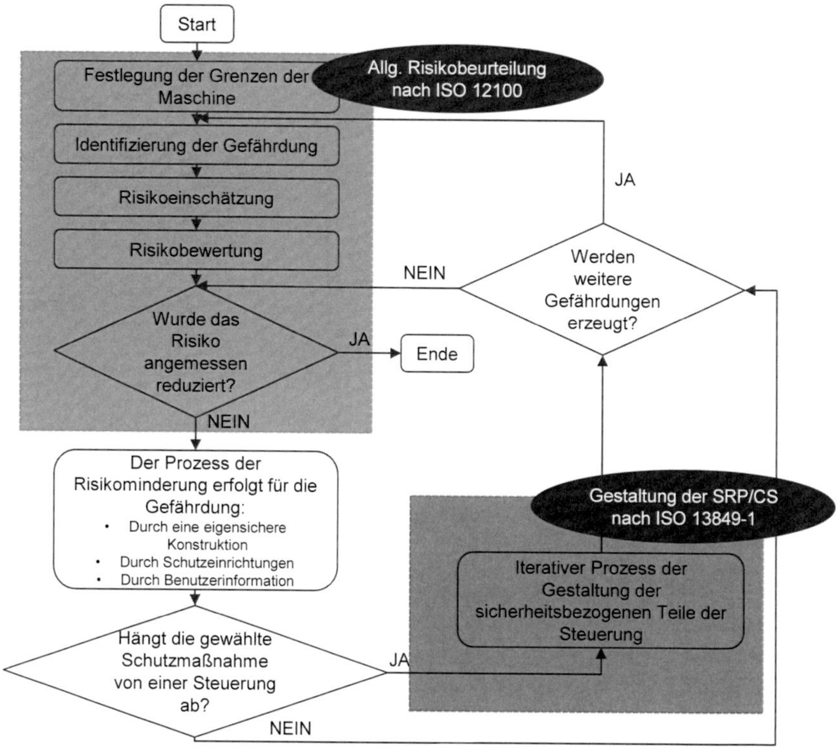

Bild 2.5: Risikobeurteilung nach ISO 12100 und Zusammenhang zur Risikominimierung nach ISO 13849-1

Risk assessment after ISO 12100 and relation to risk reduction after ISO 13849-1

Sicherheitsfunktionen überwachen die Grenzen der Maschine. Systemgrenzen werden beschrieben durch: Parameterräume (Min., Max, repräsentative Werte), Sicherheitsfunktionen (beabsichtigte Verwendung der Maschine, Betriebsarten, Zykluszeit & Ansprechzeit, Beschreibung der Wechselwirkung verschiedener Arbeitsprozesse (Reparatur, Einrichten, Reinigung), Funktionen die Gleichzeitig aktiv sein können), Umgebungsbedingungen, Betriebsbedingungen, menschliches Versagen, vorgesehene Anwendungsanforderungen. Bei Identifikation einer zu integrierenden Sicherheitsfunktion wird das benötigte Performance Level PL_r bestimmt. Dieser umfasst die Level a bis e und setzt sich durch das Schadensausmaß S, die Häufigkeit und/oder Dauer der Gefährdungsexposition F und der Möglichkeit zur Vermeidung oder Begrenzung des Schadens P zusammen. Auf Basis der ausführenden SRP/CS kann die Kategorie (Beschrieben durch Struktur) und das tatsächliche Performance Level ($PL<=PL_r$) ermittelt werden. Das Performance Level hängt von dem $MTTF_D$ DC, CCF und der Struktur (quantifizierbare Eigenschaften) und den Umgebungsbedingungen, betrieblichen Einsatzbedingungen, Verhalten unter Fehlerbedingungen, Gestaltungsprozesse und Belastungen im Betrieb (nicht quantifizierbar) ab. Typische Sicherheitsfunktionen sind bspw. sicherheitsbezogene Stoppfunktionen, eingeleitet durch eine Schutzeinrichtung, manuelle Rückstellfunktionen, Start-/Wiederanlauffunktionen, Zustimmfunktionen, Isolations- und Energieableitungsfunktionen, die Überwachung der Parametrisierung der sicherheitsbezogenen Eingangswerte und Ansprechzeiten.

Es muss entweder eine Rückübertragung der modifizierten Parameter oder eine Bestätigung der Parameter erfolgen. Außerdem muss eine Verifikation der Parameter stattfinden. Die Anforderungen umfassen die Planung, die Bereitstellung der Möglichkeit des Austausches und die Veränderung von Parametern im Betrieb. Unbefugte Modifikation muss verhindert werden und jede Modifikation muss zusätzlich aufwendigen Verifikationsverfahren unterzogen werden. [INTE15]

Die Norm DIN EN 61508-1 befasst sich mit den allgemeinen Anforderungen an elektrische/elektronische/programmierbare elektronische (E/E/PE) System, sofern diese Sicherheitsfunktionen ausführen. Funktionale Sicherheit wird als Teil der Gesamtsicherheit beschrieben, die sich auf die Korrektheit der Reaktion eines Systems oder Geräts auf seine Eingaben bezieht. Die funktionale Sicherheit wird durch die Betrachtung des Gesamt-Sicherheitslebenszyklus geplant. Hierbei werden die Spezifikationen von Anforderungen an das System, die Planung der Validierung der Anforderungen, der Entwurf und die Entwicklung, die Integration, die Installation, Inbetriebnahme, Betrieb und Instandhaltung sowie die Validierung selbst genauestens dokumentiert. Außerdem muss ein Betriebs- und Instandhaltungsmanagement eingeführt werden, um bspw. Modifikationsanforderungen zu identifizieren. Modifikationen können hierbei bspw. durch das Aufdecken von systematischen Fehlern, Störfällen oder Unfallerfahrungen, geänderte Betriebs- & Produktionsanforderungen o.ä. notwendig werden. Jede Modifikation muss bezogen auf ihre Auswirkungen auf das System analysiert werden und wieder eine Gefährdungs- & Risikoanalyse durchlaufen. Die weiteren Teile der Norm präzisieren die einzelnen Vorgehensweisen. [INTE10b]

Die DIN EN 62061 dient zur Übertragung von IEC 61508 auf den Maschinensektor zur Gewährleistung der funktionalen Sicherheit von sicherheitsbezogenen Steuerungssysteme (SRECS). Es werden Anforderungen und Methoden für den Sicherheitslebenszyklus vorgestellt, um erforderliche Sicherheits-Integritätslevel (SIL) für sicherheitsbezogene Steuerungsfunktionen (SRCF) in Einklang mit ISO 13849 zu erreichen. Hierfür können sowohl Herstellerangaben zu benötigen Metriken oder auch Ausfallraten anhand der verwendeten Architektur des Systems errechnet werden. Die in der Norm beschriebenen Anforderungen beziehen sich bspw. auf die Spezifikation der SRCF, den Entwurf und die Integration von SRECS, das Verhalten bei Erkennung eines Fehlers, die Vermeidung von systematischen Hardwareausfällen oder Beherrschung systematischen Fehlern, sowie allgemeine Anforderungen. [DIN/16]

PL und SIL sind die zentralen Kennzahlen zur Beschreibung von sicherheitsbezogenen elektronischen Steuerungssystemen und können/müssen hierfür beide angewandt werden. Zusätzlich zu den durch PL beschriebenen Faktoren des Schadensausmaß, der Häufigkeit und/oder Dauer der Gefährdungsexposition und der Möglichkeit zur Vermeidung oder Begrenzung des Schadens, wird zur Bestimmung des SILs die Wahrscheinlichkeit des Auftretens eines gefahrbringenden Ereignisses mit einbezogen.

Zusätzlich kann hier die ISO 11161 erwähnt werden, die Sicherheitsanforderungen für integrierte Fertigungseinrichtungen (IMS) beschreibt. Es handelt sich hierbei um eine B1-Norm. Auch in dieser Norm wird das durch ISO 12100 beschriebene Vorgehen zur Risikominimierung für den speziellen Sicherheitsaspekt der IMS abgeleitet. Zur Durchführung der Risikobeurteilung müssen die Funktionalität, Grenzen und Schnittstellen der verschiedenen Teile des IMS festgelegt werden. Hierbei spielt die Integration von Einzelmaschinen eine entscheidende Rolle und damit einhergehende Änderungen an Schutzmaßnahmen oder eine sich ändernde Verwendung der Maschine. Für den Integrator liegt daher das Augenmerk insbesondere auf der Beschreibung der Funktionen, der Anordnung und Zugänge des IMS, sowie eine genaue Prozessanalyse zur Darstellung der Wechselwirkungen zwischen verschiedenen Arbeitsprozessen und manuellen Tätigkeiten, Prozessabfolgen und Schnittstellen. [NORM10]

Industrieanlagen, insb. im Bereich der kritischen Infrastrukturen, sind häufige Ziele für Sabotage-und Spionageangriffe. Die herstellende Industrie ist daher gezwungen, sich mit dem Thema der Industrial-Security zu beschäftigen und neue Geräte gemäß nachprüfbarer Kriterien zu entwickeln. Hierbei geht es um das Erkennen und Minimieren von Softwareschwachstellen, Bekämpfung bekannter Schadsoftware und Nutzung von Sicherheitsmechanismen. Dazu werden seit 2016 Zertifizierungen nach Norm IEC 62443 durchgeführt. IEC 62443 und IEC 61508 stehen dabei im direkten Zusammenhang. Ein System kann funktionale Sicherheit nur erreichen, wenn auch die Industrial Security gegeben ist. Auch hierfür wurde ein nationales IT-Sicherheitsgesetz eingeführt, dass sich jedoch nur auf kritische Infrastrukturen bezieht. Hierfür muss die Erfüllung von im Gesetz beschriebenen Anforderungen regelmäßig nachgewiesen werden. [ZVEI17]

Die IEC 62443 definiert neben den Rollen Asset Owner (Betreiber), Service Provider (Dienstleister), Integration Service Provider, Maintenance Service Provider und Product Supplier (Produktlieferant) Security Level von 1-4, die den Schutz gegen zufällige Fehlanwendungen bis hin zu absichtlichen Versuchen mit spezifischen Kenntnissen und erheblichen Mitteln einordnen. Ähnlich zu PL und SIL, wurden Protection-Level zur Unterstützung der Risikoanalyse eingeführt. Das Vorgehen der Risikoanalyse im Sinne der Security ähnelt der zur Sicherheit von Maschinen: Zuerst werden Assets identifiziert, dann Bedrohungen analysiert und relevante Schutzziele ermittelt, danach die Risiken analysiert und bewertet, um schließlich Schutzmaßnahmen aufzuzeigen und deren Wirksamkeit zu bewerten. Abschließend werden Schutzmaßnahmen ausgewählt und umgesetzt und ein Prozessaudit durchgeführt [ZVEI17]

In der "Deutschen Normungsroadmap Künstliche Intelligenz" wird der Handlungsbedarf zur Anpassung von geltenden Normen für flexible industrielle Automatisierungssysteme beschrieben [WAHL20]. Hierbei wird davon ausgegangen, dass in flexiblen Produktionssystemen insbesondere KI als Methodik zur Adaption der Prozesse eingesetzt werden wird und somit Möglichkeiten zur Zertifizierung diskutiert werden müssen.

So sollen Risikobetrachtungen während der Laufzeit stattfinden können und das Risiko durch das Betrachten der Systemumgebung und Worst-Case Annahmen minimiert werden [SCHN13; SCHN15]. Es sollen neue Überwachungsmechanismen erprobt werden, die sich an neue Situationen anpassen können. Die Überarbeitung der IEC 61508 und der Maschinenrichtlinie 2006/42/EG ist für die Nutzung von KI dringend notwendig [WAHL20]. Sicherheits- und Haftungsfragen werden bezogen auf den Einsatz von KI zur Zeit insbesondere politisch betrachtet [EURO20b; EURO20a].

2.2.2 Ausführung von Sicherheitssystemen in der Industrie

Design of safety systems in industry

Automatisierungssysteme werden anhand der Prinzipien des sicheren Bestehens (safe life), des beschränkten Versagens (fail safe) und der Redundanz konstruiert. Bei elektronischen Systemen stehen dabei das Prinzip der Redundanz und der Diversität im Vordergrund. Basierend auf den zuvor beschriebenen Normen gibt es daher unmittelbare, mittelbare und hinweisende Sicherheitstechnik. [NEUD16]

Betrachtet man die Umsetzung von Herstellern [PILZ17; SIEM19; BECK17] sicherheitsbezogener Automatisierungskomponenten, lässt sich verallgemeinert die in Bild 2.6 dargestellte Architektur ableiten. Der Notauskreis ist i.d.R. mittels speziell zertifizierter Sicherheitsrelais mit den Aktuatoren verbunden, um ggf. Antriebe auszuschalten (Ausführung als Öffner). In größeren und komplexere Automatisierungssysteme werden bspw. sichere Kleinsteuerungen oder Sicherheitssteuerungen eingesetzt, um komplexere Sicherheitsfunktionen auszuführen und zwischen angrenzenden Teilmodulen mittels eines speziellen, zertifizierten Sicherheitsprotokoll (bspw. PROFIsafe, SafetyNET p, TwinSAFE) auszutauschen. Bei einfachen Anwendungen werden diese Funktionen auch in klassische Steuerungen integriert. Daten aus diesen Steuerungen werden bspw. auf ein Panel übertragen, um die verschiedenen Funktionen zu überwachen oder dem Bediener im Falle eines Vorfalls Informationen bereitzustellen.

Sicherheitsbezogene Steuerungsfunktionen und Sicherheitsfunktionen werden mithilfe der Sicherheitserweiterungen der gängigen Steuerungsprojektierungssoftware konfiguriert (bspw. Siemens TIA, Beckhoff TwinCAT und CODESYS). Diese Programme stellen bereits zertifizierte Sicherheitsbausteine und Sicherheitskonfigurationen bereit und verfügen außerdem über Maßnahmen der Fehlererkennung und -beherrschung, und damit über Maßnahmen zur Validierung und Verifikation [SIEM19; BECK17; 3S-S20; K. A18; PILZ17]. Die Programmierung ist daher in der Regel eine Konfiguration [WIEL19] oder aber immerhin eine eingeschränkte Programmierung von Steuerungen [BECK17; 3S-S20]. So existieren Schnittstellen, die durch PLCopen definiert sind und über die lebenszyklusübergreifenden Informationen ausgetauscht werden können (Beispiel TIA Openness). Allerdings wird der Zugriff auf sicherheitsrelevante Funktionen durch den Softwareanbieter bewusst gesperrt. Es wird zwar eine Entwicklung hin zu dynamischen Sicherheitsfunktionen durch den Einsatz intelligenter Algorithmen prognostiziert [PILZ17], aber durch die Vertreiber von Sicherheitstechnik noch nicht ausreichend unterstützt. Insbesondere Ansätze zur lebenszyklusübergreifenden Integration von sicherheitsrelevanten Informationen oder die Möglichkeit der automatisierten Anpassung von Sicherheitsfunktionen sind nur eingeschränkt verfügbar oder fehlen ganz.

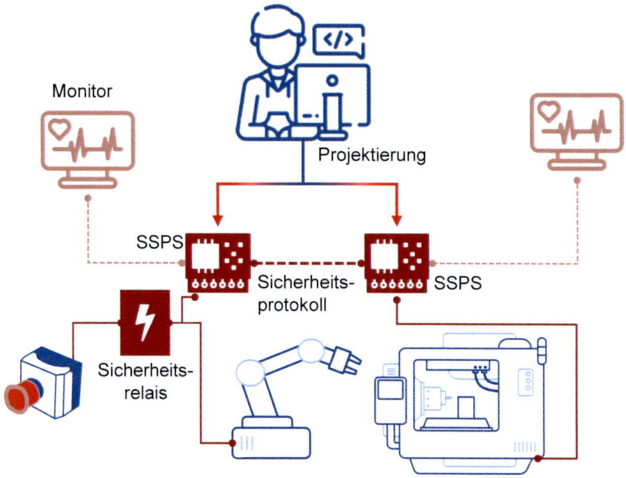

Bild 2.6: Typische Architektur eines Sicherheitssystems in der Automatisierungstechnik

Typical architecture of a safety system in automation technology

Fallbeispiel "FlexARob" – Werkstattorientierte Werkzeugmaschinenautomatisierung durch flexible Roboterunterstützung:

Für eine flexible Bestückung der Werkzeugmaschine wird im AiF-Projekt "FlexARob" der kollaborative Roboter UR 10 eingesetzt. Das Ziel ist, dass die Bestückung der Werkzeugmaschine nach einmaligen Beibringen des Pfads und des Greifens durch den Mitarbeiter [BREC19b] oder mithilfe von Simulationen [BLAN20], die mittels eingebrachter Sensorik die Umgebung miteinbeziehen, selbstständig vom Roboter durchgeführt wird. Es hat sich jedoch gezeigt, dass für den Einsatz im industriellen Umfeld eine zusätzliche Absicherung der Umgebung durch Sensoren integriert werden muss, die allerdings aufgrund der wechselnden Position des Roboters in Bezug auf die Werkzeugmaschine nach einer Neuausrichtung neu konfiguriert werden muss. Dieses wird aktuell durch die Software der Sicherheitssensorik nicht zugelassen und muss daher jedes Mal manuell durchgeführt werden.

Fallbeispiel iCellFactory – Herstellung individualisierter biologischer Zellprodukte:

Die iCellFactory [PIES20] ist eine flexible, rekonfigurierbare biotechnologische Forschungsanlage zur Kultivierung von Stammzellen. Die Flexibilität der Anlage wird durch einen modularen Aufbau erreicht, bei dem biologische Geräte flexibel mit eingebunden werden können und durch die Nutzung des Portalroboters eine flexible Steuerung der Prozesse zur Kultivierung durchgeführt werden können. Sobald ein neues Gerät eingefügt wird, wird der Prozess aufgrund des "Plug-& Produce-Ansatzes" mit diesem neuen Gerät neu geplant. Da die notwendige Sicherheitstechnik jedoch von jedem integrierten Gerät die Sicherheitskonfiguration mit einbinden muss und die Sicherheitstechnik hierfür keine adäquate Schnittstelle bietet, muss ein Mitarbeiter diese Sicherheitskonfiguration manuell vornehmen.

2.2.3 Sicherheitsfunktionen

Safety functions

Das Steuern und Überwachen von sicherheitskritischen Systemen, das in der Vergangenheit durch mechanische oder elektronische Komponenten durchgeführt wurde, wird zunehmend in verteilten Systemen mittels Software gelöst. Hierfür werden spezielle Techniken benötigt. Zur Identifikation von Sicherheitsrisiken in einem heterogenen, technischen System kann eine Fehlerbaumanalyse durchgeführt werden. Danach wird das Verhalten des Systems beim Auftreten von Fehlern und das gewünschte Systemverhalten modelliert und die Architektur der Zellensteuerung festgelegt. Diese können bspw. als Petrinetz oder Interaktionsmodell dargestellt werden. [KRAM97]

Sicherheitsrisiken können auf Produktionszellenebene durch räumliche Gegebenheiten oder durch das Zusammenspiel im Sinne des Verhaltens verschiedener Aktoren beschrieben werden. Außerdem können systematische Fehler und zufällige Fehler unterschieden werden, die sich sowohl auf die Hardware, als auch auf die Software beziehen können. Verhaltensbezogene Sicherheitsfunktionen werden bspw. mit SysML modelliert und verwenden die in IEC 61499 vorgestellten Funktionsblöcke [HANA12]. Zur Identifikation von sicherheitskritischen Räumen werden z.B. Roboter und die Peripherie simuliert und in Arbeitsbereiche und Schutzzonen unterteilt [LIU21]. Auf Basis der Roboterposition führt die Sicherheitsfunktion einen Abgleich der Koordinaten durch und kann so Gefahren im laufenden Prozess erkennen [BAEK12].

Zur Beurteilung der Sicherheit von Sicherheitsfunktionen können PL oder SIL verwendet werden. Hierfür existieren Beispiele zur Berechnung bezogen auf Zellensteuerungen und den Vergleich des Aufbaus verschiedener Funktionen [ZDAN18b; ZDAN19]. Die Erfüllung von Echtzeitanforderungen der Sicherheitsfunktionen wird dabei für klassische Ansätze ebenso analysiert [ZDAN18a], wie für erste Ansätze der Rekonfiguration von containerbasierten Steuerungsprozessen [KADE20].

2.2.4 Ansätze zur inhärent sicheren Konstruktion in CPPS

Approaches for inherent-safe construction in CPPS

Die Notwendigkeit die durch Normen beschriebenen Verfahren zur Maschinensicherheit für die Anwendung in CPPS anzupassen, wird insbesondere im Bereich der modularen Anlagen adressiert. Koo et al. [KOO18] identifizieren sechs Herausforderungen für sicherheitskonformen Betrieb in rekonfigurierbaren Fertigungssystemen:

1. Die Anpassung von Normen zur Beschreibung von Sicherheitsmerkmalen von modularen Maschinen
2. Standardisiertes Vorgehen zur Auslegung und Zuweisung der derzeit geltenden Richtlinien und Standards
3. Erkennung und Klassifizierung von Gefährdungen in unterschiedlichen technischen Domänen
4. Absicherung von Wechselwirkung zwischen modularen Maschinen und zwischen modularen Maschinen und Menschen
5. Genauigkeit der Bewertung und allgemeine Akzeptanz des automatisierten Zertifizierungsprozesses
6. Reifegrad der eingesetzten Technologien zur Rekonfiguration von Produktionssystemen [KOO18]

Zur Durchführung einer Risikobewertung muss das System immer deterministisch und vorhersehbar agieren. D.h., dass ausreichend Informationen für den Zertifizierungsprozess bereitgestellt werden, auch wenn sich diese während des Prozesses ändern. Daher wird die Verkettung eigensicherer Module verfolgt [LIGG16; POPP18; KOO18]. Hierbei werden bspw. modulare Fehlerbaumanalysen, modulare FMEAs (Failure Mode and Effects Analysis) sowie modulare Sicherheitskonzepte und -nachweise in Betracht gezogen [LIGG16; POPP18].

Jaradat et al. identifizieren Herausforderungen für die Gewährleistung der Sicherheit in Industrie 4.0 auf der Grundlage einer Cloud-Fog/Edge-Thing Architektur [JARA17]. Sicherheitsgewährleistungscharakteristiken sind bspw. Modularität und Kooperationsfähigkeit, Kontinuität in einer flexiblen Fertigung, sowie auf Abruf veränderbare Sicherheitsbetrachtungen. Es wird abgeleitet, dass Sicherheitsbetrachtungen modular auf einzelne Aspekte des IoT-Systems umgesetzt werden müssen. Demnach sind Komponentenlieferanten, Servicebereitsteller und Integratoren für die Gewährleistung verantwortlich. Es wird bspw. eine Überwachung von Schnittstellen der Module oder andere Sicherheitsfunktionalitäten wie bspw. Schutzeinrichtungen, Abwehrmaßnahmen und Schutzebenen mithilfe kontraktbasierter Entwicklungen vorgeschlagen. Hierbei sind die erlaubten Einstellungen von Parametern Inhalt der Kontrakte, die aus Modellbeschreibungen entnommen werden [LIGG16; JARA18]. Ashjaei et al. schlagen die Verwendung von Service Level Agreements für industrielle Anwendungen vor, um Steuerungsfunktionen in der Cloud ausführen zu können [ASHJ18]. Betrachtet werden hierfür die Kommunikation Virtualisierung und das Processing um die SLA zu beschreiben.

Lee et al. beschreiben, dass Rechen- und Netzwerktechnologien heutzutage nicht in der Lage sind, physikalische Prozesse ausreichend zu beschreiben [LEE08]. Durch fehlende Semantik und ungenaue Modelle ist eine zuverlässige Reaktion des Systems in Echtzeit schwierig zu implementieren. Unvorhersehbare Ereignisse sollten mittels Abstraktion auf einer höheren Abstraktionsstufe beherrscht werden. Etz et al. schlagen daher eine integrierte Sicherheitsarchitektur durch die Nutzung von herstellerneutralen

Technologien wie TSN und OPC UA zusammen mit einer Black Channel Schnittstelle und einer Schnittstelle für ein Informationsmodell für Safety vor [ETZ18]. Außerdem können Fehler in einem verteilten sicherheitsbezogenen System bspw. durch den Einsatz redundanter Microcontroller erkannt werden [MORA18].

Eigenschaften des CPPS werden zur Verbesserung der Sicherheit des Produkts durch eine bessere Überwachung des Fertigungsprozesses genutzt [LI17]. Digitale Zwillinge werden überwacht und bspw. Software Circuit Brakers [PREU18] eingesetzt oder Methoden zum Umgang mit Datenverlust oder anderen Unregelmäßigkeiten in der Datenübertragung [SCHW05] eingeführt. Weitere Herausforderungen sind die Validierung und Verifikation, das Vertrauen in I4.0-Sicherheit, wirtschaftlicher Druck (bspw. Einsatz günstiger Hardware) und die Security als fester Bestandteil zur Gewährleistung der Sicherheit [JARA17].

2.3 Vertragsbasierte Gestaltung von Steuerungsfunktionen

Contract-based design of control functions

Der Begriff Vertrag ist vor allem durch die Wirtschaft geprägt. Verträge werden zwischen asymmetrisch informierten Partnern geschlossen. Der Auftraggeber (der Käufer) erhält von seinem Auftragnehmer (dem Verkäufer) Informationen, die nicht vollständig sind, aber das gewünschte Verhalten bzw. die gewünschten Eigenschaften beschreiben. Aufgrund dieser asymmetrischen Informationen und des daraus resultierenden Nachteils für den Auftraggeber schließen der Auftraggeber und sein Auftragnehmer einen verbindlichen Vertrag, in dem das gewünschte Verhalten und/oder die gewünschten Eigenschaften formalisiert werden. Obwohl es eine Theorie der vollständigen Verträge gibt, gibt es diese nicht. Das bedeutet, dass der uninformierte Auftraggeber sein Angebot unter asymmetrischen Informationen gestaltet. Dennoch erfüllt ein guter Vertrag die Anforderungen des Auftraggebers und seines Auftragnehmers. [MART19]

Smart Contracts sind in der Regel für die Verwendung in der Blockchain-Umgebung konzipiert, um Regeln auf der Blockchain zu speichern, zu überprüfen und auszuführen. Neben der Blockchain sind Smart Contracts für die rechtliche Interaktion zwischen nicht vertrauenswürdigen Partnern und Partnern konzipiert, die bei der Ausführung und Überprüfung einer Transaktion nicht von einem Dritten abhängig sein wollen. Code, der als Vertrag programmiert ist, beschreibt also Recht. Smart Contracts sind für einfache Probleme konzipiert.

Wie in Bild 2.7 dargestellt, besteht ein Smart Contract aus Eingaben, Ausgaben, dem "Gesetz" (Logikfolge) und Orakeln. Die Bedingungen und Ereignisse werden durch die Logiksequenz digitalisiert. Daher müssen die Eingaben gut spezifiziert sein. Orakel sind zusätzliche Daten, die von Drittanbietern stammen. Ein intelligenter Vertrag ist unveränderlich, dezentralisiert, quelloffen, kostengünstig, selbstverwaltend, genau und schnell.

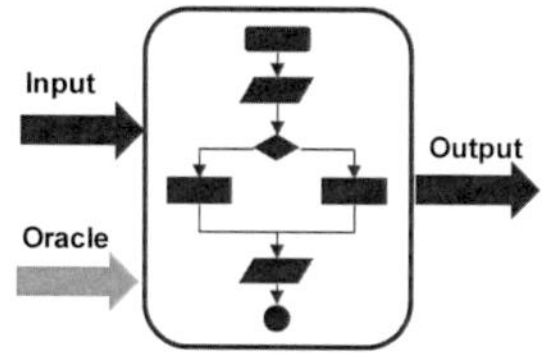

Bild 2.7: Darstellung eines Smart Contracts
Representation of a Smart Contract

Als eine Möglichkeit, die Komplexität von entstehenden CPS zu reduzieren, wurde von [GARA18] ein Ansatz zur Verwendung von Smart Contracts zur Koordinierung der Nutzung von Elementen im CPS vorgestellt. Die als Smart Contract implementierte Logik soll dabei als Digitaler Zwilling dienen. Zur Beschreibung des Verhaltens und zur Generierung von Code für den Smart Contract wurden UML Statecharts verwendet. Der Dienst und der Zugriff auf den Vertrag werden als resilient, transparent und unveränderlich beschrieben. Die Korrektheit des Smart Contracts ist entscheidend. Der beschriebene Anwendungsfall steuert den Zugang zu einer sicheren Einrichtung, die durch Smart Contracts verwaltet wird. [GARA18]

Der VDI/VDE beschreibt eine Richtlinie für ein Interaktionsprotokoll eines Ausschreibungsverfahrens. Das Interaktionsprotokoll basiert auf dem in [SMIT80] beschriebenen Contract Net Protocol. Das Interaktionsprotokoll soll zu einer hochflexiblen Gestaltung von Kooperationsbeziehungen führen. Rechtlich verbindliche Wertschöpfungsketten über Unternehmensgrenzen hinweg werden adressiert und sollen mit Hilfe des Protokolls automatisch generiert werden. Das Grundkonzept besteht darin, Informationen semantisch interoperabel auszutauschen. Der Teilnehmer kann eine Ausschreibung, ein Angebot oder einen Vertrag abschließen.

Service Level Agreements (SLA) beschreiben eine Vereinbarung zwischen einem Kunden und einem Anbieter einer Dienstleistung [KOHN18]. Hauptaufgaben sind einerseits das Aushandeln, Vereinbaren und Verstehen des SLA und andererseits das Melden, Verbessern und Überwachen des SLA. Typische Bestandteile von SLA sind:

- Beschreibung der Dienstleistung
- Verlässlichkeit
- Reaktionsfähigkeit
- Verfahren zur Meldung von Problemen
- Überwachung und Berichterstattung
- Konsequenzen bei Nichterfüllung der Dienstleistungsverpflichtungen
- Ausweichklauseln oder Beschränkungen

SLAs im Zusammenhang mit sicherheitsbezogenen Funktionen in industriellen Applikationen zu verwenden, wird bspw. durch Ashjaei et al. [ASHJ18] vorgeschlagen.

Der vertragsbasierte Entwurf (engl.: contract-based design) wird von [BENV15b; BENV15a] als eine Möglichkeit vorgestellt, den Entwicklungsprozess eines komplexen

Systems mit dem Wissen aus der modellbasierten und komponentenbasierten Entwicklung zu unterstützen. Das System wird in Komponenten zerlegt, die durch geregelte Beziehungen verbunden werden [CIMA12]. Die modellbasierte Entwicklung konzentriert sich auf den vertikalen Prozess, während der komponentenbasierte Entwurf sich mit den horizontalen Prozessen beschäftigt. Der plattformbasierte Entwurf kombiniert beides. Der komponentenbasierte Entwurf ist ein streng gekapselter Entwurf mit strengen Schnittstellenspezifikationen, der jeden Entwurfsschritt im Hinblick auf die Systemintegration qualifiziert.

Verträge tragen dazu bei, die Komplexität von Systemen zu bewältigen und Anforderungen zu verwalten. Daher unterstützen Verträge das Management der Entwurfskette, die Wiederverwendung und die unabhängige Entwicklung von Komponenten im System. In Verträgen werden die Verantwortlichkeiten einer Komponente von denen ihrer Umgebung abgegrenzt. Ein Beispiel für einen Vertrag C_1 ist in Formel (2.1) dargestellt. Der Vertrag besteht aus Eingabe- und Ausgabevariablen, Annahmen und Garantien.

$$C_1: \begin{cases} variables: \begin{cases} inputs: x, y \\ outputs: z \end{cases} \\ types: x, y, z \in \mathbb{R} \\ assumptions: y \neq 0 \\ guarantees: z = x/y \end{cases} \tag{2.1}$$

Das Verhalten des Vertrags erfüllt die Implikationsannahmen – Garantien. Die Garantie G spezifiziert das erwartete Verhalten einer Komponente und die Annahmen A_i nehmen den konjugierten Standpunkt ein, da sie erwartete Eigenschaften der Umgebung spezifizieren. Garantien gehen mit den Annahmen des Nutzungskontextes einher (implizit). Anforderungen spezifizieren die Garantien, die von dem System erwartet werden. Ein Vertrag ohne Implementierung ist inkonsistent; ein Vertrag ohne Umgebung ist inkompatibel. Werden einzelne Garantien in Bezug auf Inputs und Outputs übersetzt, sind Input-Aktionen eine "Muss"-Modalität; Output-Aktionen beschreiben eine "Kann"-Modalität. Die Übersetzung einzelner Annahmen bedeutet, den Standpunkt der Umwelt einzunehmen. Verträge müssen konsistent, kompatibel, korrekt und vollständig sein. Spezifikationen müssen ausführbar sein, um unerwünschtes Verhalten aufzudecken.

Um die Beziehung zwischen verschiedenen Verträgen zu beschreiben, werden die Operatoren Verfeinerung, Komposition und Konjugation sowie das Konzept der Sichtweisen verwendet.

Abstraktion/Verfeinerung (vertikaler Prozess/unabhängige Entwicklung):

Wenn der Vertrag C' C verfeinert, dann sollte jede Implementierung von C' C implementieren und in jeder Umgebung für C funktionieren können.

Komposition/Dekomposition (horizontaler Prozess/Systemintegration):

Die Komposition unterstützt den komponentenbasierten Entwurf. Zwei Komponenten M & M' sind komponierbar, wenn ihre Eingangsvariablen übereinstimmen und sie keine gemeinsamen Ausgangsvariablen haben. Die Komposition muss assoziativ und kommutativ sein.

$$C_1 \otimes C_2 \otimes C_3 \preccurlyeq C \tag{2.2}$$

Konjunktion (Viewpoint Integration):

Anforderungsdokumente bestehen aus Zusammenfassungen von Anforderungen. Spezifikationen von Komponenten können aus der Verbindung verschiedener Gesichtspunkte bestehen. Die Konjunktion unterstützt die Wiederverwendung einer Komponente.

$$C_1^B \wedge C_1^S \wedge C_1^E = C_1 \tag{2.3}$$

Viewpoints beschreiben verschiedene Domänen (z.B. Verhalten, Sicherheit, Energie, etc.) und damit die Sichtweise verschiedener Domänenexperten oder Gruppen auf das beschriebene System. Das zu entwerfende System muss allen Viewpoints gerecht werden.

Typische Anwendungsbereiche sind im Bereich der defensiven Programmierung zu finden [ZUMA09], also kritische Anwendungen/Systeme wie bspw. Sicherheitsanwendungen in eingebetteten Systemen bzw. der Fahrzeugtechnik oder anderen Produktlinien [DAMM11; KAIS15]. Nesic et al. stellen eine Methode zur Verwendung von Verträgen für modulare Sicherheitsnachweise für Produktvarianten vor. Neue Produktkonfigurationen sollen inkrementell zertifizierbar sein, sodass bestehende Sicherheitsnachweisargumente wiederverwendet werden können und Änderungen im System eine durchführbare Anzahl von Sicherheitsnachweisüberprüfungen mit sich bringen. Aus diesem Grund haben sie einen vertragsbasierten Spezifikationsrahmen eingeführt, der auf einer komponentenbasierten Architektur basiert und Verträge durch Annahmen und Garantien definiert. Sie verwenden *Global Structuring Notation*, um die Produktanforderungen und die Erfüllung der Anforderungen zu beschreiben. Sicherheitsanforderungen werden dabei als Garantien in Verträgen modelliert. Eine isolierte Änderung in einer Produktlinie führt so lediglich zu einer isolierten Änderung des Sicherheitszustands. [NEŠI19]

Auch Jaradat et al. verwenden Verträge zum Beschreiben von sicherheitsrelevantem Verhalten und beschäftigen sich mit der Ableitung von Verträgen, deren Änderungsmanagement und Wartbarkeit. Als Anwendungsbeispiel dient hier eine Radbremsanlage [JARA18]. Tran et al. stellen die vertragsbasierte Entwicklung einer Steuerung mithilfe der IEC 61499 vor, um Zeitanforderungen in frühen Entwicklungsphasen zu integrieren und im Betrieb zu überprüfen [TRAN20].

2.4 Fazit

Conclusion

Obwohl bereits viele Jahre an dezentralen, neuartigen Steuerungsarchitekturen unter den Begriffen CPPS oder Agentensysteme geforscht wird, haben sich bisher erst wenige mit der Notwendigkeit der Einbringung von Sicherheitsfunktionen beschäftigt. Heutige Normen wurden für starre Automatisierungssysteme entwickelt. Trotzdem sollten diese bewährten Konzepte in neuen flexiblen Produktionssystemen Anwendung finden. Es müssen daher neue Vorgehensweisen für ein inhärent sicheres CPPS entwickelt werden. Als Grundlage hierfür muss eine eindeutige Datengrundlage bereitstehen und mithilfe dieser sich verändernde Systemgrenzen überwacht werden. Einen möglichen Ansatz für eine eindeutig beschriebene Datengrundlage bietet das OBDA. Es werden weitere Ansätze für eine sichere Infrastruktur durch das Einbringen von Sicherheitskonzepten wie bspw. das Prinzip der Redundanz benötigt. Simulationen und Beschreibungen des gewünschten Verhaltes auf Fehler sollen für Sicherheitsfunktionen verwendet werden. Hierfür kann das vertragsbasierte Gestalten von Sicherheitsfunktionen verwendet werden.

3 Zielsetzung, Aufgabenstellung und Vorgehensweise

Objectives, Tasks and Modus Operandi

3.1 Aufgabenstellung und Zielsetzung

Task and Objectives

Der Stand der Forschung und Technik zeigt die Notwendigkeit der Harmonisierung von Steuerungsarchitekturen zu bestehenden Normen auf. Während verteilte, vernetzte Steuerungssysteme seit einigen Jahren untersucht und verbessert werden, befassen sich nur wenige Ansätze mit konkreten sicherheitsbezogenen Systemeigenschaften. Zumeist befassen sich diese Ansätze mit Softwarevalidierungsverfahren, die auch notwendig zur Einführung flexibler, adaptiver Produktionssysteme sind, jedoch nur einen Teil der Gefährdungsbeurteilung adressieren. Die Anordnung und inhärent sichere Konstruktion des Steuerungssystems wird durch die Validierungsverfahren nicht betrachtet. Die Arbeit soll daher einen Weg aufzeigen, vernetzte Produktionssysteme sicherheitstechnisch einzuordnen und mithilfe konstruktiver Maßnahmen – hinsichtlich des Steuerungssystems – grundlegende Fragen der Nutzbarkeit in europäischen Produktionsbetrieben zu klären. Die zu beantwortende Forschungsfrage lautet daher:

Wie können flexible und adaptive Produktionssysteme mithilfe der inhärent sicheren Konstruktion funktional sicher betrieben und überwacht werden?

Neben der grundsätzlichen Konzeption eines Gesamtsystems erfordern insbesondere die Steuerungsarchitektur und die Beschreibung der Sicherheitskomponenten die Beantwortung weiterer Teilfragen:

- Welche Bestimmungen aus Normen bezogen auf die Maschinenrichtlinie müssen hinsichtlich cyberphysischer Produktionssystemen (CPPS) umgesetzt werden?
- Wie können Systemgrenzen von CPPS identifiziert und beschrieben werden?
- Was bedeutet inhärent sichere Konstruktion für CPPS?
- Wie können sicherheitstechnische Maßnahmen für CPPS identifiziert werden?
- Wie können Steuerungsarchitekturen bezüglich verschiedener in den Normen beschriebenen Kategorien in CPPS umgesetzt werden?

Zur Lösung dieser Frage wird die Lösungshypothese aufgestellt, dass sich durch die Verwendung und Kombination

- durch neuartige Systemarchitekturen bezogen auf die Anlagenvernetzung und Kommunikation,
- des Konzepts des Digitalen Schattens zur Beschreibung und Identifikation von Systemgrenzen und

- durch die Entwicklung einer Methodik zur Überwachung von sicherheitskritischen Funktionen

die Sicherheit des CPPS signifikant steigern lässt und zusätzlich die Grundlage für produkthaftungsbezogene Fragen liefert. Vor diesem Hintergrund ist das Ziel dieser Arbeit die inhärent sichere Konstruktion modifizierbarer, cyberphysischer Produktionssysteme, mithilfe einer inhärent sicheren Steuerungsarchitektur zu entwickeln. Hierfür wird das Konzept des Digitalen Schatten zur Beschreibung der Systemgrenzen und zur Überwachung von sicherheitskritischen Funktionen verwendet.

3.2 Vorgehensweise der Arbeit

Modus Operandi

In Bild 3.1 wird das Vorgehen zur inhärent sicheren Konstruktion modifizierbarer, cyberphysischer Produktionssysteme dargestellt. Beginnend im Engineering werden Prozessanforderungen definiert und Sicherheitsanforderungen aus Normen und Richtlinien extrahiert. Auf Basis der Anforderungsbeschreibung wird das Design entwickelt. Das Design bildet die technologische Grundlage des sicheren CPPS. Hierfür werden die verschiedenen, durch die Normen beschriebene Kategorien, in eine sichere Architektur des CPPS (bezogen auf Steuerung und Kommunikation) zur Erfüllung von Überdeckungsgraden und Redundanzen überführt. Die Inbetriebnahme und Produktion werden hinsichtlich der Art der Veränderungen am System und der damit anfallenden Daten untersucht.

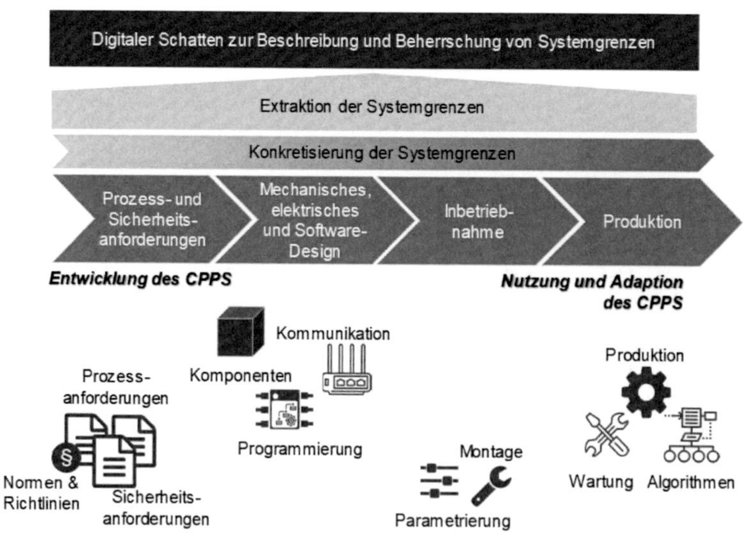

Bild 3.1: Lösungsansatz zur Extraktion und Beherrschung von Systemgrenzen für die Sicherheit in CPPS

Solution approach for the extraction and control of system limits for safety in CPPS

Da sich die Systemgrenzen über den Lebenszyklus hinweg konkretisieren, wird eine Methodik entwickelt, Systemgrenzen aus den verschiedenen Lebenszyklusphasen zu extrahieren und als Informationen bereitzustellen. So werden beispielsweise räumlichen Grenzen einer Produktionszelle durch die Anforderungen grob festgelegt und durch die Auswahl geeigneter Komponenten konkretisiert. Diese Veränderung über die Zeit wird als Wissen dargestellt und verfügbar gemacht. Mithilfe des Digitalen Schattens wird dieses Wissen verwendet, um Sicherheits- und Überwachungsfunktionen zu implementieren und Änderungen der Grenzen nachzuverfolgen.

Ausgehend vom aktuellen Stand der Technik in Forschung und Industrie wurden in Kapitel 2 zunächst Ansätze zur Beschreibung von Systemkomponenten in cyberphysischen Produktionssystem vorgestellt. Diese bilden die Basis für die Beschreibung von Systemgrenzen als zentrale Aufgabe der Risikobeurteilung und für die Identifikation von notwendigen Sicherheitsfunktionen. Anschließend wurden Steuerungskonzepte für CPPS sowohl hinsichtlich der dafür zugrundeliegenden Steuerungsarchitektur als auch bezüglich der Umsetzung von Steuerungslogik erörtert. Hierbei wurden insbesondere bewährte Technologien zur Verwendung in einem sicherheitsbezogenen Steuerungssystem identifiziert. Abschließend wurden die relevanten Normen zur Sicherheit von Maschinen hinsichtlich der Vorgehensweise zur Risikobeurteilung und -minimierung bezogen auf steuerungstechnische Systemkomponenten vorgestellt. Im Rahmen der Arbeit soll geprüft werden, ob die Normen weiterhin eingehalten werden können oder ob Anpassungsbedarf besteht.

Die Vorgehensweise der Arbeit wird an den beschriebenen Lösungsansatz (vgl. Bild 3.2) angelehnt. Es werden die Teilschritte der Anforderungsanalyse, dem inhärent sicheren Systemdesign, sowie die Extraktion und Überwachung der Systemgrenzen durchgeführt. Abschließend werden die gewonnenen Lösungsansätze anhand eines Beispielszenarios realisiert und evaluiert.

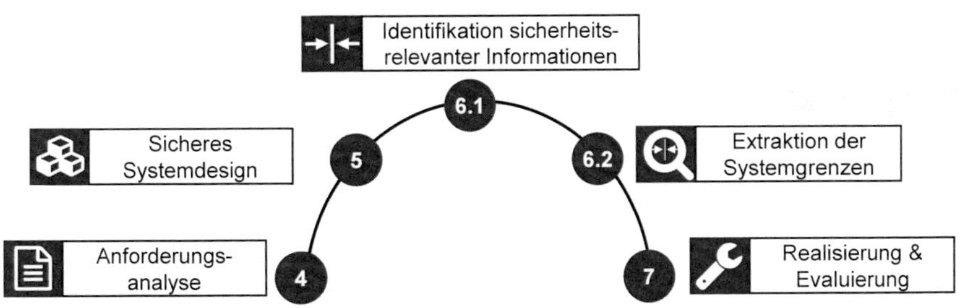

Bild 3.2: Kapitelstruktur zur Beschreibung des Lösungsansatzes

Chapter structure for the description of the solution approach

Kapitel 4 stellt die durch Normen definierten Anforderungen an die Systemarchitektur und Funktionalität dar. Dazu werden in den Normen beschriebene Konzepte bezüglich der Beschreibung von Systemgrenzen (ISO 12100 [INTE10c]), Architekturen bezogen auf das zu erreichende Performance Level (Kategorien beschrieben in ISO 13849-1 [INTE15]) und Anforderungen, die durch Modifikation des zugrundeliegenden Systems entstehen (IEC 61508 [INTE10b]), hinsichtlich ihrer Anwendung in CPPS dargestellt. Ziel ist es, eine Übersicht über notwendige Handlungsfelder bezüglich der im Stand der Technik in Forschung und Industrie erläuterten Systemarchitekturen und Steuerungskonzepte zu geben.

Zur Beantwortung der definierten Forschungsfragen wurden drei wesentliche Konzepte genannt. So soll in Kapitel 5 eine Systemarchitektur bezogen auf die Anlagenvernetzung und Kommunikation und der damit zusammenhängenden Anforderungen aus Kapitel 4 entwickelt werden. Hierfür werden zuerst Systemkomponenten des Edge Computing vorgestellt und hinsichtlich der definierten Anforderungen ausgewählt. Außerdem werden verschiedene Kommunikationsprotokolle betrachtet, mithilfe derer eine durchgängige und sichere Kommunikation gewährleistet werden soll. Die Komponenten des Edge Computings, sowie die Kommunikationsprotokolle werden abschließend in einer nach den in ISO 13849-1 beschriebenen Kategorien beispielhaft zu Systemarchitekturen angeordnet und diskutiert.

Kapitel 6 beschäftigt sich mit dem Konzept des Digitalen Schattens und der Entwicklung einer Methodik zur Beschreibung von sicherheitsrelevanten Systemkomponenten, der Identifikation von Systemgrenzen und die Entwicklung einer Methodik zur Überwachung von sicherheitskritischen Funktionen. Dazu werden zuerst sicherheitsrelevante Informationen eines Produktionssystems aus Standardisierungen extrahiert und mithilfe von Semantik und Graphdatenbanken beschrieben. Basierend auf dieser Informationsbasis soll eine Funktion zur Extraktion von Systemgrenzen entwickelt werden. Nachdem die Systemgrenzen identifiziert wurden, wird – nach dem Vorgehen zur Risikobeurteilung – eine Methodik zur Identifikation von Sicherheitsfunktionen zur Risikominimierung entwickelt, die auf Basis der in Kapitel 5 entwickelten Architektur Sicherheitsverletzungen erkennt und an die entsprechenden Systemteilnehmer verteilt. Zur Erfüllung der definierten Anforderungen wird außerdem eine Methodik zur Überwachung von Sicherheitsfunktionen und den zugrundeliegenden Systemgrenzen entwickelt und abschließend diskutiert.

Zur Evaluierung (vgl. Kapitel 7) des entwickelten, inhärent sicheren, cyberphysischen Steuerungssystems wird eine Referenzimplementierung anhand eines Anwendungsbeispiels realisiert. Hierzu wird der Demonstrator ICECAT (siehe Kapitel 3.3), der den Komplettierungsprozess der Autofrontscheibenfertigung abstrahiert darstellt und im Rahmen mehrerer Projekte zu einem CPPS ausgebaut wurde, verwendet. Die Cloud-/Edge-Architektur bildet dabei die Grundlage für die Steuerungsarchitektur und soll anhand der vorgestellten Konzepte mit Sicherheitskomponenten erweitert werden. Dazu werden redundante Strukturen sowohl bezüglich der Steuerungscomputer als auch der Kommunikation implementiert. Auch die Datenbasis, die bisher nur Informationen über aktuelle Steuerungszustände enthalten hat, wird um die beschriebenen Informationen im Rahmen des Konzepts des Digitalen Schattens erweitert, um schließlich auf Basis der Risikobeurteilung eine Beschreibung der Systemgrenzen und der damit notwendigen Sicherheitsfunktionen zu identifizieren und zu implementieren. Außerdem wird die Methodik zur Überwachung von Sicherheitsfunktionen und der Systemgrenzen implementiert. Diese Implementierungen werden in Kapitel 7 evaluiert und diskutiert.

Die Arbeit schließt mit einer Zusammenfassung und einem Ausblick für sich ergebende Fragestellungen in Forschung und Industrie in Kapitel 8.

3.3 Beschreibung des Demonstrationsszenarios

Description of the demonstration scenario

Zur Evaluierung der beschriebenen Vorgehensweise wurde das Demonstrationsszenario „ICECAT – Industrial Control by Edge and Cloud Computing for Automation Technologies“, welches den Teilprozess der Komplettierung der Windschutzscheibenfertigung der Firma Saint-Gobain Sekurit Deutschland GmbH & Co. KG abstrahiert, verwendet. Die Windschutzscheibenfertigung zeichnet sich durch die hohe Variantenanzahl der verschiedenen Produkte innerhalb eines und für verschiedene Automodelle sowie immer kürzer werdende Anfragezyklen durch die Automobilhersteller aus. Daher muss entweder ein großes Lager mit fertigen Windschutzscheiben vorgehalten oder die Anlagen oft umgerüstet werden. Heutzutage werden die Anlagen manuell umgerüstet. Dies nimmt sehr viel Zeit in Anspruch, wodurch die Anlagen schlecht ausgelastet sind. Zusätzlich kann es bei größeren Produktchargen zu prozessbedingten Formabweichungen in vorherigen Prozessschritten der zu fertigenden Produkte kommen. Dies führt zu Qualitätsproblemen beim Komplettierungsprozess, auf die aktuell durch manuelles Nachteachen der Roboter reagiert wird. Um die beschriebenen Herausforderungen zu lösen, wurde der Demonstrationsaufbau ICECAT entwickelt, der auf Basis eines cyberphysischen Produktionssystems das Rüsten sowie die Prozessadaption ermöglichen soll. Der durch Brecher et al. beschriebene Aufbau (vgl. auch [BREC18; BREC19a]) wurde zur Evaluierung der vorgestellten Methodik weiterentwickelt und erweitert.

Beschreibung des Gesamtprozesses bei Saint-Gobain Sekurit

Der Gesamtprozess untergliedert sich in die Vorbereitung und Komplettierung (vgl. Bild 3.3). Während der Vorbereitung wird nach Eingang des Auftrags das Glas zugeschnitten und die Kanten geschliffen. Anschließend wird an den Rändern der schwarze Siebdruck aufgetragen, bevor die Scheiben im Ofen durch Erhitzen in Kombination mit Vorspannung die gewünschte Scheibengeometrie in Form einer Freiform erhält. Windschutzscheiben bestehen aus zwei Lagen von Scheiben, die durch das Einlegen einer PVB-Folie im Autoklav abschließend verbunden werden. Die Vorbereitung ist danach abgeschlossen, sodass die Scheibe vor der Komplettierung zwischengelagert wird.

Zur Durchführung der Komplettierung werden die Scheiben zur automatisierten Produktionslinie transportiert und dort nachbearbeitet. In dieser automatisierten Produktionslinie werden die Bereiche, auf denen Material aufgetragen werden soll, anhand einer vorgegebenen Kontur gesäubert (Cleaner). Anschließend wird eine Grundierung (Primer) aufgetragen. Die Bearbeitungsschritte des Cleaners und Primers werden wiederholt und schließlich die Dichtung (Extrusion) aufgetragen, weitere Teile angeklebt (Coupler body) und Reste entfernt (Brushes). Ein Handhabungsroboter legt die Scheiben in das Werkstückträgerkarussell für die Durchführung der Schritte Cleaner, Primer, Suction, Coupler body und Brushes ein und wieder heraus. Abschließend können nun

Gegenstände, wie bspw. die Kamerahalterung oder Lötkontakte, angebracht bzw. aufgetragen werden, deren Lage final inspiziert wird um ggf. Ausschuss zu erkennen. Danach werden die Scheiben zwischengelagert, bevor sie schließlich abtransportiert werden.

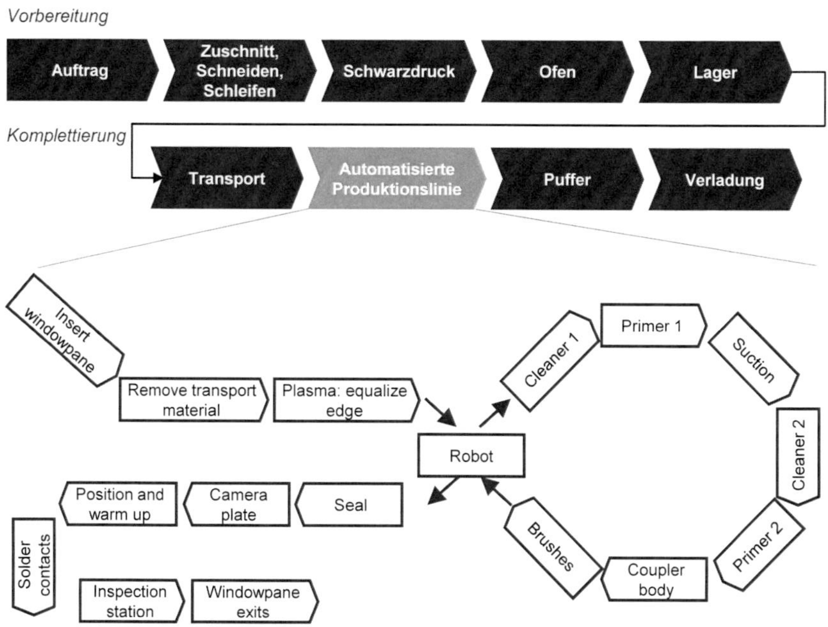

Bild 3.3: Verortung der Komplettierung im Gesamtprozess zur Windschutzscheibenherstellung bei SGSD

Integrating the completion process into the overall windshield manufacturing process at SGSD

Wie zuvor beschrieben, muss aufgrund der verschiedenen Produkte der verschiedenen Automobilhersteller die Anlage häufig umgerüstet werden. Neben dem Austausch der Werkstückträger in jedem Teilprozessschritt müssen die Roboterprogramme manuell geladen und einzelne Stützpunkte händisch nachjustiert werden. Dazu werden Schablonen aus den CAD-Dateien extrahiert und dem Anlagenbediener zum manuellen Anfahren von Referenzpunkten bereitgestellt. Aufgrund der prozessbedingten Maßschwankungen der Produkte muss dieser Prozess häufiger wiederholt werden.

Beschreibung der Abstraktion (ICECAT inkl. Weiterentwicklung)

Der beschriebene Komplettierungsprozess wurde in ein Demonstrationsszenario überführt, welches die wesentlichen Arbeitsschritte (Cleaner und Primer) der automatisierten Produktionslinie abstrahiert (vgl. Bild 3.4) und abweichend für eine hintere Seitenscheibe (nicht Windschutzscheibe) durchführt. Jeder Prozessschritt ist als Zelle aufgebaut. Der ursprüngliche Aufbau (vgl. [BREC18; BREC19a]) – bestehend aus Cleaner, Primer, Qualitätssicherung, Lager und Handling – wurde im Verlauf um die Zelle Qualitätssicherung reduziert. Die Zelle des Cleaners besteht aus einem Werkstückträger bestehend aus einem Näherungssensor (SICK CM30-16BPP-EC1) zur Produkterkennung, einer Kamera zur Produktidentifikation (RaspiCam) und einem Pneumatiksauger zur Produktfixierung (verschiedene Festo-Komponenten), sowie Roboter (KUKA LBR iiwa) zur Säuberung der Scheibe entlang einer vorgegebenen Kontur und einem Raspberry Pi als Steuerung. Die Zelle des Primers entspricht dem Aufbau des Cleaners, verwendet jedoch den Roboter KUKA Agilus fivve zum Auftragen der Grundierung (hier abstrahiert durch einen Kreidestift). Die Handlingszelle besteht lediglich aus dem Roboter (UR 5) zum Transport der Scheibe zwischen den angrenzenden Zellen und der Steuerung (Raspberry Pi), sowie direkt an den Roboter montierte Festo-Pneumatik-Komponenten zur Fixierung der Scheibe an dem Roboter beim Handlingsvorgang. Das Lager besteht aus zwei Bereichen zum Aufnehmen bzw. Ablegen der Scheiben und einer Kamera zur Identifikation von neuen Scheiben im Lager.

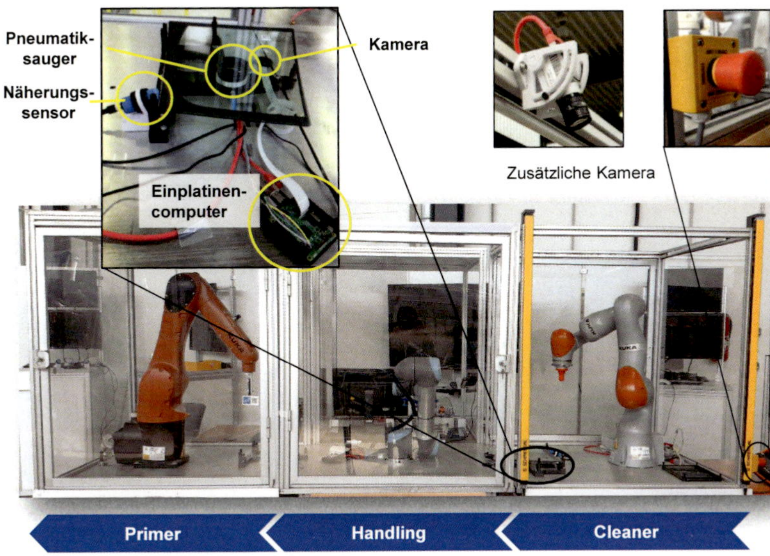

Bild 3.4: Aufbau des Demonstrationsszenarios ICECAT

Set-up of the demonstration scenario ICECAT

Der Aufbau wurde um Sicherheitseinrichtungen erweitert. Der bereits bestehende Sicherheitskreis bestehend aus Notausschaltern (für einen Nothalt) wurde in das Szenario integriert. Außerdem wurden Lichtgitter an die Cleaner-Zelle angebracht, sodass auch ein Mitarbeiter ein Produkt in die Zelle einlegen kann. Außerdem wurde eine Kamera zur Überwachung der Zellgrenzen zwischen Handlings- und Cleaner-Zelle ergänzt.

4 Identifikation der sicherheitsrelevanten Anforderungen an CPPS

Identification of safety relevant requirements for CPPS

Zur Identifikation der allgemeinen und insbesondere der sicherheitsrelevanten Anforderungen an CPPS wird auf das durch *POHL und RUPP* vorgestellte Verfahren zurückgegriffen [POHL09]. Hierfür wird, wie in Bild 4.1 dargestellt, der *Systemkontext* mithilfe des *Festlegens von Systemgrenzen* und der *Bestimmung der Kontextgrenzen* beschrieben, um anschließend die Anforderungen mithilfe des Einnehmens der *Struktur-*, der *Funktions-* und der *Verhaltensperspektive* zu ermitteln. Dieses Vorgehen wird mit dem durch *NAKAGAWA* et al. beschriebene Vorgehen zur Entwicklung von Referenzarchitekturen ergänzt [NAKA14]. Es werden Informationsquellen, wie bspw. Softwaresysteme, Publikationen, Normen, Referenzmodelle und -architekturen untersucht, um Anforderungen im Sinne von Prozessen, Aktivitäten und Aufgaben zu beschreiben. Da sich, wie in Kapitel 2.4 beschrieben, bisher kaum Arbeiten mit der durchgehenden Vernetzung von Produktionsanlagen einschließlich der Sicherheitssysteme befassen, werden die Anforderungen an CPPS und Sicherheitssysteme separat untersucht und hergeleitet.

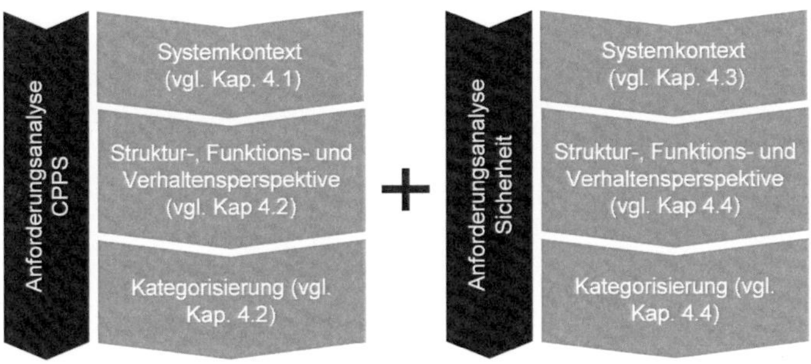

Bild 4.1: Vorgehen nach [POHL09] bezogen zur Identifikation sicherheitsrelevanter Anforderungen an CPPS

Approach after in regard to the identification of safety relevant requirements for CPPS

Die Anforderungen an das CPPS ergeben sich aus den allgemeinen Anforderungen, die durch die auszuführenden Produktionsprozesse bestimmt werden, die konkret durch Normen beschriebenen Anforderungen an die Infrastruktur sowie funktionale Anforderungen. Aus dem Stand der Forschung in Industrie und Technik lässt sich ableiten, dass das zu beschreibende CPPS nicht nur aus der Anordnung von Hardware- und Softwarekomponenten, sondern auch aus abstrakten Layern zur Beschreibung und Interoperabilität der Komponenten besteht.

4.1 Einordnung der Ziele und Herausforderungen von CPPS in den Automatisierungskontext

Classification of the goals and challenges of CPPS in the automation context

Cyberphysische Produktionssysteme erstrecken sich in der Theorie über Unternehmensgrenzen hinweg. Der Austausch von produktionsrelevanten Informationen soll über Wertschöpfungsketten hinweg Optimierungspotentiale und neue Businessmodelle vorbereiten. So sollen Informationen bspw. zum Produkt und dessen Qualitätseigenschaften zwischen Unternehmen, sowie der Logistik für eine zuverlässigere Wertschöpfungskette ausgetauscht werden, die bereits an den einzelnen Standorten und Fabriken der Unternehmen entstehen (vgl. **Bild** 4.2). Diese Informationen entstehen innerhalb der Unternehmen über den gesamten Produktionskontext und die verschiedenen Produkt- und Produktionslebenszyklusphasen hinweg.

Allgemeine Ziele und Herausforderungen für den Produktionskontext lassen sich in drei Kategorien einteilen: Produktbasierte Wettbewerbsvorteile, Produktionsoptimierung und die Entstehung neuer Businessmodelle. Produktbasierte Wettbewerbsvorteile entstehen durch die verbesserten Produktionsbedingungen und der damit einhergehenden Möglichkeit der Produktion hochwertiger Produkte der Losgröße 1 zu kürzeren Markteinführungszeiten herzustellen. Die Produktionsoptimierung trägt zu einer Kostenreduktion und einer Effizienzsteigerung durch höhere Verfügbarkeiten und intelligente Produktionsplanungen, sowie optimierte Wartungs- und Instandhaltungsmaßnahmen bei, die durch Transparenz und Vorhersagbarkeit erreicht werden. [JESC17; WEYR17]

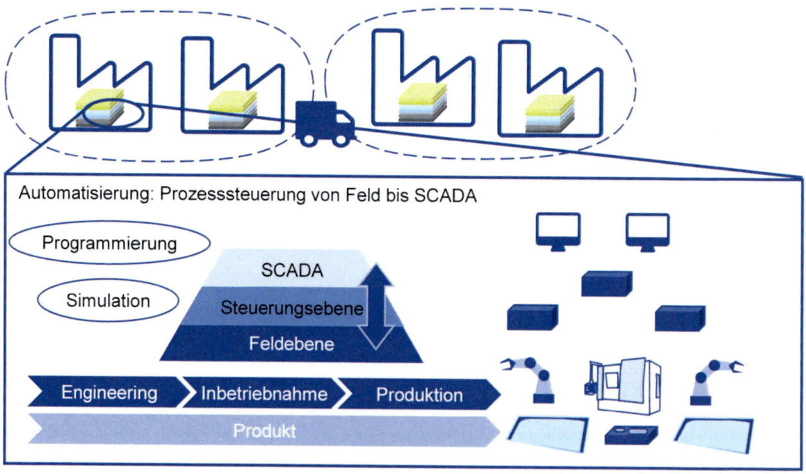

Bild 4.2: Prozessteuerung im Kontext der Produktionstechnik

Process control in the context of production engineering

Wird nun der Fokus auf das Produktionssystem gelegt, welches sich insbesondere durch die Automatisierungspyramide in sämtlichen Lebenszyklusphasen umschreiben lässt, sind die Ziele der durchgängigen Kommunikation, Rekonfigurierbarkeit/Flexibilität und Ergonomie wesentlich. Hierdurch sollen verbesserte Optimierungsmöglichkeiten, höhere Mitarbeiterproduktivität, verbesserte Energie- und Ressourceneffizienz, eine höhere Qualität sowie Zuverlässigkeit erreicht werden, die die Kosten der Produktion reduzieren und das Produktionssystem befähigen intelligente Entscheidungen für eine bessere Systemauslastung zu treffen. Vernetzte Engineering-Daten und die Bereitstellung von Daten gleicher Komponenten sollen bessere Dienste für die Wartung und Instandhaltung, sowie der Prozessentwicklung hervorbringen. [VDI/13; JESC17; WEYR17; SCHM17; VOGE20]

4.1.1 Bedeutung von CPPS für die Automatisierungstechnik

Importance of CPPS for automation technology

Viele der zuvor genannten zu erreichenden Eigenschaften des CPPS entstehen durch die konkrete Betrachtung der eingesetzten Automatisierungstechnik. So können Eigenschaften wie die Beherrschung von Störeinflüssen, Entwicklung von Lebensdauer- und Verschleißmodellen kürzere Planungs- und Konfigurationszeiten [VDI/13; WEYR17] nur durch die konkrete Betrachtung und Digitalisierung der zu automatisierenden Komponenten, wie bspw. Anlagen und deren Komponenten erreicht werden. Erst die Befähigung dieser Komponenten zur Adaptivität [SCHM17] und die Interoperabilität [VOGE20] zwischen den verschiedenen Komponenten ermöglichen prädiktive und präskriptive Operationen zur Erzielung robuster Leistung [LEE16] und die Flexibilisierung des Produktionssystems [JESC17]. Hierfür werden in der Literatur die sogenannten Plug- and Produce-Fähigkeiten genannt, die u.a. die Wiederverwendbarkeit von Komponenten unterstützen und eine dezentrale Steuerung ermöglichen sollen [VOGE20]. Durch den Einsatz dezentraler Steuerungssysteme ist eine Verschiebung von zyklusbasierten Abläufen hin zu eventbasierten Abläufen in der Produktionssteuerung zu beobachten.

Die Betrachtung dieser Eigenschaften muss immer in Zusammenhang mit den beteiligten Personengruppen erfolgen. Diese sind im Bereich der Automatisierungstechnik bspw. Produktionsmanager, Produktionsmitarbeiter, Serviceingenieure, Gerätehersteller, aber auch die Nutzer des Produktes [WEYR17]. Durch die Miteinbeziehung der Personengruppen in den Umgestaltungsprozess des Automatisierungssystems, kann für eine höhere Akzeptanz der Technologien und für eine sinnvollere Ausgestaltung der bereitzustellenden Dienste gesorgt werden. Trotzdem wird die Mensch-Maschine-Interaktion im Rahmen dieser Arbeit nicht betrachtet.

Zur Erfüllung der geforderten Eigenschaften ist die Zusammenarbeit verschiedener Disziplinen gefordert. Nach Jeschke et al. muss die interdisziplinäre Arbeit zwischen den Feldern Informatik, Kommunikationstechnik, Produktionstechnik, Mechatronik und Ergonomie mit übergreifenden Theorien stärker verwoben werden [JESC17]. Diese Form der Interdisziplinarität wird zumindest teilweise in der Automatisierungstechnik bereits gelebt, da sie sich aus den Feldern Maschinenbau, Elektrotechnik und Informationstechnik zusammensetzt [PLEN19].

4.2 Ableitung der allgemeinen Anforderungen an CPPS

Derivation of general Requirements for System Architecture

Die Eigenschaften von CPPS bezogen auf Automatisierungssysteme können auf drei Kernaufgaben zurückgeführt werden (vgl. Bild 4.3): die Anbindung von Produktionsassets, die Extraktion von Wissen und die Rückführung von Wissen in das zugrundeliegende Produktionssystem. Zur Anbindung von Produktionsassets (vgl. Kapitel 4.2.1) werden Anforderungen an Architektur-Entwurfsmuster und die Ausgestaltung der Kommunikations- und Netzwerkinfrastruktur, die der Bereitstellung von Daten dienen, identifiziert. Um Wissen aus Daten extrahieren zur können, werden Anforderungen zur Modellierung der Daten und der Automatisierungssysteme, sowie zur Nutzung der Daten durch Analyse- und KI-Algorithmen identifiziert (vgl. Kapitel 4.2.2). Um dieses Wissen nun in den Prozess rückführen zu können, werden Anforderungen an die Bereitstellung von Diensten beschrieben (vgl. Kapitel 4.2.3). Abschließend wird ein Zwischenfazit zu den identifizierten, allgemeinen Anforderungen an CPPS gezogen (vgl. Kapitel 4.2.4)

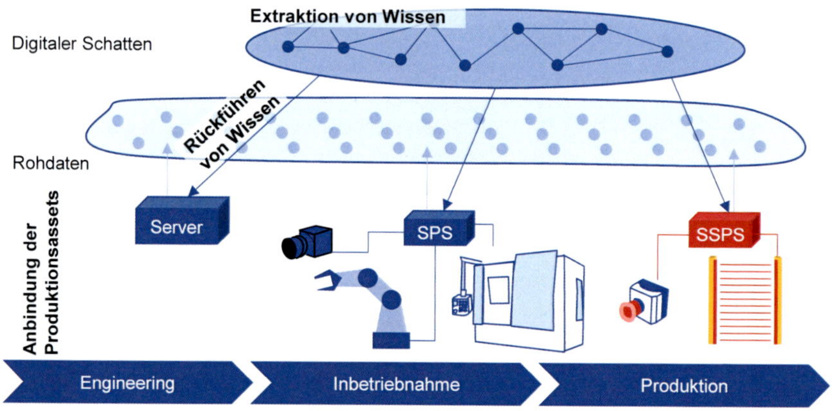

Bild 4.3: Kernaufgaben des CPPS in der Automatisierungstechnik

Core tasks of CPPS in automation technology

Betrachtet man die Kernaufgaben und die zu adressierenden Anforderungen, ist zu erkennen, dass sich diese nicht trennscharf einer Kernaufgabe zuordnen lassen. Vielmehr geht es hierbei um ein Wechselspiel zwischen Anforderungen an die Infrastruktur des CPPS im Sinne der Datenbereitstellung durch Kommunikation, Netzwerke, Server und Datenbanken und den funktionalen Anforderungen zur Erreichung der zuvor beschriebenen Eigenschaften des Systems wie bspw. Befähigung des Systems zur Prozessoptimierung, Adaptivität und Interoperabilität des Systems (vgl. Bild 4.4). Die Unterscheidung in die drei Kernaufgaben erfolgt zur vereinfachten Darstellung der verschiedenen Handlungsfelder.

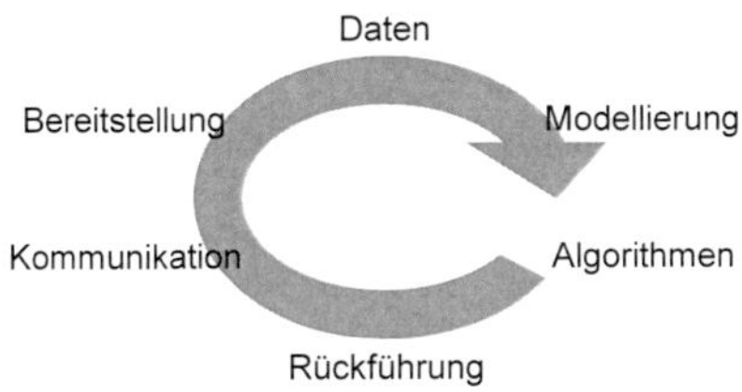

Bild 4.4: Zusammenhang der infrastrukturellen Komponenten des CPPS mit den Kernaufgaben

Connection of the infrastructural components of CPPS with the core tasks

4.2.1 Anbindung der Produktionsassets

Integration of production assets

Im ersten Schritt werden die Teilbereiche einer CPPS-Architektur erfasst und mithilfe der Anforderungen beschrieben. Da es bereits etliche Beispiele in der Literatur gibt, wurden diese untersucht und deren zugrundeliegende Anforderungen für Architektur-Entwurfsmuster in die Bereiche Datenerfassung und -bereitstellung, Fähigkeit der Adaption und modulare Produktionstechnik unterteilt. Danach werden die Anforderungen für die notwendige Kommunikations- und Netzwerkinfrastruktur identifiziert.

Architektur-Entwurfsmuster

Datenerfassung und -bereitstellung

A1.1 Heterogene Daten: Daten entstehen über den gesamten Produkt- und Anlagenlebenszyklus hinweg, also sowohl in Engineering-Umgebungen, Simulationen, Planungswerkzeugen, wie auch während der laufenden Produktion. D.h., es können bspw. Dokumente, Simulationsdateien, Programmcode oder Messwerte sein, die umfassend erfasst und bereitgestellt werden müssen. Zur Datenbereitstellung und -erfassung muss das CPPS mit heterogenen Daten und Datenquellen umgehen können. [BAUE18; ZHAN19; VDI/13; CALA18]

A1.2 Standardisierte und offene Schnittstellen: Zur Datenbereitstellung und -erfassung muss das CPPS standardisierte und offene Schnittstellen für alle Produktionsassets – Maschinen und Automatisierungskomponenten, aber auch Planungstools, Simulationen und Dienste – bereitstellen, um den Austausch von Daten zu gewährleisten. [KAES17; DREM18; SCHE18]

A1.3 Datenübertragung, -aufbereitung und -sicherung: Um die Daten gewinnbringend verarbeiten zu können, müssen die Daten zwischen den verschiedenen Produktionsassets übertragen werden. Die Aufbereitung muss ermöglicht werden und die Daten müssen anwendungsfallspezifisch abgespeichert werden. Benötigte Daten müssen zeitgemäß und korrekt in der entsprechenden Applikation darstellbar sein. [VDI/13; OBDE18; JESC17]

A1.4 Datenmanagement: Daten müssen im CPPS verfügbar und robust sein. D.h., die Daten müssen eindeutig und interoperable sein. Es muss unterschieden werden zwischen Datentypen (bspw. Rollen-, Typ- und Instanzdaten), sowie mit der unterschiedlichen Art der Bereitstellung umgegangen werden können (Bereitstellung in Datenbanken, durch Message Broker, klassische Dateisysteme). Außerdem muss die Datensicherheit und ein Berechtigungsmanagement bereitgestellt werden. [VDI/13; KAES17; SCHM17; SCHR16; DRAT17; DREM18; GLEI20]

Fähigkeit der Adaption

A1.5 Kontextspezifische Digitalisierung von industriellen Maschinen und Anlagen: Informationen zu den Maschinen, Anlagen und deren Komponenten müssen verfügbar gemacht werden und in Kontext mit den umliegenden/angrenzenden Teilsystemen gebracht werden. Zur Interaktion müssen also bspw. allgemeine Geräteinformationen, Statusinformationen und Messwerte kontextspezifisch bereitgestellt werden. [VDI/13; KAES17; ROSE15; DREM18]

A1.6 Bereitstellung und Management von Diensten: Zur Verarbeitung der bereitgestellten Daten werden Dienste verwendet. Diese müssen auf entsprechender Hardware bereitgestellt und verwaltet werden, um mit ihrer Umgebung zu interagieren. [OBDE18; SCHE18]

A1.7 Lokale Intelligenz: Um unnötige Ausfallzeiten des Systems zu vermeiden, müssen Entscheidungen möglichst produktionsnah erfolgen. D.h., bereits gewonnene Erkenntnisse sollen möglichst lokal an den Anlagen bereitgestellt werden. [VDI/13]

A1.8 Austausch von Daten, Informationen und Diensten: Die CPPS-Architektur muss den Austausch der Daten, Informationen und Dienste durch die offene und freizugängliche Benutzung durch verschiedene Nutzergruppen ermöglichen. Hierfür müssen die Hardware- und Kommunikationsinfrastruktur entsprechende Schnittstellen bereitstellen. [VDI/13; DREM18; SCHE18; OBDE18]

Modulare Produktionstechnik

A1.9 Eindeutige Schnittstellen (informationstechnisch und physikalisch): Module oder auch Produktionszellen können abgegrenzt Fähigkeiten anbieten (Plug and Produce) und flexibel angeordnet werden. Dafür müssen sie sich sowohl in die vorhandene Netzwerk- und Kommunikationsinfrastruktur einbinden lassen, als auch eindeutige physikalische (bspw. mechanisches und elektrisches Design) Schnittstellen bereitstellen. [KAES17; SCHR16; ZHAN19; CALA18; SCHM17]

A1.10 Rekonfigurierbarkeit: Module sollen ihre Fähigkeiten so bereitstellen, dass bei Änderungen im Produktionsprozess (bspw. neues Produkt oder Prozessoptimierungen) Module nicht neuprogrammiert, sondern lediglich neu konfiguriert werden müssen. [MEND11; SCHE18]

A1.11 Dezentrale Steuerung: Die Steuerung eines Moduls ist weiterhin zentraler Bestandteil des automatisierten Moduls. D.h., die bewährten Funktionen der Steuerung müssen weiterhin verfügbar sein und Eigenschaften von Funktionsbausteinen genutzt werden. Durch den zu beobachtbaren Trend von zentralisierten, zyklusbasierten Steuerungen zu verteilten, eventbasierten Steuerungssystemen müssen die Funktionen um die notwendigen Kommunikationsmöglichkeiten erweitert werden. [SEHR20; DKE 04; DIN/14; ZHAN19]

A1.12 Nicht-funktionale Anforderungen an die Software: Durch die Modularität der Produktionszellen, sowie eine durchgehende Anbindung der Assets nach dem Plug- and Produce-Prinzip, soll das Produktionssystem die Portierbarkeit, Wartbarkeit, Änderbarkeit und Skalierbarkeit unterstützen. [OBDE18; CALA18; KARN19; DREM18]

Kommunikation und Netzwerk

A1.13 Vernetzung der OT und IT: Für eine durchgängige Kommunikation müssen ethernetbasierte Kommunikationsformen gewählt werden, die einen sicheren, rollenbasierten Austausch von Informationen zwischen dem Büro- und dem Produktionsnetzwerk erlauben. Dies ermöglicht die Fähigkeit mit der Umgebung zu kommunizieren, weshalb die Kommunikation möglichst auf einheitlichen Standards basieren muss. Die heute hierarchisch geprägte Struktur löst sich in eine dezentralisierte IT-Struktur auf. [VDI/13; SCHM17; OBDE18]

A1.14 Auswahl adäquater Kommunikationsprotokolle: Kommunikationsprotokolle müssen anwendungsfallspezifisch verschiedene Anforderungen erfüllen, weshalb eine Vielfalt an Protokollen sowohl aus dem produktionstechnischen Umfeld, aber auch aus der Büro- und Internetkommunikation existieren. Je nach Anwendungsfall sind daher Kommunikationsprotokolle bezogen auf ihr Echtzeitverhalten, die Quality-of-Service und die verfügbare Bandbreite bereitzustellen. [BERG17; DREM18; SCHE18; SHI16; CALA18; ZHAN19; JESC17; KAES17]

4.2.2 Extraktion von Wissen durch die Analyse der bereitgestellten Daten

Extraction of knowledge through the analysis of provided data

Um nun Wissen aus den bereitgestellten Daten extrahieren zu können, müssen diese zu verwertbaren Informationen durch Modellierung angereichert werden. Zusätzlich müssen diese Informationen in einen Kontext gebracht werden, um schließlich mithilfe von verschiedenen Analysealgorithmen und KI neue Erkenntnisse zum Produkt oder Prozess gewinnen zu können.

Modellierung

A2.1 Informationsmodellierung: Um die Daten für verschiedene Applikationen weiterverwenden zu können, müssen diese um weitere Metadaten ergänzt werden. Hierfür muss eine einheitliche Semantik durch bspw. Beschreibung mittels technischer Richtlinien oder Beschreibung der Funktionen und Zustände bereitgestellt werden. Die Genauigkeit, Vollständigkeit, Aktualität, Verständlichkeit und Konsistenz spielen dabei eine entscheidende Rolle. Informationen bilden die Grundlage zur Entwicklung neuer Modelle. [KAES17; VDI/13; RIES19; GLEI20]

A2.2 Modellierung der Produktionsassets: Die einzelnen Produktionsassets müssen mit dem Ziel der Wiederverwendbarkeit durch Informationen bezogen auf ihre Fähigkeiten, Kapazitäten, Konfigurations- und Zustandsinformationen modelliert werden. Diese Beschreibung bildet das Fundament für die Adaptionsfähigkeit des Gesamtsystems. [ROSE15; DRAT17; LI19]

A2.3 Modellierung des Systems: Zur Umsetzung neuer Applikationen muss das System modelliert werden. Dies ist ein interdisziplinärer Prozess und muss das Prozessdesign vollständig wiedergeben. Die Modellierung umfasst sowohl Engineering-Modelle als auch historische und aktuelle Produktionsdaten, die zusammengeführt werden sollen. Durch Verhandlung und Kooperation zwischen den Komponenten des Systems kann ein gewünschtes Verhalten erreicht werden. [LI19; SCHM17; CALA18; ZHAN19; KAES17]

A2.4 Modellierung der Umgebung: Damit das System Entscheidungen treffen kann, muss die Umgebung des Produktionssystems durch das System wahrgenommen, verstanden und interpretiert werden. [KAES17]

Analysealgorithmen und KI

A2.5 Transfer von Informationen zu Wissen: Durch Integration von Informationen in Modellen und die Vernetzung der Informationen soll Wissen geschaffen, welches die Produktqualität verbessert und den Prozess optimiert. Durch Integration und Fusion heterogener Daten müssen Simulationen mit Felddaten ermöglicht werden. Durch das Wissen sollen neue Businessmodelle geschaffen werden und Entscheidungen während des Prozesses getroffen werden. [VDI/13; KAES17; LI19]

A2.6 Prozessoptimierung: Zur Prozessoptimierung sollen mithilfe von physikalischen Modellen, Analysealgorithmen und KI Dienste für einen nachhaltigen Prozess entwickelt werden. Diese können sich bspw. mit der prädiktiven Wartung durch Werkzeugverschleißmodelle, Energieeffizienzoptimierung oder allgemeinen Prozessplanungsoptimierung befassen. [DREM18; KEFA19; HERW18; JESC17]

4.2.3 Rückführung von Wissen in alle Produktionslebenszyklusphasen

Feedback of knowledge in all production lifecycle phases

Die Möglichkeit der Rückführung des Wissens in den laufenden Produktionsbetrieb oder auch zurück in Planungs- und Engineeringprozesse basiert zumindest teilweise auf der bereits in den vorangegangenen Teilkapiteln beschriebenen Anforderungen zur Bereitstellung von Diensten und der Fähigkeit des Systems oder Teilkomponenten zur Adaption. Trotzdem verlangt die Rückführung insbesondere in den laufenden Produktionsbetrieb eine genauere Betrachtung des zugrundeliegenden Systems und die Einbeziehung der Mitarbeiter. Sicherheitsrelevante Anforderungen bezogen auf die Rückführung bzw. Veränderung/Adaption des Systems werden in Kapitel 4.4 betrachtet.

Rückführung von Wissen

A3.1 Monitoring der Dienste: Es müssen Funktionen zur Diagnose, Selbstverwaltung & Selbstwartung des Systems bereitgestellt werden, um mit Widersprüchen, Unvollständigkeit und Fehlern umgehen zu können. [JESC17; SCHM17; LI19; CALA18]

A3.2 Emergente Muster: Die Strukturen des technischen Systems und deren Teilkomponenten müssen Emergenz unterstützen. D.h., die Komponenten müssen Änderungen – unter Einhaltung von Rahmenbedingungen – zulassen und Dienste müssen neue, zusammengesetzte Funktionalitäten zur adaptiven Steuerung des Prozesses bereitstellen. [VDI/13; KAES17; SCHM17]

A3.3 Zuverlässigkeit des adaptiven, lernenden Systems: Redundanz, Fehlertoleranz und automatische Tests sowie Diagnosefunktionen müssen vorgehalten werden. Es muss die Möglichkeit des Risikomanagements für nicht-deterministische Systeme integriert werden. Ein robustes Anlagenverhalten ist hierfür die Grundlage. [JESC17; KAES17; SCHM17; KARN19; OBDE18; DKE 04]

Weiterentwicklung der Arbeitskräfte und Mensch-Maschine-Interaktion

Letztendlich wird das im System entstandene Wissen durch die Mitarbeitenden geprägt und ihnen als Entscheidungsunterstützung bereitgestellt. Auch wenn die Integration von Mitarbeitenden in die Umsetzung des CPPS ein zentraler Faktor für den Erfolg der Systeme ist, soll dieser Aspekt im Rahmen dieser Arbeit nicht tiefergehend betrachtet werden. [SCHM17]

4.2.4 Zwischenfazit

Intermediate conclusion

Auf Basis des beschriebenen Handlungsraumes der CPPS in der Automatisierungstechnik wurden allgemeine Anforderungen abgleitet (vgl. Tabelle 4.1). Die Anforderungen wurden bezüglich der Anbindung der Produktionsassets, der Extraktion von Wissen durch die Analyse der bereitgestellten Daten und die Rückführung von Wissen unterteilt. Zur Anbindung der Produktionsassets wurden die Bereiche Datenerfassung und -bereitstellung, Fähigkeit der Adaption, modulare Produktionstechnik sowie Kommunikation und Netzwerke identifiziert. Die Modellierung des Systems und die zu verwendende Algorithmen bzw. KI wurden als Teilbereiche zur Extraktion von Wissen identifiziert. Insgesamt wurden 23 Anforderungen an CPPS beschrieben, wobei das Thema Sicherheit in der Literatur zwar erwähnt aber nicht ausgeführt wurde. Mit der Befähigung von Mitarbeitenden zur Anwendung und Interaktion mit CPPS befassen sich eigene Forschungsfelder. Hier sind insbesondere die Akzeptanz und das Vertrauen ausschlaggebend für einen erfolgreichen Einsatz [NITS22]. Auch die kollaborative Arbeit mit einem technischen System ist ein zentrales Thema [BAIE22]. In dieser Arbeit liegt der Fokus jedoch auf rein technischen Systemen mit sich nicht überschneidenden Arbeitsräumen von Mensch und Maschine, bei denen der Mitarbeitende höchstens Material zu einem bestimmten Zeitpunkt tauscht, währenddessen das System nicht agiert.

Tabelle 4.1: Übersicht der Anforderungen an CPPS

Overview of the requirements for CPPS

Datenerfassung & -bereitstellung	A1.1	Heterogene Daten
	A1.2	Standardisierte und offene Schnittstellen
	A1.3	Datenübertragung, -aufbereitung und -sicherung
	A1.4	Datenmanagement
Fähigkeit der Adaption	A1.5	Kontextspezifische Digitalisierung von industriellen Maschinen und Anlagen
	A1.6	Bereitstellung und Management von Diensten
	A1.7	Lokale Intelligenz
	A1.8	Austausch von Daten, Informationen und Diensten
Modulare Produktionstechnik	A1.9	Eindeutige Schnittstellen (informationstechnisch und physikalisch)
	A1.10	Rekonfigurierbarkeit
	A1.11	Dezentrale Steuerung
	A1.12	Nicht-funktionale Anforderungen an die Software
Kommunikation und Netzwerke	A1.13	Vernetzung der OT und IT
	A1.14	Auswahl adäquater Kommunikationsprotokolle
Modellierung	A2.1	Informationsmodellierung
	A2.2	Modellierung der Produktionsassets
	A2.3	Modellierung des Systems
	A2.4	Modellierung der Umgebung
Analysealgorithmen und KI	A2.5	Transfer von Informationen zu Wissen
	A2.6	Prozessoptimierung
Rückführung von Wissen	A3.1	Monitoring der Dienste
	A3.2	Emergente Muster
	A3.3	Zuverlässigkeit des adaptiven, lernenden Systems

4.3 Beschreibung von Sicherheitssystemen

Description of safety systems

Die im vorherigen Kapitel beschriebenen Anforderungen zum Aufbau eines CPPS sollen nun um Anforderungen für sichere Steuerungssysteme ergänzt werden. Dafür wird zuerst der Systemkontext und die Systemgrenzen erläutert, die sich konkret auf das Steuerungssystem und die darin enthaltene Architektur, sowie die Steuerungsfunktionen konzentrieren. Außerdem wird das Vorgehen zur Extraktion von Anforderungen erläutert, welches hauptsächlich aus der Betrachtung von Normen statischer Systeme beruht. Daher werden abschließend im Fazit die Anforderungen bezogen auf die aus den CPPS resultierenden Anforderungen zur Erreichung von Flexibilität und Adaption gegenübergestellt und identifiziert, welche Anforderungen umgesetzt werden können bzw. müssen.

Beim Umbau von modularen Anlagen kann es zu neuen Abhängigkeiten an Schnittstellen kommen, die sich auf die mechanischen, elektrischen und informationstechnischen Komponenten des Systems beziehen [POPP18]. Diese Teilsysteme müssen sicher verknüpft werden. Es geht also nicht darum, wie ein einzelner Motor konstruiert ist, sodass er ein gewisses Maß an funktionaler Sicherheit aufweist, sondern um das Zusammenspiel zwischen Komponenten innerhalb einer Zelle, damit der Prozess sicher unterbrochen oder abgebrochen, bzw. neu gestartet werden kann und diese eigensicheren Module sicher miteinander verknüpft werden können (verkettete Anlagen). D.h., es geht um sicherheitsbezogene Anwendungssoftware (SRASW) und nicht um sicherheitsbezogene eingebettete Software (SRESW). Während eingebettet Systeme bereits sehr zuverlässig und effizient ausgeführt werden, ist gerade die Interaktion mit der physikalischen Welt nicht vollständig vorhersehbar. Die Kompensation von Zuverlässigkeit und Unvorhersehbarkeit geschieht daher i.d.R. eine Abstraktionsstufe höher [LEE08]. Gefährdungssituationen ergeben sich aus der Integration von Einzelmaschinen und deren zugehörige Ausstattung, Änderungen an Schutzmaßnahmen und Änderung der Verwendung der Maschinen [NORM10].

Ziel der SRASW ist die Überführung von Anlagen in einen sicheren Zustand bei Eintreten eines gefährdenden oder unerwarteten Ereignisses [SIEM19]. Sie sollen Mechanismen zur Beherrschung von zufälligen und systematischen Systemfehlern beinhalten. Hierfür werden Sicherheitsfunktionen eingeführt, die durch ein oder mehrere SRP/CS ausgeführt werden können. Sicherheitsfunktionen können sowohl aus Hardware und Software bestehen und können gleichzeitig auch normale Steuerungs- und Betriebsfunktionen ausführen [INTE15]. Im Rahmen dieser Arbeit soll explizit eine durchgängige Kommunikation mithilfe von digitaler Datenkommunikation erreicht werden. D.h., die verschiedenen Teile der Sicherheitsfunktionen sollen auf Basis der Architektur des CPPS verknüpft werden und miteinander interagieren. Um die Sicherheit eines solchen Systems beurteilen zu können, müssen immer die Funktionalität des Systems, die Grenzen, Schnittstellen, sowie vorhersehbare Arbeitsaufgaben beschrieben werden [NORM10].

Das zuvor beschriebene Produktionssystem wird nun um Komponenten der Sicherheit, wie Sicherheitssteuerungen und Sicherheitskomponenten erweitert (vgl. Bild 4.5). Diese müssen nun nahtlos in das CPPS, sowohl bezogen auf die Infrastruktur als auch auf die Funktionen, integriert werden. Die Erreichung der Ziele wie die durchgängige Kommunikation, Rekonfigurierbarkeit/Flexibilität und Ergonomie sind auch hier wesentlich. Zusätzlich müssen jedoch alle sicherheitsrelevanten Normen umgesetzt werden.

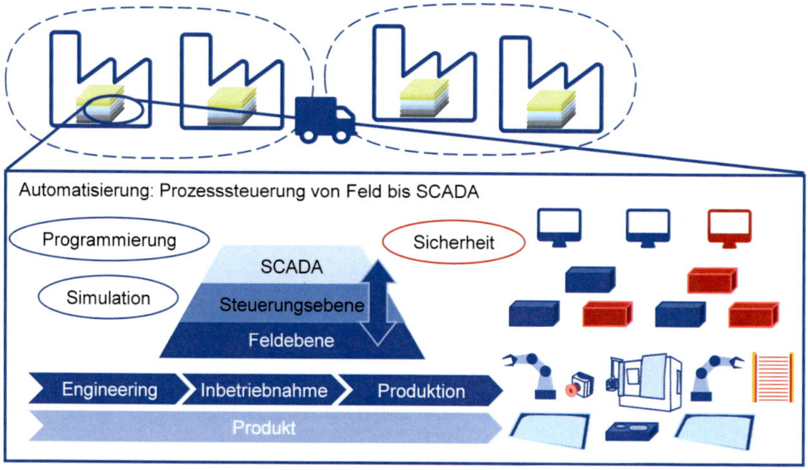

Bild 4.5: Sicherheit im Kontext der Produktionstechnik
Safety in the context of production engineering

Die Durchführung einer Risikobeurteilung, die notwendig ist, um Anlagen innerhalb der Europäischen Union betreiben zu dürfen, bezieht sich immer auf den gesamten Lebenszyklus – von der Planung bis hin zur Entsorgung. Das Vorgehen wird in ISO 12100 beschrieben [INTE10c]. Der Beurteilungsgegenstand wird durch das Festlegen der Systemgrenzen definiert. Systemgrenzen können beispielsweise Verwendungsgrenzen, Umgebungsbedingungen, räumliche und zeitliche Grenzen sein. Wie in [BUCH20] beschrieben, können durch die Betrachtung der durchzuführenden Aufgaben in den einzelnen Lebenszyklusphasen (hier Anforderungen und Modellierung, Design, Inbetriebnahme, Produktion) die zu betrachtenden Systemgrenzen identifiziert werden (vgl. Bild 4.6). In der Phase der Beschreibung der Anforderungen und deren Modellierung werden die benötigten Systemgrenzen, Verwendungsgrenzen und Umgebungsbedingungen geplant. Diese werden durch das Design konkretisiert. Die räumlichen Grenzen werden ausgestaltet, Parameterräume definiert, Sicherheitsfunktionen implementiert und Wartungsintervalle auf Basis der Informationen der einzelnen Systemkomponenten festgelegt. Während der Inbetriebnahme können hierbei Einzelheiten nochmals angepasst werden. So werden hier nach der Kalibrierung Parameterräume eingestellt, Applikationen eingeteached, Funktionalitäten getestet und ggf. berichtigt und Anpassungen an die Umgebungsbedingungen durchgeführt. D.h. es können leichte Veränderungen des Designs durch bspw. Anpassen der Anordnung der Systemkomponenten und Veränderungen der Sicherheitsfunktionen durch Anpassung der Parameterräume oder Berichtigung des Codes entstehen. Während der Produktion haben neben dem Rüsten und der Reinigung bzw. Instandhaltung/Wartung der Systemkomponenten auch Prozessoptimierungen, Qualitätsverbesserungen und neue Produkte einen Einfluss auf die Systemkomponenten. Während zu Beginn des Lebenszyklus ein Rahmen der zu verwendenden Anlage geschaffen wird, werden über den Lebenszyklus hinweg immer mehr Abhängigkeiten zwischen einzelnen Komponenten geschaffen, die sich innerhalb des Lebenszyklus auch verändern können.

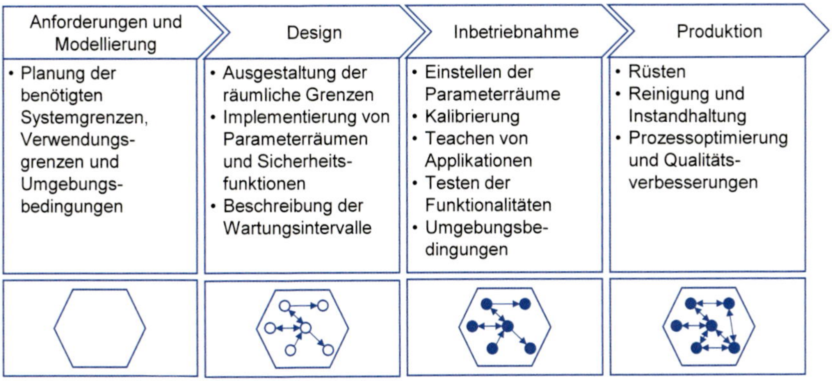

Bild 4.6: Identifikation von Systemgrenzen bezogen den Lebenszyklus nach [BUCH20]

Identification of system limits in regard to the life cycle after [BUCH20]

Das zu betrachtende System besteht aus dem wie in Kapitel 4.1 beschriebenen CPPS und einem überlagerten Sicherheitssystem (vgl. Bild 4.7). Zu dem Sicherheitssystem gehören sowohl sicherheitsbezogene Teile von Steuerungen (SRP/CS), die zu Sicherheitsfunktionen aggregiert werden, und Steuerungen, durch die SRP/CS programmiert sind, als auch Sicherheitseinrichtungen wie bspw. Notausschalter und Lichtgitter. SRP/CS interagieren mit Steuerungsfunktionen und Betriebsfunktionen des CPPS und stellen Informationen über den Zustand des CPPS bereit. Damit sie übergreifend und untereinander Informationen austauschen können, müssen die Schnittstellen hinreichend definiert sein. Sicherheitsfunktionen, die bspw. durch das Drücken eines Notausschalters aktiviert werden, lösen über die SRP/CS eine Reaktion (hier den Not-Halt) eines Teilsystems des CPPS aus.

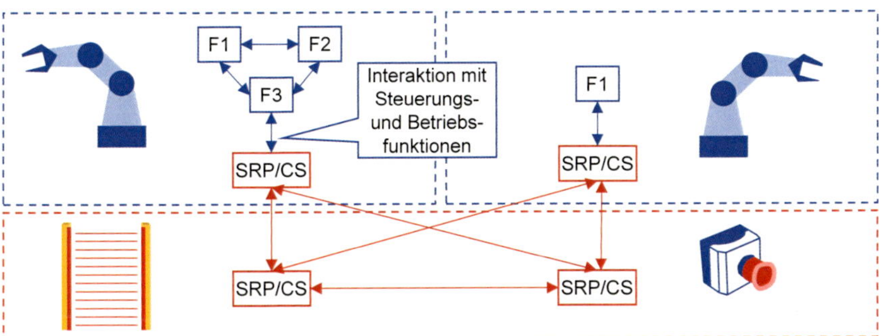

Bild 4.7: Darstellung der Interaktion zwischen dem CPPS und dem Sicherheitssystem

Illustration of the interaction between the CPPS and the safety system

4.4 Ableitung der Anforderungen an sicherheitsbezogene Systemkomponenten

Derivation of requirements regarding safety-related system components

Um die Anforderungen an die Sicherheit von Anlagen zu beschreiben, was insbesondere im Rahmen der Maschinenrichtlinie notwendig ist, müssen verschiedene Normen untersucht werden. Die Normen sind, wie im Stand der Forschung und Technik eingeführt, im Allgemeinen die ISO 12100 und die sich daraus ableitenden, auf sicherheitsbezogene Teile von Steuerung bezogenen Normen ISO 13849, IEC 61508, IEC 62061 und bezogen auf IMS ISO 11161. Die Normen beschreiben vorrangig Vorgehensweisen und Dokumentationspflichten und legen indirekt Anforderungen durch die Beschreibung von PL und SIL, sowie der benötigten Datengrundlage und die Beschreibung der Verkettung von SRP/CS fest. D.h., im Folgenden aus den Normen heraus identifizierte Anforderungen sind abgeleitet aus den entsprechenden Beschreibungen. Für Anlagen der Fabrikautomation kann SIL 3 angenommen werden [SCHW05].

Grundlage ist immer die Risikobeurteilung der Anlagen und damit einhergehend die Risikominimierung mit den Schritten der inhärent sicheren Konstruktion, dem Einbringen von Schutzmaßnahmen und der Dokumentation. Gefährdungen müssen vermieden und Risiken vermindert werden. Hierzu ist immer die inhärent sichere Konstruktion des Systems vorzuziehen. Ursachen für gefährdendes Verhalten sind daher immer die ungeeignete Konstruktion, Modifizierung der Steuerungslogik, vorübergehender oder ständiger Defekt der Steuerung oder Ausfall eines oder mehrerer Bauteile einer Steuerung, Abweichung oder Ausfall der Energieversorgung, und geeignete Auswahl, Konstruktion oder Anordnung von Steuerungseinrichtungen [INTE10c]. Gefährdungen können aber auch aus der Integration von Einzelmaschinen und deren zugehörige Ausstattung, sowie Änderungen an Schutzmaßnahmen resultieren [DIN/16]. Diese Normen beziehen sich auf statische Anlagen, weshalb hier zusätzlich aktuelle Literatur zur Flexibilisierung von sicherheitsbezogenen Anlagen betrachtet wird. Dazu gibt es jedoch bisher nur sehr wenig Literatur, die sich zudem selten mit einer konkreten Betrachtung der Anforderungen beschäftigen.

Im Folgenden werden die Anforderungen bezogen auf die Infrastruktur (vgl. Kapitel 4.4.1) und bezogen auf die bereitzustellenden Funktionen (vgl. Kapitel 4.4.2) dargestellt. Wie bereits bei den Anforderungen bezogen auf CPPS ist hier festzustellen, dass einige Anforderungen nicht trennscharf einer Kernaufgabe zugeordnet werden können. Hierbei handelt es sich um ein Wechselspiel zwischen allgemeinen Sicherheitsprinzipien, der Informationserfassung und -bereitstellung sowie deren Kommunikation, die Modellierung, sowie Sicherheits- und Diagnosefunktionen (vgl. Bild 4.8).

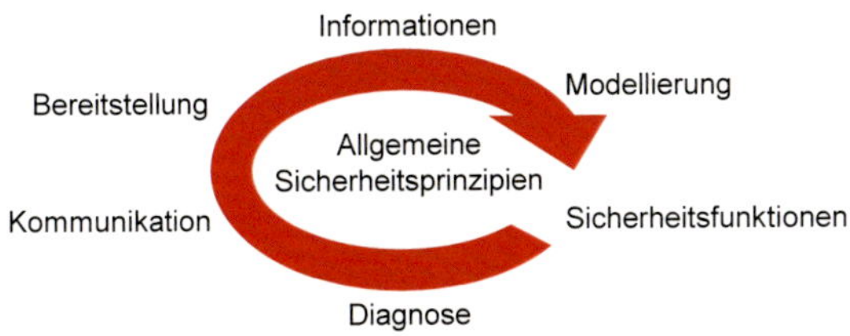

Bild 4.8: Zusammenhang der infrastrukturellen Komponenten mit den allgemeinen Sicherheitsprinzipien

Connection of the infrastructural components with the general safety principles

4.4.1 Anforderungen an die Infrastruktur

Requirements regarding the infrastructure

Die Anforderungen an die Infrastruktur lassen sich unterteilen in Anforderungen, die durch allgemeine Sicherheitsprinzipien beschrieben werden, und Anforderungen, die an die Informationserfassung und -bereitstellung, Modularität der Sicherheitstechnik, sowie an Kommunikation und Netzwerke gestellt werden. Ähnlich, wie bereits in Kapitel 4.2 genannt, müssen auch sicherheitsbezogene Systeme die allgemeinen Systemcharakteristiken Zuverlässigkeit, Verfügbarkeit, fehlersicherer Betrieb, Systemintegrität, Datenintegrität, Verlässlichkeit, Wartbarkeit und Systemwiederherstellung erfüllen [BÖRC15].

Allgemeine Sicherheitsprinzipien

S1.1 Risikoanalyse und Risikobewertung: Die Risikoanalyse und Risikobewertung ist die Grundlage jedes sicheren Systems. Die Infrastruktur muss daher mithilfe der inhärent sicheren Konstruktion, dem Einbringen von Schutzeinrichtungen und der Dokumentation das Risiko minimieren. Grundlage hierfür ist die Definition der Systemgrenzen (räumlich, zeitlich, Verwendung und weitere). [INTE10c]

S1.2 Erzeugung von Redundanzen: Durch die redundante Ausführung von Hardware, Software, Zeit und Information muss trotz vorhandenen Fehlern der erwartete oder notwendige Betrieb aufrechterhalten werden. Durch die ständige Überwachung und den Vergleich der Ein- und Ausgänge kann die Sicherheit erhöht werden. [BÖRC15; OBJE19; PILZ17]

S1.3 Security: Die funktionale Sicherheit kann nur gewährleistet werden, wenn auch die Datensicherheit (Security) sichergestellt wird. Die Integrität, Nicht-Reputationsfähigkeit, Vertraulichkeit, Verfügbarkeit und Authentifizierung sind wesentliche Eigenschaften des Systems, die jederzeit sichergestellt werden müssen. [SCHW05; ZVEI17]

Informationserfassung und -bereitstellung

S1.4 Bidirektionale Datendurchgängigkeit: Die Daten müssen zwischen den Tools der Konstruktion und der Risikobeurteilung bereitgestellt und zurückgeführt werden. Zur Schaffung der Möglichkeit zur Erneuerung der Konformitätserklärung müssen jederzeit die IDs aller beteiligten Safety-Aktoren und -Sensoren, der Sicherheitssteuerung, der Typologie und erreichte PL verfügbar sein. [POPP18; BREC15]

S1.5 Beherrschung von Datenverfälschung: Datenveränderungen müssen erkannt werden. Diese können vor der Übertragung oder während der Übertragung stattfinden. Datenverfälschungen während der Übertragung sind bspw. Dateniteration, Datenverlust, Einfügen/Einsetzen von Daten, falsche Reihenfolge der Daten, Nachrichtenkorruption und Nachrichtenverzögerungen. Hierfür muss ein Zugriffsschutz zur Verhinderung unbefugter Modifikation und Mechanismen zur Rückübertragung oder Bestätigung der modifizierten Parameter eingeführt werden. [SCHW05; INTE15]

S1.6 Datengrundlage: Die Datengrundlage muss einheitlich sein und alle Szenarien abdecken. Es müssen Maßnahmen zur Sicherstellung der Qualität der Daten durchgeführt werden und die Daten dem Datenschutz unterliegen. [PILZ17; INTE10c; EURO20b]

S1.7 Verfügbarkeit von Informationen: Daten müssen in Datenspeichern gesammelt werden und zuzuordnen sein. Datenbankstrukturen und deren Eigenschaften müssen bekannt sein. [BÖRC15; KOO18; INTE10a]

Modulare Sicherheitstechnik

S1.8 Auswahl der Hardware: Die einzusetzende Hardware soll divers, betriebsbewährt oder zuverlässig und redundant ausgeführt sein. Es sollen Bauteile mit spezifizierten Ausfallverhalten verwendet werden. [INTE10c; INTE10a]

S1.9 Gestaltung des Fertigungsmoduls: Die Fertigung soll anhand von Funktionseinheiten modularisiert werden. Jedes Fertigungsmodul soll durch die Anwendung bewährter Sicherheitsprinzipien eigensicher gestaltet sein. So muss bspw. ein Notausschalter an jedem Modul angebracht sein. Es müssen die Grenzen, Schnittstellen und die Funktionalität festgelegt werden. [POPP18; NORM10; SIEM19; PILZ17]

S1.10 Verknüpfung der Module: Es müssen eigensicherer Module verkettet werden. Außerdem muss ein Schutz gegen Ausfall wegen gemeinsamer Ursache, sowie ein erhöhter Diagnosedeckungsgrad und eine erweiterte Redundanz implementiert sein. Eine modulare und strukturierte Implementierung auf Basis des Zustimmprinzips ist die Grundlage einer sicheren Dezentralisierung der Funktionseinheiten. [POPP18; INTE10a]

S1.11 Schnittstellen: Schnittstellen und deren Funktionen und Datentypen müssen vollständig beschrieben und überwacht werden. Bereiche, die zum Eingreifen stillgelegt wurden, dürfen nicht durch fortgeführte Aufgaben in benachbarten Bereichen gefährdet werden. [NORM10; INTE10c; POPP18; BÖRC15]

Kommunikation und Netzwerke

S1.12 Vernetzung der Module: Die Module und deren Sicherheitseinrichtungen müssen untereinander und mit zentralen Servern kommunizieren können. Hierfür wird eine sichere Signalverarbeitung von Notausschaltern, Schutzschaltern und

Lichtgittern benötigt, deren Kommunikationsablauf bereits beim Architekturdesign festgelegt werden muss. Sicherheitssteuerungen müssen an gängige Feldbussysteme angebunden werden. [K. A18; PILZ17; POPP18; BÖRC15]

S1.13 Sichere Kommunikation: Sichere Kommunikation muss entweder das Prinzip des weißen Kanals oder des schwarzen Kanals, wie in IEC 61508-2 beschrieben, verfolgen. Eine hohe Zuverlässigkeit soll durch die Möglichkeit der Punkt-zu-Punkt Verbindung und die Verwendung zwei getrennter Kanäle erreicht werden. Hierfür können bspw. verschiedene Sicherheitsprotokolle verwendet werden. Geforderte Reaktionszeiten müssen eingehalten und überwacht werden. [INTE10a; SIEM19; PILZ17; ASHJ18; POPP18]

S1.14: Fehler in der Datenübertragung: Maßnahmen zur Beherrschung der Auswirkungen von Fehlern & anderen Effekten, die von der Datenkommunikation herrühren (Übertragungsfehler, Wiederholung, Verlust, Einfügung, falsche Abfolge, Verfälschung, Verzögerung & Masquerade) Außerdem müssen Fehler in der Datenübertragung beherrscht werden und die Aktualität der übermittelten Daten gewährleistet werden. [DIN/16; ASHJ18]

4.4.2 Anforderungen an die bereitgestellten Funktionen

Requirements in regard to the provided functions

Die Anforderungen an die Funktionalität des Sicherheitssystems können in die Anforderungen an die Modellierung, die Sicherheitsfunktionen und Software im Allgemeinen und Diagnosefunktionalitäten eingeteilt werden. Die Modellierung umfasst hierbei die Planung und den Entwurf des Systems. Generell müssen alle Funktionen hinsichtlich ihres gesamten Lebenszyklus betrachtet werden. Diagnosefunktionen beschäftigen sich mit dem Aufdecken von Fehlerursachen. Fehler können im Entwurf, in der Produktion, in der Instandhaltung und im Betrieb entstehen [BÖRC15].

Modellierung

S2.1 Dokumentation: Alle Planungen und Entwürfe müssen sehr genau dokumentiert werden. Zur Dokumentation gehören Beschreibungen der Funktionen, der Anordnung und Zugänge, der Wechselwirkungen zwischen Arbeitsprozessen und manuellen Tätigkeiten, der Analyse von Prozessabläufen, der Schnittstellen (mechanisch, elektrisch, Kommunikation), Flussdiagramme und der Platzbedarf (Fundamentpläne, Lageplätze, ...). Außerdem müssen die Logik, Produktionsparameter, der Daten- und Kontrollfluss, sowie die Datentypen beschrieben werden. Der Einsatzbereich muss immer in Bezug auf die Diversität bezogen auf Rollen, Funktionen und Ausbildung der Personen beschrieben werden. [PILZ17; INTE10c; NORM10]

S2.2 Tests: Tests müssen unabhängig, der Umwelt angepasst sein und die Betriebsfähigkeit des Systems betreffen. [PILZ17]

S2.3 Geforderte Hilfsmittel: Die Phase der Planung und des Entwurfs umfasst die halbförmliche Anforderungs- und Design-Spezifikationen, das Konfigurationsmanagement, eine Prototypisierung, die Nutzung strukturierter Design-Methoden und die computergestützte Simulation der Prozesse zur Erreichung eines SIL 3.

Außerdem werden das Projektmanagement und eine unabhängige technische Beurteilung, sowie statische und dynamische Analysen verlangt. [BÖRC15]

Sicherheitsfunktionen

S2.4 Allgemeine Anforderungen an Sicherheitsfunktionen: Sicherheitsfunktionen können sich über mehrere Maschinen im Verbund erstrecken und müssen von allen Maschinen nach dem Zustimmprinzip implementiert sein. Sie müssen ausreichend unabhängig von Nichtsicherheitsfunktionen implementiert sein und der in ihnen enthaltene Sicherheitsausdruck muss vollständig und korrekt sein. Neben den Informationen zur Maschine wie bspw. der Risikoanalyse, Betriebscharakteristik, Verhalten der Maschine und deren Schnittstellen müssen auch Informationen über den Status des Sicherheitsprogramms, dem Sicherheitsbetrieb und den verwendeten Bausteinen und Zugriffsrechten bereitgestellt werden. Hierfür müssen die Sicherheitsfunktionen in geeigneten Zeitabständen überprüft werden und Änderungen im Sicherheitsprogramm erkannt werden. [SIEM19; POPP18; DIN/16; INTE10a; BÖRC15]

S2.5 Überwachung der Systemgrenzen: Neben den vorgesehenen Anwendungsanforderungen einer Maschine müssen auch deren Umgebungsbedingungen und die Interaktion mit dem Menschen betrachtet werden. Hieraus müssen Begrenzungen für Parameterräume abgeleitet werden und Eingaben auf ihre Gültigkeit hin kontrolliert werden. Grenzen, die überwacht werden müssen, sind räumliche (Mensch/Maschine, Maschine/Energieversorgung, Bewegungsraum), zeitliche (Lebensdauer Maschine/Bauteile, empfohlene Wartungsintervalle) und weitere Grenzen (Material, Sauberhaltung, Umgebung). [INTE10c; INTE10b]

S2.6 Überführung der Maschine in einen sicheren Zustand: Das Ausfallverhalten, sowie Grenzbedingungen und Einschränkungen müssen für die Beherrschung von Auswirkungen von Fehlern und Ausfällen von Hardware und Software definiert sein. Zum Vermeiden und Beherrschen von Fehlern, müssen diese erkannt werden und dürfen nicht zum Verlust der Sicherheitsfunktion führen. Hierfür müssen auch Betriebsfunktionen wie der Anlauf bzw. Wiederanlauf betrachtet werden. [SIEM19; INTE10a]

S2.7 Sicherheitsbezogene Steuerungsfunktionen: SRCFs und deren Betriebsumgebung müssen beschrieben werden. Hierzu müssen Bedingungen unter denen die Maschine aktiv oder inaktiv ist, sowie erforderliche Reaktionszeit und Schnittstellen zu anderen Maschinenfunktionen definiert werden. Außerdem müssen Tests, die Rate der Betriebszyklen, Fehlerreaktionsfunktionen und Diagnosefunktionen festgelegt werden. So darf bspw. ein Wiederanlauf erst nach der Behebung des Fehlers möglich sein. [DIN/16]

Software

S2.8 Allgemeine Softwareanforderungen: Die Programmierung von sicherheitsbezogener Software muss modular und strukturiert sein. Softwarekomponenten werden zur Realisierung von Funktionen und der Repräsentation von Objekten verwendet und realisieren bspw. die Leistungen Dritter. Es müssen Datenstrukturen aufgebaut und Datentypen eingeschränkt werden. Sie unterliegen den klassischen Anforderungen wie bspw. der Wiederverwendbarkeit durch den Einsatz von Funktionsbausteinen und Bibliotheken, und Qualitätsanforderungen wie bspw. Funktionalität, Benutzerfreundlichkeit, Zuverlässigkeit, Effizienz, Wartbarkeit und Testbarkeit. [PILZ17; SIEM19; INTE10a; BÖRC15]

S2.9 Parametrierung: Funktionen sollen mittels Definition von Parameterräumen begrenzt werden. Die Eingabe von Parametern muss bezüglich ihrer Gültigkeit kontrolliert werden. Die Übertragung von Parametern muss vor der Übertragung hinsichtlich Datenverfälschungen und die Übertragung selbst hinsichtlich Abweichungen und Vollständigkeit überprüft werden. Die Auswirkungen auf Hardware und Software von Abweichungen beim Prozess der Parameterübertragung müssen beherrscht werden. [INTE15; INTE10c]

S2.10 Modifikation: Zufällige und vorsätzliche Modifizierungen der Steuerungslogik müssen unterbunden werden. Sollen Modifikationen durch einen befugten Nutzer (Notwendigkeit des Zugriffschutzes) durchgeführt werden, müssen diese hinsichtlich ihrer Auswirkungen auf das System analysiert werden und erneut eine Gefährdungs- & Risikoanalyse durchlaufen. [INTE10a; INTE10c]

Diagnose

S2.11 Verwendung von Selbstüberwachung: Diagnosefunktionen sollen zum Erkennen von Änderungen im Sicherheitsprogramm, zum Erleichtern der Fehlersuche und für das Management der Sicherheitsprogramme eingesetzt werden. [INTE10c]

S2.12 Analyse der Betriebsarten: Für die verschiedenen Betriebsarten müssen Vorkehrungen getroffen werden. So darf der Wiederanlauf nur nach dem Finden und Beheben des Fehlers durchgeführt werden. Dies soll durch eine systematische Analyse der Start/Stopp-Bedingungen erfüllt werden. [INTE10c]

S2.13 Fehlererkennungs- & -beherrschungsmaßnahmen: Fehler können zufälliger und systematischer Art sein und müssen von Diagnosefunktionen erkannt und eindeutig angezeigt werden. Softwarefehler, wie bspw. fehlerhafte Syntax, Semantik, Laufzeit, Logik, Design & Bedienfehler, müssen beherrscht werden. Außerdem können Fehler durch die Hardware, Handhabung und Bedienung, sowie Manipulation, Betriebs- und Umgebungseinflüsse auftreten. Fehlertoleranz kann hierbei als Technik eingesetzt werden. So soll trotz Vorhandensein von Fehlern der erwartete oder mindestens der minimale Betrieb aufrechterhalten werden. [PILZ17; INTE10a; BÖRC15]

4.4.3 Zwischenfazit

Intermediate conclusion

Auf Basis des beschriebenen Handlungsraumes der Sicherheit in der Automatisierungstechnik wurden sicherheitsbezogene Anforderungen abgleitet (vgl. Tabelle 4.2). Die Anforderungen wurden nach den Anforderungen bezüglich der Infrastruktur und der bereitgestellten Funktionen unterteilt. Zur Infrastruktur wurden allgemeine Sicherheitsprinzipien, die Informationserfassung und -bereitstellung, die modulare Sicherheitstechnik sowie die Kommunikation und Netzwerke identifiziert. Die Modellierung des Systems, die Sicherheitsfunktionen, die Software und die Diagnose wurden als Teilbereiche der bereitzustellenden Funktionen dargestellt. Insbesondere S2.10 stellt ein einen Widerspruch zu CPPS dar. Insgesamt wurden 27 Anforderungen an die Sicherheit in der Steuerungstechnik beschrieben, wobei hier die Interaktion mit dem Menschen nicht näher betrachtet wurde, da hier für eine erste Betrachtung von getrennten oder koexistierenden Arbeitsräumen ausgegangen wird.

Tabelle 4.2: Übersicht der sicherheitsbezogenen Anforderungen

Overview of the safety-related requirements

Kategorie	Nr.	Anforderung
Allgemeine Sicherheitsprinzipien	S1.1	Risikoanalyse und Risikobewertung
	S1.2	Erzeugung von Redundanzen
	S1.3	Security
Informationserfassung und -bereitstellung	S1.4	Bidirektionale Datendurchgängigkeit
	S1.5	Beherrschung von Datenverfälschung
	S1.6	Datengrundlage
	S1.7	Verfügbarkeit von Informationen
Modulare Sicherheitstechnik	S1.8	Auswahl der Hardware
	S1.9	Gestaltung des Fertigungsmoduls
	S1.10	Verknüpfung der Module
	S1.11	Schnittstellen
Kommunikation und Netzwerke	S1.12	Vernetzung der Module, Sicherheitseinrichtungen und zentraler Server
	S1.13	Sichere Kommunikation
	S1.14	Fehler in der Datenübertragung
Modellierung	S2.1	Dokumentation
	S2.2	Tests
	S2.3	Geforderte Hilfsmittel
Sicherheitsfunktionen	S2.4	Allgemeine Anforderungen an Sicherheitsfunktionen
	S2.5	Überwachung der Systemgrenzen
	S2.6	Überführung der Maschine in einen sicheren Zustand
	S2.7	Sicherheitsbezogene Steuerungsfunktionen
Software	S2.8	Allgemeine Softwareanforderungen
	S2.9	Parametrierung
	S2.10	Modifikation
Diagnose	S2.11	Verwendung von Selbstüberwachung
	S2.12	Analyse der Betriebsarten
	S2.13	Fehlererkennungs- & -beherrschungsmaßnahmen

5 Entwicklung einer inhärent sicheren Systemarchitektur

Development of an inherently safe system architecture

Zur Entwicklung einer inhärent sicheren Systemarchitektur werden basierend auf den in Kapitel 4 beschriebenen Anforderungen verschiedene Sichtweisen betrachtet. So werden in Kapitel 5.1 die notwendigen Systemkomponenten ausgewählt und beschrieben, die in einem sich auf die Automatisierungstechnik beziehende CPPS realisiert werden müssen. Diese werden schließlich in Kapitel 5.2 mithilfe des Digitalen Schattens und mithilfe von Internet- und Kommunikationstechnologien angeordnet und vernetzt, sowie um sicherheitstechnische Funktionalitäten erweitert. Abschließend findet eine sicherheitstechnische Betrachtung der entwickelten Systemarchitektur statt.

5.1 Auswahl der Systemkomponenten

Selection of system components

Die in den folgenden Kapiteln beschriebene Systemkomponenten werden durch ihre Funktionalitäten beschrieben und ausgewählt. Da die Wechselwirkung zwischen Software und Hardware in CPPS stark verwoben ist, wird nicht nach Software und Hardware getrennt. Mithilfe eines Top-Down-Ansatzes werden zuerst produktionsbedingte Funktionalitäten auf Basis von Stakeholdern ermittelt (vgl. Kapitel 5.1.1) und schließlich die allgemeine Struktur der benötigten cyberphysischen Produktionskomponenten beschrieben.

5.1.1 Produktionsbedingte Funktionen

Production-related functions

Die produktionsbedingten Funktionen ergeben sich aus dem in Kapitel 4.1 und Kapitel 4.3 beschriebenen, automatisierungstechnischen Handlungsrahmen der Arbeit und der Betrachtung des gesamten Lebenszyklus der Produktionsanlagen. Es lassen sich sechs übergeordnete Komponenten identifizieren (vgl. Bild 5.1): das *Produkt* als Grundlage für den Automatisierungsprozess, die *Modellierung und Simulation* des Automatisierungsprozesses, die *Produktionsanlagen*, die den Automatisierungsprozess ausführen, die *Sicherheit*, die den Automatisierungsprozess überwacht, ein *Kommunikationsbus* für den Austausch der Daten und Informationen zwischen den verschiedenen Komponenten, und die *Bereitstellung und Orchestrierung* der vorhandenen Komponenten und deren Daten und Informationen. Diese werden im Folgenden beschrieben.

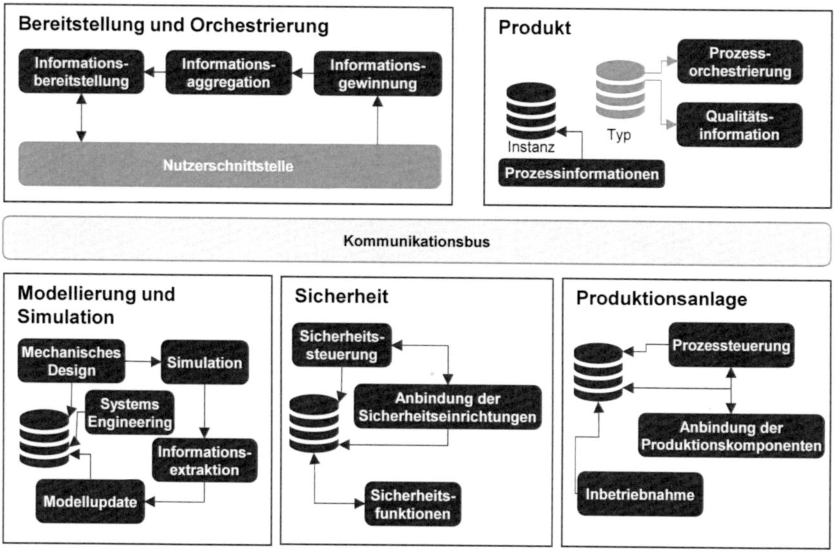

Bild 5.1: Notwendige Komponenten für eine lebenszyklusübergreifende, sicherheitsbezogene Automatisierungssystemarchitektur

Necessary components for a lifecycle-spanning, safety-related automation system architecture

Produkt

Das Produkt bestimmt den Automatisierungsprozess. Dieser benötigt dafür typbezogene Informationen über die notwendigen Arbeitsschritte und deren Reihenfolge, Materialdaten und Geometriedaten oder Trajektorien für das Handling oder die Bearbeitung sowie Qualitätsdaten. Aus diesen Informationen kann das Automatisierungssystem Befehle und Teilprogramme für die verschiedenen Anlagenteile ableiten. Es kann somit produktzentriert gesteuert werden. Außerdem können instanzbasierte Informationen, die aus dem durchgeführten Bearbeitungsprozess resultieren, für den Kunden oder folgende Arbeitsschritte mehrwertbringend bereitgestellt werden.

Modellierung und Simulation

Die Modellierung und Simulation wird zum initialen Erstellen des Automatisierungsprozesses, aber auch zum Testen von Prozess- und Produktadaptionen vor deren Einführung verwendet. So sind Modellierungen und Simulationen Grundlagen von Programmabläufen, Bearbeitungsprogrammen und Überwachungsfunktionen, sowie deren Parametrierung. Modelliert werden auf unterster Ebene Informationen, gesamte Produktionsassets, das zu betrachtende System, aber auch die Umgebung des Systems. So wird das mechanische Design bspw. durch CAD-Programme modelliert und Modellierungen durch bspw. SysML als Grundlage für das Erstellen und Testen von Steuerungsprogrammen verwendet. Zur Simulation von gesamten Arbeitsumgebungen insbesondere mit Bezug auf die Robotik werden zunehmend auch Open Source

Lösungen wie bspw. das Robot Operating System (ROS) verwendet. Schnittstellen zu Simulationstools lassen softwarebasierte Änderungen an der Simulation zu und können Ergebnisse von Simulationen darüber bereitstellen. Modellierungen und Simulationen müssen somit Teil des CPPS sein.

Produktionsanlagen

Produktionsanlagen können in unterschiedlicher Granularität betrachtet werden. Die Funktionalitäten der einzelnen Sensoren, Aktoren und Maschinen werden mithilfe des CPPS bereitgestellt und zu Modulen aggregiert, die wiederum Funktionalitäten bereitstellen. Zu den Funktionalitäten gehören bspw. Steuerungsfunktionen, Überwachungsfunktionen, Algorithmen zur Prozessoptimierung und Funktionen zur Bereitstellung von Prozess- und Statusdaten. Funktionalitäten können aber auch adaptiert werden und Module rekonfiguriert werden. Rekonfigurationen müssen durch die Inbetriebnahme dokumentiert werden. Produktionsmodule müssen eigensicher gestaltet sein und Informationen über ihre Systemgrenzen und Interaktionsmöglichkeiten bereitstellen. Funktionen zum Umgang mit Wechselwirkungen mit der Betriebsumgebung müssen bereitgestellt werden.

Sicherheit

Um die Sicherheit beim Betreiben von modularen Produktionsanlagen zu gewährleisten, müssen Funktionen zur Überwachung der Systemgrenzen von Produktionsanlagen bereitgestellt werden. Diese können auf Modellen und Simulationen basieren, welche durch die Inbetriebnahme und bei jeder Rekonfiguration aktualisiert werden müssen. Außerdem erfordert die Anbindung von Sicherheitseinrichtungen das Einhalten spezieller Richtlinien. Sicherheitsbezogene Signale, die durch Sicherheitseinrichtungen oder Überwachungsfunktionen ausgelöst werden, müssen durch Sicherheitsfunktionen interpretiert und im CPPS an die entsprechenden Aktoren weitergeleitet werden. Hierfür wird ein sicherer Datenaustausch von sicherheitsbezogenen Informationen im Sinne des Quality-of-Service und die Beherrschung von Datenverfälschungen benötigt.

Kommunikationsbus

Daten und Informationen müssen zwischen den verschiedenen Komponenten ausgetauscht werden. Hierfür wird ein durchgängiger, ethernet- oder funkbasierter Kommunikationsbus benötigt, der die gängigen Kommunikationsprotokolle bereitstellt und Module, Sicherheitseinrichtungen, Steuerungen und zentrale Server vernetzt.

Bereitstellung und Orchestrierung

Die Vielfalt der durch die zuvor beschriebenen Komponenten bereitgestellten Daten, Informationen und Funktionen muss orchestriert werden, um diese den verschiedenen Nutzern – Mitarbeitende aber auch Dienste anderer Komponenten des CPPS –auffindbar und verfügbar zu machen. Die hohe Komplexität der CPPS führt zu der Notwendigkeit der Ausführung von Diensten innerhalb des Systems ohne tatsächliche Kenntnis des Programmierenden über den genauen (Speicher-)Ort der Information (durch Angabe von bspw. IP-Adresse, Port, etc.), da dieser sich unbemerkt ändern kann. Vielmehr wird ein zusätzlicher Dienst benötigt, der Informationen auf Basis der einzelnen Komponenten durch Abfrage direkt bereitstellt ähnlich einer REST- oder GraphQL-Schnittstelle.

5.1.2 Konzeption einer cyberphysischen Produktionskomponente für steuerungstechnische, sicherheitsbezogene Systemkomponenten

Design of a cyber-physical production component for control and safety-related system components

Zur Implementierung der zuvor beschriebenen produktionsbedingten Funktionen wird eine cyberphysische Produktionskomponente entwickelt, die entsprechende Daten und Basisdienste bereitstellt. Während die Industrie 4.0-Komponente die physikalische Komponente und die Verwaltungsschale dieser physikalischen Komponente beschreibt [MARS17], also das gesamte digitale Abbild (Modelle, Simulationen, Produktionshistorie, etc.), wird für die Integration sicherheitstechnischer Aspekte nur die Sichtweise von steuerungstechnischen Aspekten beschrieben. Da sicherheitstechnische Aspekte die Interaktion zwischen verschiedenen cyberphysischen Produktionskomponenten betrachten und daher Daten verschiedener Komponenten benötigen, wird hier im Folgenden das Konzept des Digitalen Schattens verfolgt (vgl. Kap. 5.2.1).

Die cyberphysische Produktionskomponente besteht immer aus einer physikalischen Systemkomponente (Asset), wie bspw. einem Sensor oder Aktor und einer digitalen Repräsentanz (Asset-Treiber), die Daten der physikalischen Komponente verarbeitet und bereitstellt und diese Komponente steuern und regeln kann; also mithilfe anderer Daten und lokaler Steuerungs- und Regelungsfunktionen direkten Einfluss auf das Asset hat. Auf Basis der in Kapitel 1 identifizierten Anforderungen sollen Daten und Funktionen im Asset-Treiber gekapselt bereitgestellt und Hochsprachenprogrammierung verwendet werden. Dienste zur Steuerung von Anlagen, wie die konkrete Ansteuerung eines Assets, sind also verteilt.

Ähnlich zu der von [OBDE18] beschriebenen Referenzarchitektur für cloudbasierte Anwendungen wird der Aufbau des Asset-Treibers mithilfe von Schichten beschrieben (vgl. Bild 5.2). Die cyberphysische Produktionskomponente ist hierbei im Asset Layer des Referenzmodells zu verorten. Der Asset-Treiber besteht aus dem Communication Layer, Core Service Layer, Persistence Layer und Application Layer. Der Communication Layer stellt dabei die Anbindung an das Asset, aber auch an das restliche CPPS dar. Der Core Service Layer stellt Basisdienste zur Interaktion mit dem Asset bereit und der Persistence Layer speichert relevante Informationen über das Asset und Daten der Produktionshistorie des Assets. Der Application Layer kann verwendet werden, um bspw. Anwendungen zur Optimierung des Assets oder zur Vorverarbeitung der Daten bereitzustellen.

Zum besseren Verständnis wird hier beispielhaft die Anbindung des KUKA LBR iiwa 14 beschrieben. Der kollaborative Roboter kann Informationen bereitstellen, aber auch gesteuert werden. Der Asset-Treiber ist hierbei der Teil, der von außerhalb der Robotersteuerung mit dem Roboter interagiert. Auf Seite der Robotersteuerung müssen dafür ebenfalls Funktionen vorgesehen werden.

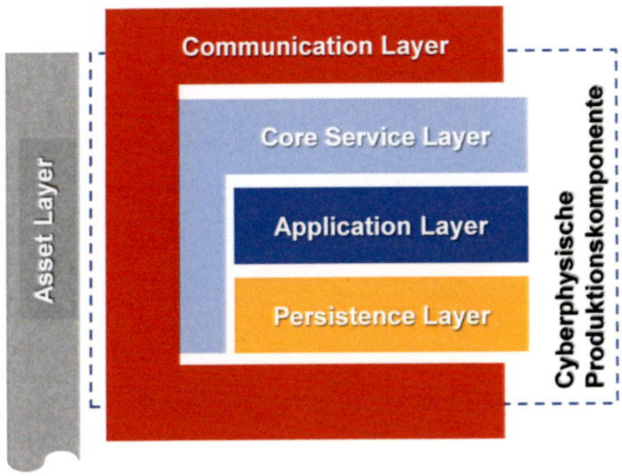

Bild 5.2: Konzeptioneller Aufbau eines Asset-Treibers
Conceptional structure of an asset driver

Der *Core Service Layer* stellt Basisdienste zur Datenbereitstellung und -verarbeitung direkt aus dem Asset bzw. aus dem CPPS bereit. So müssen z.B. Steuerungskommandos, die von einer Steuerungsfunktion über den Communication Layer mithilfe eines durchgängigen Protokolls versandt werden, in konkrete Aktionen für das Asset übersetzt werden oder Daten die das Asset bereitstellt in Informationen umgewandelt werden. Außerdem müssen assetspezifische Sicherheitsfunktionen im Core Service Layer bereitgestellt werden. Auch der Zugriff auf den Persistence Layer muss als Basisdienst bereitgestellt werden.

Core Services sind für den Roboter bspw. die Übersetzung von Informationen aus dem CPPS, also z.B. von der Prozesssteuerung, in konkrete Funktionen. So werden dafür Befehle zum Starten oder Stoppen des Roboters oder Trajektorien in Form von Punkten, die als MQTT-Nachrichten ankommen, in für den Roboter interpretierbare Kommandos übersetzt. Aber auch der Service für das kurzfristige Prozessabbild, also der Digitale Schatten des Roboters, ist ein Core Service. Für den zugrundeliegenden Anwendungsfall wird dazu bspw. der aktuelle Status oder die ID des in der Zelle enthaltenen Produktes in einer JSON-Datei gespeichert.

Im *Persistence Layer* werden Daten bezüglich des Assets gespeichert und für Anwendungen bereitgestellt. Hierbei kann es sich sowohl um statische Informationen über das Asset (z.B. Informationen des technischen Datenblatts), als auch dynamische, produktionsbezogene Daten aus dem laufenden Prozess handeln (Status, Fehlermeldungen, Messwerte). Es müssen nicht alle über das Asset verfügbare Daten innerhalb des Asset-Treibers gespeichert sein, da ggf. auch andere Systemkomponenten des CPPS Informationen über das Asset bereitstellen können, wie bspw. Simulationen o.ä.. Die Auswahl der zu verwendeten Datenbank hängt dabei stark vom Asset und seiner Anwendung ab. So stellen Datenstreams von bspw. Beschleunigungssensoren angebracht an einer Werkzeugmaschine hohe Anforderungen an die Geschwindigkeit des Wegschreibens der Daten und die Größe des Speichervolumens. Während steuerungsbezogene Datenbanken eher Zusammenhänge von einzelnen Steuerungsaktionen abbilden können müssen. Die Datenpunkte werden nach dem Konzept der Fakten (vgl. [GLEI20]) gespeichert. Sie müssen über eine eindeutige FactID verfügen und Basisinformationen, wie bspw. einen Zeitstempel, mitliefern (vgl. Bild 5.3). Da die semantische Annotation jedoch nicht direkt im Asset Layer stattfindet, wird auf diesen Teil zur Beschreibung eines Fakts verzichtet.

Der Persistence Layer besteht hier aus mehreren Objekten. Die zuvor beschriebene JSON-Datei dient dabei als aktuelle Statusrepräsentation. Diese dient der Steuerung des Prozesses. Die implementierte Datenbank (hier: OrientDB) dient zur längerfristigen Speicherung aller Prozessdaten und Statuswechsel. So können die Daten zu den Prozessen zu einem späteren Zeitpunkt analysiert werden. Hier werden z.B. auch die durch den Roboter gemessenen realen Trajektorien abgespeichert.

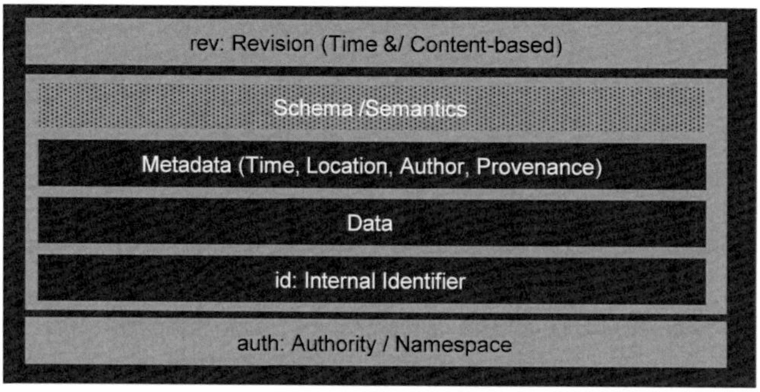

Bild 5.3: Darstellung eines Fakts nach [GLEI20]
Representation of a Fact after [GLEI20]

Weitere assetbezogene Anwendungen wie bspw. Produkt- und Prozessoptimierungen oder die Zustandsüberwachung des Assets werden durch den *Application Layer* bereitgestellt. Diese können so ohne unnötige Zeitverzögerungen oder mögliche Datenverfälschungen direkt im Asset-Treiber integriert werden. Der Zusammenhang zwischen Anwendungen in der Cloud, wie durch [OBDE18] vorgestellt, und assetnahen Anwendungen auf der Edge wird in Kapitel 5.2.2 dargestellt.

Der *Communication Layer* ist in zwei Kategorien zu unterteilen: der direkten Kommunikation mit dem Asset mithilfe eines assetspezifischen Protokolls und der durchgängigen Kommunikation mit dem gesamten CPPS. Jeder Asset-Treiber implementiert die Möglichkeit mit dem Asset zu kommunizieren. Assetspezifische Protokolle können z.B. allgemein spezifizierte Protokolle wie Modbus, TCP/IP, UDP, I2C, etc. sein, aber auch herstellerspezifische Protokolle wie KUKA KRL, PROFIBUS, EtherCAT oder eine direkte Verkabelung mittels I/O-Modul an der Steuerung, auf der der Asset-Treiber ausgeführt wird. Zur Kommunikation mit dem gesamten CPPS werden je nach Anwendung und zugrundeliegendem Netzwerk verschiedene Protokolle des IIoT oder OPC UA verwendet. Gängige Protokolle werden im Anhang 10.1 in Tabelle 10.4 hinsichtlich des Typs, dem Modus, des Transportprotokolls, der Sicherheitsmechanismen, Latenz, der Quality of Service (QoS) und der bereitgestellten Semantik verglichen. Die durchgängige Kommunikation wird durch die Offenheit der Protokolle erreicht. Die genaue Latenzzeit kann wegen des fehlenden Determinismus aktuell bei keinem der Protokolle exakt beschrieben werden. Die Einführung des Protokolls TSN auf dem Data Link Layer des ISO/OSI-Modells werden insbesondere in Zukunft eine deutliche Verbesserung der Latenz, des Determinismus und der Zuverlässigkeit der Anwendungsprotokolle mitbringen [HEER17; FRIC20]. Daher könnten IIoT-Protokolle somit auch in der Automatisierungstechnik zur Anwendung kommen.

Zur CPPS-übergreifenden Kommunikation wurde MQTT verwendet. Der Asset-Treiber implementiert daher eine Schnittstelle, mit der MQTT-Nachrichten geschickt und empfangen werden können. Er ist mit dem Broker verbunden. Zum Roboter hin ist eine TCP-/IP-Verbindung realisiert. Hierüber können Befehle und die Punkte der Trajektorie an den Roboter übergeben werden. Der Roboter wiederum kann Statusinformationen und Messwerte (hier: Positionsdaten des Tool Center Points) zurückgeben.

Simulationen und andere Modelle können ähnlich wie physikalische Komponenten angebunden werden und daher auch das Konzept der cyberphysischen Produktionskomponente verwenden. Steuerungen gehören ebenfalls zu den physischen Produktionskomponenten, die eingebunden werden. Da eine semantische Beschreibung der Systemkomponenten eine übergeordnete Aufgabe ist, die verschiedene Sichten auf die Komponente abbilden muss, wird diese nicht innerhalb des Asset-Treibers spezifiziert und im Konzept zur Datenorchestrierung (vgl. Kapitel 5.2.1) adressiert.

5.2 Anordnung der Systemkomponenten

Configuration of the system components

Es wird eine offene Systemarchitektur verfolgt. D.h. die Architektur wird bspw. nicht auf ein Kommunikationsprotokoll oder einen Typen von Datenbank beschränkt, sondern soll dem Anwender ermöglichen die applikationsspezifisch sinnvollste Technologie auszuwählen und in das System zu integrieren.

5.2.1 Konzept zur Datenorchestrierung für die Erstellung dynamischer Digitaler Schatten

Concept of the data orchestration for the creation of dynamical digital shadows

Der Digitale Schatten beschreibt verschiedene Perspektiven auf bereitgestellte Daten zur Beantwortung produktionstechnischer Fragestellungen. Jede cyberphysische Produktionskomponente oder Anwendung erzeugt Daten. Diese Daten werden je nach Masse und Funktion strukturiert, semi-strukturiert oder unstrukturiert in verteilten Datenbanken zu Verfügung gestellt. Es ist jedoch nicht immer sinnvoll, alle vorhandenen Daten zu speichern. So werden Daten als Teil eines Datenstreams oder -servers, wie das z.B. bei der Verwendung von MQTT oder OPC UA der Fall ist, nur temporär bereitgestellt. Sollen nun Daten analysiert werden oder eine Anwendung auf Basis vorhandener Daten entwickelt werden, steht der Entwickler vor der Herausforderung der heterogenen Datenlandschaft. Zum einen muss der Entwickler herausfinden, welche Daten bezogen auf ein Problem existieren, zum anderen muss er wissen, wie er auf diese Daten zugreifen kann. Da diese Daten an verschiedenen Stellen eines Unternehmens von verschiedenen Personen verwendet und verändert werden können, muss der Entwickler sichergehen, dass die Anwendung reagiert, sofern die von ihr verwendeten Daten oder ihre Bereitstellung sich verändern oder die Daten nicht mehr existieren. Zur Erstellung eines Digitalen Schattens wird also ein Dienst benötigt, der es dem Entwickler ermöglicht, Daten aus verteilten Datenquellen zu finden und in Anwendungen einzubinden.

Obdenbusch stellt serviceorientierte und ressourcenorientierte Architekturstile (SOA und ROA) vor [OBDE18]. Zum Auffinden von Daten verfügen diese Architekturstile über Beschreibungen ihrer Schnittstellen. Die Schnittstellenbeschreibung durch WSDL (Web Services Description Language) für SOA muss bei einer Änderung eines Service neu definiert werden. HATEOAS ist ein Entwurfsprinzip für sich verändernden REST-Schnittstellen nach dem ROA. Hierbei werden Client-Server-Applikationen abgebildet. Eine dynamische Abbildung der IoT-Protokolle kann nicht erfolgen. Beide Schnittstellenbeschreibungen verfügen nicht über die Anbindung einer Taxonomie oder Ontologie. Ontologien zur Beschreibung von Daten und Services repräsentieren jedoch vernetztes Wissen ganz im Sinne des "Internet of Production". Die Nutzung von OBDA-Ansätzen (wie in Kap. 2.1.3 beschrieben) ermöglichen eine vernetzte, semantische Beschreibung von Domänenwissen und gleichzeitige Integration von Datenquellen. Es können generische Abfragen an die Ontologie definiert werden, sodass nicht alle möglichen Abfragen vorher feststehen müssen.

Zur Orchestrierung von Daten wird der Ansatz des ontologiebasierten Datenmanagements verfolgt (OBDM, vgl. Bild 5.4). Bisherige Ansätze des OBDMs wurden bisher nicht im Kontext der Produktionstechnik betrachtet und lediglich relationale Datenbanken bzw. keine verschiedenen Typen von Datenquellen, wie Datenstreams und -server betrachtet. Basierende auf dem in [BREC21b] vorgestellten Konzept, wurde ein Dienst entwickelt, der es dem Anwender oder anderen Diensten ermöglicht, Daten aus verteilten Datenquellen zu finden und auf diese zuzugreifen. Dazu werden die Datenquellen mithilfe einer Ontologie beschrieben, in der der OBDM-Dienst sucht. So kann bspw. nach Komponenten gesucht werden, die mehrfach an verschiedenen Stellen eines Unternehmens verbaut wurden und Daten in verschiedenen Datenquellen bereitstellen. Der Nutzer bekommt die Informationen über die verfügbaren Daten und die Informationen, wie auf die Daten zugegriffen werden kann, zurückgegeben, sodass er diese in seine Applikation einbauen kann bzw. die Applikation selbst diese Informationen abfragen kann.

Die Ontologie setzt sich aus mehreren Domänenontologien zusammen, die um weitere Zusammenhänge zu einer Anwendungsontologie verknüpft werden. So wurde aus dem Standard IEC 62264-1 [INTE13] das Ausrüstungshierarchiemodell zur Beschreibung der Verortung der Anlage in eine Ontologie überführt (vgl. Anhang Bild 10.1). Da dieses Modell jedoch nicht für die direkte Ansteuerung der Geräte auf der Feldebene, sondern für die Integration eines Leitsystems entwickelt wurde, reicht es nicht bis auf die Feldebene der Automatisierungspyramide. Die übergeordnete OBDM-Ontologie wurde daher mit der Einführung eines Gerätes erweitert. Außerdem wurde das durch [GLEI21] beschriebene Modell der Fakten (vgl. Kapitel 5.1.2) in eine Ontologie überführt und durch die Art der möglichen Fakten erweitert (vgl. Anhang Bild 10.2). Durch die Anlagenhierarchie und die Fakten lassen sich die durch Datenquellen beschriebenen Daten einer für den Menschen verständlichen Instanz zuordnen.

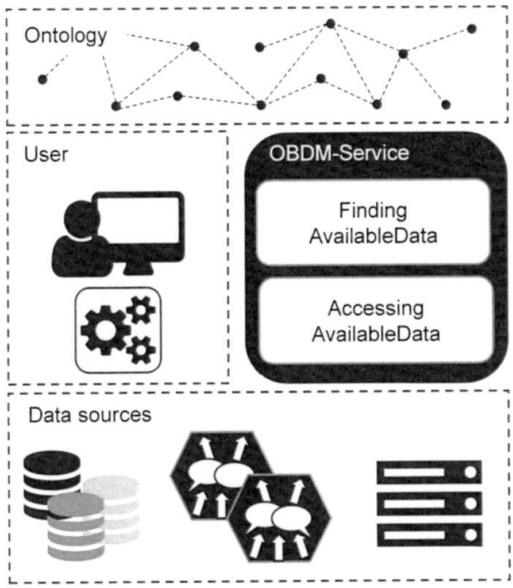

Bild 5.4: Ontologiebasiertes Datenmanagement für verteilte Datenquellen

Ontology-based data management for distributed data sources

Als letzte Teil- bzw. Domänenontologie wurden die Datenquellen beschrieben (vgl. Anhang Bild 10.3). Hierfür wurden verschiedene Quellen, wie bspw. *Datenbankmanagementssysteme* (z.B. *MySQL*, *GraphQL*, *MongoDB*, etc.), Datenströme (*MQTT* und *AMQP*), sowie Datenserver (*OPC UA*), hinsichtlich ihrer Struktur und Schnittstellen analysiert und in eine Ontologie überführt. Die Ontologie wurde mit den Klassen *Daten* und *Nachricht* ergänzt, da diese die kleinste Einheit der Datenquellen beschreiben. Außerdem wurden Eigenschaften zum Verbinden mit den Datenquellen integriert (z.B. *IP-Adresse*, *Port*, *User* und *Passwort*).

Die durch das FactDAG-Modell beschriebenen Fakten sind die Grundlage des gesamten OBDM-Modells. *obdm:Fact rdf:isEquivalentTo datasources:Data* and *Message* und die *ObjectProperty datasources:hasData* entspricht *obdm:hasFact*, die zur Verknüpfung eingeführt wurde. Sollen nun die Hierarchieebenen der IEC 62264-1 miteinbezogen werden, wird die *ObjectProperty hasFact* eingeführt. Sämtliche Hierarchieebenen können durch Fakten beschrieben werden. Damit aber auch einzelne Geräte abgebildet werden können, wurde die Ontologie um die Klasse *obdm:Device* und die *ObjectProperty obdm:hasDevice* ergänzt. Die unteren Ebene der IEC 62264-1 können hiermit verknüpft werden. Außerdem wird jedes Device durch Fakten beschrieben (*obdm:Device obdm:hasFact factdag:Fact*). Der Nutzer kann so einfacher Daten auffinden. Diese Anwendungsontologie kann beliebig erweitert werden (Beispiel vgl. 6.1.2) und so verschiedene Sichten auf das Produktionssystem beschreiben und Informationen über verschiedene Produktionsassets aggregiert und lebenszyklusübergreifend darstellen.

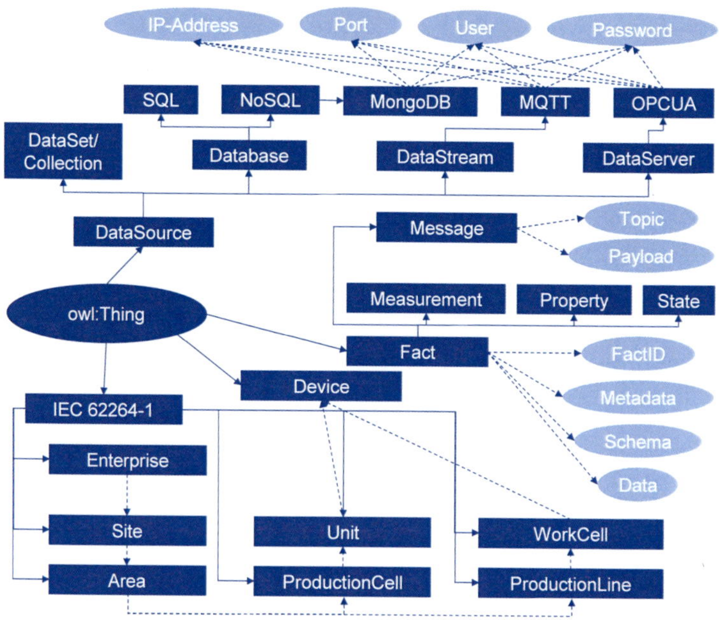

Bild 5.5: Darstellung der Domänenontologien

Representation of the domain ontologies

Um die Vorgehensweise zu verdeutlichen, ist in Bild 5.6 die Instanziierung der beschriebenen Anwendungsontologie dargestellt. Die Positionsdaten eines Roboters werden mithilfe einer MongoDB gespeichert. Der blaue Pfad enthält dabei sämtliche Informationen über das DBMS und die dort enthaltenen Daten. Der Nutzer wird jedoch eher hierarchisch nach Daten suchen (vgl. grüner Pfad) und so mittels der Anlagenstruktur die Informationen auswählen. Die einzelnen Messwerte werden nicht in der Ontologie dargestellt, lediglich der Name der Datenreihen (hier x-Position). Mithilfe des Konzepts der Fakten werden die Informationen einheitlich und einzigartig beschrieben.

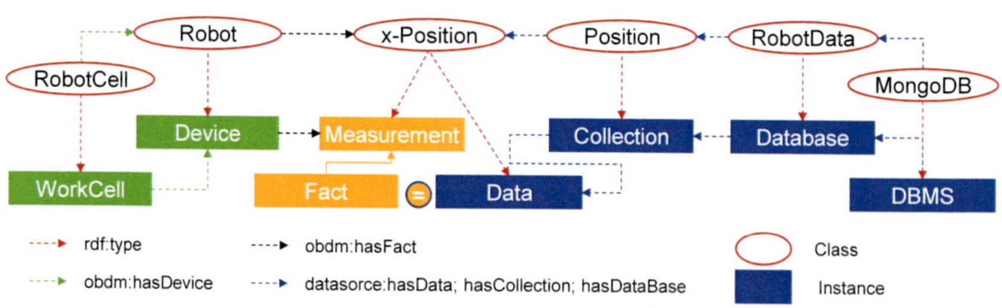

Bild 5.6: Beispiel einer Instanziierung der Anwendungsontologie des OBDM

Example of an instantiation of the application ontology of the OBDM

Der Dienst besteht aus drei Teilen: der Nutzerschnittstelle, der Suchunterstützung und der Datenbankverknüpfung. Der Nutzer oder ein anderer Service kann mittels Nutzerschnittstelle eine Suchanfrage stellen. Diese wird an die Suchunterstützung weitergegeben, die dem Nutzer vorhandene Informationen zurückgibt. Trifft der Nutzer nun eine konkrete Wahl, werden ihm die notwendigen Informationen zum Verbinden mit der Datenquelle bzw. der letzte dort eingetragene/der nächste gesendete Wert zurückgegeben.

In der Suchleiste der Nutzerschnittstelle können Begriffe eingegeben werden, die in der Ontologie vorhanden sind (bspw. "*Work_Cell*" vgl. Bild 5.7); sowohl Klassen, als auch Individuen, Objekteigenschaften und Dateneigenschaften. So kann beispielsweise die Anlagenstruktur durchsucht werden (hier: Anzeige und Auswahl der Instanzen *Cleaner*, *Handling* und *Primer*). Bei Auswahl einer Teilanlage (hier: *Work_Cell Handling*) können weitere Geräte oder aber auch Datenquellen angezeigt werden (vgl. Bild 5.8). Die hinterlegten Begriffe beschreiben die Strukturen der Unternehmen mittels Standorten, Produktionslivornien und Geräten (vgl. IEC 62264-1) sowie die Strukturen der Datenquellen, nicht jedoch einzelne Datenpunkte. Der Nutzer bekommt sowohl Daten über die Ontologie und Daten aus den Datenquellen zurückgegeben. Um innerhalb der Ontologie suchen zu können, bekommt er die Informationen Typ („*type*"), die Children-Klassen („*sub_class*“), die Parent-Klassen („*super_class*“), die Objekteigenschaften und Dateneigenschaften zurückgegeben.

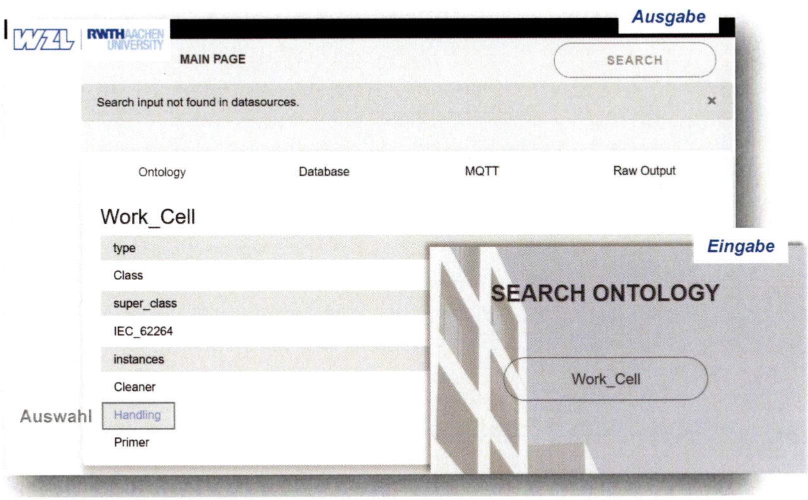

Bild 5.7: Suche nach "Work_Cell" auf der Webseite und Ausgabe

Search for "Work_Cell" on a webpage and output

Wählt der Nutzer nun einen in der Datenbank hinterlegten Wert, bekommt er die Information zum Verbinden mit der Datenquelle und den Erhalt des Datenpunktes, sowie den letzten Eintrag dazu aus der Datenbank zurückgegeben. Zur Programmierung der

Webseite wurde HTML und Python, sowie *Flask* als Webserver verwendet. Die Webseite übergibt die Suche in Form eines JSON-Objekts und erhält als Antwort ebenfalls ein JSON-Objekt für die visuelle Ausgabe der Ergebnisse. Zum Durchsuchen der Ontologie mithilfe der Webseite werden die Ergebnisse der Suche als Buttons in HTML dargestellt, um somit eine neue Suche beim Klicken auf den Button zu starten.

Der Suchalgorithmus ist so allgemein wie möglich formuliert und setzt sich aus vielen kleineren Suchfunktionen zusammen, die auch auf andere Ontologien anwendbar sind. Es handelt sich dabei um einzelne SPARQL-Abfragen, die darauf abzielen, alle Zusammenhänge der Eingabe zu anderen Einträgen zu finden. D.h., es wird nach durch rdf, rdfs und owl definierte Syntax gesucht (Beispiel: *rdf:type*, *rdfs:domain*, *rdfs:range*, *owl:NameIndividual*, *owl:ObjectProperty*; vgl. Tabelle 5.1). Um die Abfragen zu den Datenbanken hin zu erleichtern, wurden feststehende Begriffe eingeführt und sind daher nicht übertragbar.

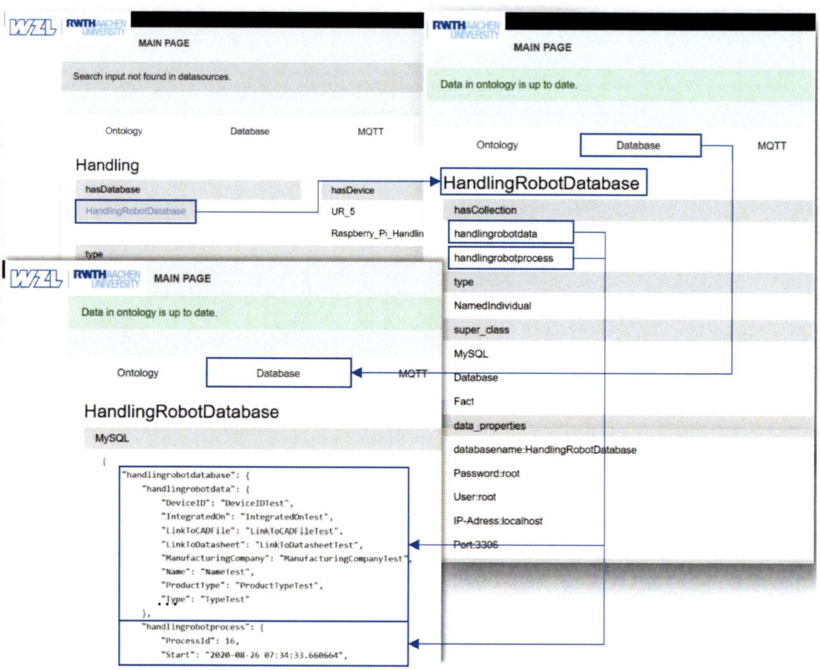

Bild 5.8: Auswahl der Datenbank und Ergebnis der Suche in der Ontologie und Ausgabe der vorhandenen Daten

Selection of the database and result of the search in the ontology and output of the existing data

Tabelle 5.1: Darstellung verschiedener SPARQL-Abfragen nach Funktion

Representation of different SPARQL-requests according to function

Funktion	SPARQL-Abfrage
getType(*input*)	*#prefixes* SELECT ?type WHERE {*#input* rdf:type ?type }
getObjectProperty(*input*)	*#prefixes* SELECT DISTINCT ?objectProperty ?property WHERE {*#input* rdf:type owl:NamedIndividual; ?objectProperty ?property. ?objectProperty rdf:type owl:ObjectProperty }
getDataProperty(*input*)	*#prefixes* SELECT DISTINCT ?dataProperty ?value WHERE {*#input* rdf:type owl:NamedIndividual; ?dataProperty ?value. ?dataProperty rdf:type owl:DatatypeProperty }

Die Schnittstellen zu den Datenquellen sind nicht generisch auf andere Quellen anwendbar. Die bereits verfügbare Bibliothek Ontop wurde hier nicht verwendet, da sie nur relationale Datenbanken anbindet [RODR13]. Falls eine neue Datenquelle angebunden werden soll, muss sie zuerst in der Ontologie in ihrer Struktur korrekt eingebunden werden. Dafür werden der Name der Datenbank verzeichnet, sowie IP-Adresse und Passwort angegeben. Die Struktur wird durch die Objekteigenschaften *hasField* und *hasCollection* beschrieben. Sofern die Datenquelle eine andere Struktur aufweist, werden diese Strukturelemente mit Field und Collection gleichgesetzt (*owl:equivalentClass*). Jeder Typ Datenquelle wurde mit einer separaten Schnittstelle eingebunden, da bspw. relationale Datenbanken mittels SQL abgefragt werden können, nicht-relationale Datenbanken oder Datenquellen wie MQTT aber keinem standardisierten Schema folgen.

Der Digitale Schatten, ist die Gesamtheit aus Service, Ontologie und Daten, die durch die cyberphysische Produktionskomponente bereitgestellt wird. Es wäre denkbar, weitere Domänenmodelle wie AutomationML zu integrieren, um weitere Applikationen und Tools anzuschließen, die bereits Schnittstellen zu den entsprechenden Beschreibungen haben [GRAN16]. Identity Access Management muss integriert werden, um Passwort und User nicht direkt anzugeben, sondern Rechte sinnvoll zu verteilen. Als Bindeglied zwischen den einzelnen Domänenontologien dient der durch W3C entwickelte PROV Standard [GROT13]. Dieser Standard wurde entworfen, um Vertrauen, Verantwortlichkeit und bessere Interpretierbarkeit von Daten und den Prozessen in kollaborativen Fertigungs- und Lieferkettensystemen zu erlangen.

5.2.2 Anordnung von Funktionen innerhalb des Cloud und Edge Computings

Arrangement of functions within cloud and edge computing

Zur flexiblen Bereitstellung von Daten und Diensten in der Produktion wird das Cloud und Edge Computing verwendet. Der gewinnbringende Einsatz von Cloudlösungen im industriellen Umfeld wurde bereits durch [OBDE18] mittels einer Referenzarchitektur erläutert. Der Umgang mit großen Datenmengen und die benötigte Echtzeitfähigkeit bei industriellen Anwendungen stellt den Anwender vor große Herausforderungen, weshalb das Konzept des Cloud Computings mit dem Konzept des Edge Computings für Anwendungen im Bereich der Steuerungstechnik erweitert wurde (vgl. Kap. 2.1.2). Da es keine eindeutige Definition des Begriffs Edge Computing gibt, wurden u.a. verschiedene Referenzarchitekturen für den industriellen Einsatzbereich entwickelt: Factory Automation Edge Computing Operating System Reference Architecture (FAR-Edge [FAR-17]), Edge Computing Reference Architecture 2.0 (ECRA 2.0 [EDGE17]), Industrial Internet Consortium Reference Architecture (IIRA [INDU18]) und die Reference Architecture Model Edge Computing (RAMEC [WILL20]. Zur Verortung der verschiedenen steuerungstechnischen Funktionen in der auf Cloud und Edge Computing basierenden Steuerungsarchitektur wurden die Referenzarchitekturen analysiert und aggregiert. Ein Vergleich der in den Architekturen verwendeten Blickwinkel, Funktionen und Charakteristiken, sowie der identifizierten funktionalen und nicht-funktionalen Anforderungen ist im Anhang dargestellt (vgl. und Tabelle 10.3). Das daraus entwickelte Konzept für Cloud und Edge Computing für steuerungstechnische Anwendungen ist in Bild 5.9 dargestellt.

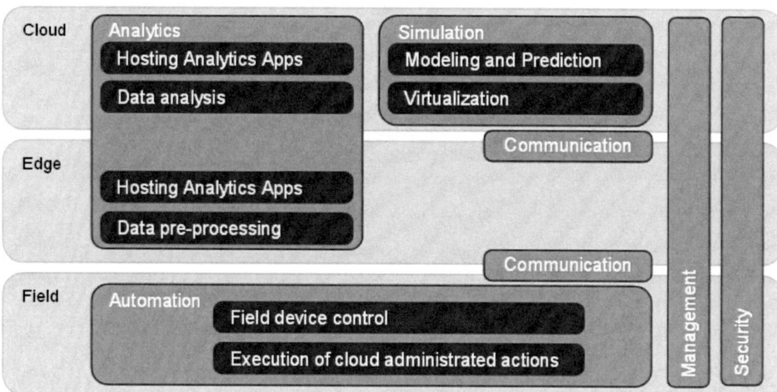

Bild 5.9: Konzept des Cloud und Edge Computings für steuerungstechnische Anwendungen

Concept of cloud and edge computing for control applications

Das Konzept unterteilt sich in die Layer Cloud, Edge und Field. Der Field-Layer übernimmt dabei die direkte Ansteuerung der physikalischen Geräte, also die Automatisierung. Hier werden Aktionen ausgeführt und Daten erfasst. Auf dem Edge-Layer werden Daten aufbereitet, also Daten aggregiert, annotiert, optimiert und weitergeleitet. Diese können noch auf dem Edge-Layer durch Analyse-Applikationen konsumiert werden. Der in Kapitel 5.1.2 beschriebene Asset-Treiber kann somit auf der Schnittstelle zwischen Edge- und Field-Layer verortet werden. Die breit angelegte Analyse der Daten findet im Cloud-Layer statt, da hier keine echtzeitkritische Reaktion im Field-Layer zurückgegeben werden muss und große Mengen von Daten gespeichert und bereitgestellt werden können. Auch Simulationen werden in der Cloud durchgeführt. Dazu gehört sowohl die Modellierung und Vorhersage des Systemverhaltens, als auch die Virtualisierung der Produktionskomponenten. Auch die Orchestrierung der Daten, wie in Kapitel 5.2.1 dargestellt, ist eine im Cloud-Layer bereitgestellte Anwendung. Übergreifende Funktionen, wie das Management der Systemkomponenten und der Sicherheit (hier: Security) werden schichtenübergreifend benötigt. Das Konzept orientiert sich an der Nutzung modularer Produktionszellen, die vom Edge-Layer aus gesteuert werden und angelehnt an die Automatisierungspyramide ihre Funktionen und Kommunikation nach oben hin abstrahieren.

5.2.3 Erweiterung des CPPS um sicherheitsbezogene Funktionalitäten

Extension of the CPPS with safety-related functionalities

Um den in Kapitel 4.4 beschriebenen Anforderungen gerecht zu werden, wird das CPPS um Sicherheitsfunktionen ergänzt. Hierfür werden durch die Normen beschriebene Konzepte auf CPPS angewandt und erweitert und Sicherheitsfunktionen im Allgemeinen beschrieben. Dazu wird die Integration von Sicherheitseinrichtungen, die Kommunikationsstrategie, deren Überwachung und Fehlerdetektion, sowie die Verarbeitung von sicherheitsbezogenen Informationen beschrieben.

Sicherheitsbezogene Teile (SRP/CS) führen Sicherheitsfunktionen – jedoch auch normale Steuerungsfunktionen und Betriebsfunktionen – in Automatisierungssystemen aus und werden separat oder integral als Hard- und/oder Software ausgeführt. Sie setzen sich aus dem Eingang SRP/CS_a, der Logik/Bearbeitung SRP/CS_b, dem Ausgang/Energieübertragungselement SRP/CS_c und den Verbindungen i_{ab}, i_{bc} zusammen [INTE15]. Für gängige Automatisierungsaufgaben kann ein erforderlicher Performance Level $PL_r = d$ angenommen werden. Zur vereinfachten Beurteilung einer Sicherheitsfunktion hinsichtlich des Performance Levels wurden fünf Kategorien eingeführt; bei PL d wird die Anwendung von Kategorie 3 empfohlen (vgl. Bild 5.10). Die Architektur besteht aus zwei redundanten Sicherheitsfunktionen und verfügt über einen Kreuzvergleich der Funktionen und eine Überwachung der Ausgänge. Übertragen auf CPPS muss ein zusätzlicher Kommunikationskanal verwendet werden und ein Kreuzvergleich integriert werden.

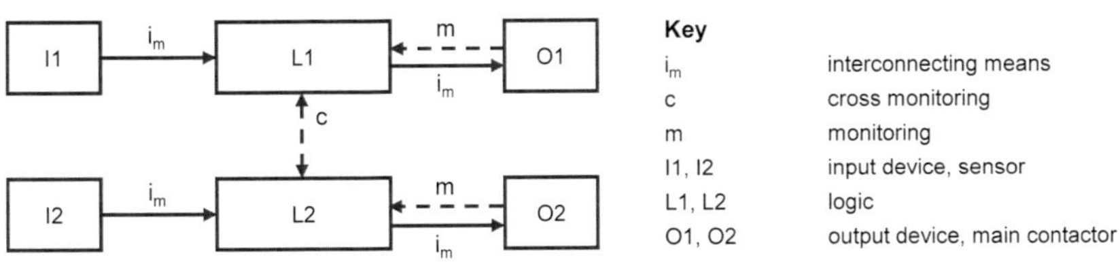

Bild 5.10: Darstellung einer Architektur der Kategorie 3 nach ISO 13849-1 [INTE15]

Presentation of an architecture of the category 3 after ISO 13849-1 [INTE15]

Sicherheitseinrichtungen, wie bspw. Lichtgitter oder Notauskreise, verfügen dafür über zwei redundante Ausgänge, deren Signale als Öffner ausgeführt sind und in das CPPS integriert werden müssen. Die Sicherheitseinrichtungen werden wie andere Produktionsassets als cyberphysische Produktionskomponente integriert. Sie können weiterhin direkt mit gefahrbringenden Maschinenteilen verdrahtet sein und mithilfe der Anbindung als cyberphysische Produktionskomponente Informationen für das CPPS durchgängig bereitstellen. Diese Informationen müssen mithilfe einer zuverlässigen Kommunikation zur Ausführung einer Sicherheitsfunktion weitergegeben werden.

Um die Zuverlässigkeit der Kommunikation zu verbessern, können die drei Strategien Network Provided QoS Provisioning, Redundanz und die Nutzung neuer Netzwerkgenerationen unterschiedenen werden [ELAT17]. Die Beschreibung der QoS ist nicht einheitlich und kann daher nur bei der Auswahl eines Protokolls spezifisch betrachtet werden. Neue Netzwerktechnologien – insbesondere bezogen auf die Echtzeitfähigkeit des Systems, wie bspw. TSN – werden in Zukunft Grundlage für sicherheitsbezogene Anwendungen sein. Diese werden hier jedoch nicht weiter betrachtet. Es wird der konzeptionelle Einsatz von Redundanz verfolgt. Der Einsatz neuer Netzwerktechnologien, wie TSN in redundanter Ausführung, wird bspw. in [PRIN18] beschrieben.

Redundanz ist protokollunabhängig. Beispiele für den Einsatz in ethernetbasierten, hochverfügbaren Automatisierungsnetzwerken sind das Parallel Redundancy Protocol (PRP) und die High Availability Seamless Redundancy (HSR) (vgl. Bild 5.11) [HANS05; KIRR07; KIRR11; RENT13; DKE 21]. PRP bedeutet, dass jeder Knoten mit zwei voneinander unabhängigen, parallel agierenden Netzwerken verbunden ist. Jeder Knoten verfügt über eine Link Redundancy Entity (LRE) und sorgt für die redundante Verteilung und Aufnahme von Nachrichten. Bei HSR besitzen Knoten auch jeweils zwei redundante Kommunikationskanäle, allerdings nicht in Form von unabhängigen Netzwerken, sondern bspw. in Form einer Ringtopologie. Die Nachrichten werden also im Uhrzeigersinn und gegen den Uhrzeigersinn verteilt.

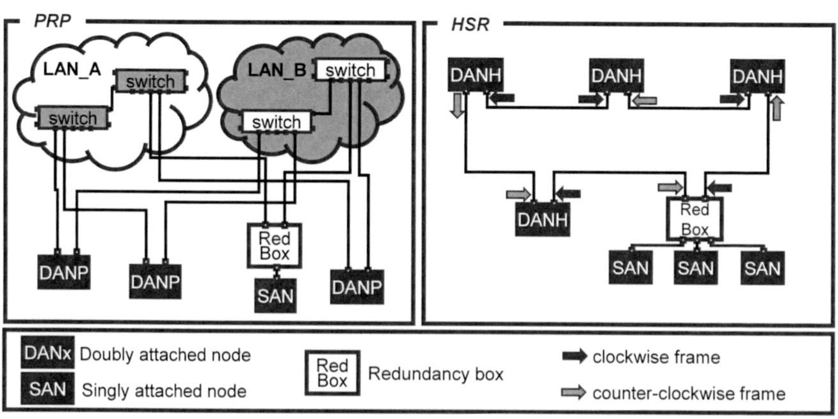

Bild 5.11: Vergleich des Parallel Redundancy Protocols mit der High Availability Seamless Redundancy

Comparison of parallel redundancy protocol and the high availability seamless redundancy

Die Konfiguration der Ringtopologien durch die HSR würde die Komplexität der CPPS erhöhen und die Flexibilität des Systems verringern. Ein Nachteil der Nutzung der PRP ist die steigende Anzahl der benötigten Knoten. Da CPPS dynamisch sind, eignet sich PRP besser als HSR und wurde für die Umsetzung der Systemarchitektur ausgewählt.

Zur Überwachung der Sicherheitsfunktion und Fehlerdetektion muss die redundante Struktur erweitert werden, um den Diagnosedeckungsgrad (DC) zu erhöhen. Ein einzelner Fehler eines SRP/CS muss – sofern möglich – bei oder vor der nächsten Anforderung der Sicherheitsfunktion erkannt werden [INTE15]. Maßnahmen zur Erhöhung des DCs sind bspw. der Kreuzvergleich ohne dynamische Tests, der Kreuzvergleich mit dynamischen Tests und die indirekte Überwachung. Für einfach verdrahtete Aktoren, wie z.B. das Ein- und Ausschalten der Pneumatik, kann ein Kreuzvergleich mit dynamischen Test angewendet werden, der mithilfe einer entsprechenden Schaltung realisiert ist und durch einen dynamischen Test im Sinne von Software erweitert wird (vgl. Bild 5.12 a)). Zum Vergleich der Signale können Schütze oder (bei kleinen Lasten) auch Relais eingesetzt werden. Das Schütz bzw. Relais fungiert als Öffner, sodass bei ungleichen Ausgängen der Sicherheitsfunktion, der Aktor ausgeschaltet wird. Durch die Rückführung des Signals an die Steuereinheit (hier an den Asset-Treiber) kann der Fehler auch in das Steuerungssystem zurückgegeben werden. Komplexere Anlagenteile, wie bspw. Roboter, können durch indirekte Überwachung mithilfe von externen Sensoren oder dem Auswerten steuerungsinterner Daten überwacht werden (vgl. Bild 5.12 b)). Dazu werden die aus der Logik der Sicherheitsfunktion stammenden Ausgänge verglichen und an den Aktuator übergeben. Der Kreuzvergleich wird hier als softwaretechnisches Relais umgesetzt, ähnlich dem von [PREU18] vorgestellten Ansatz. Durch den Vergleich der Ausgänge der Sicherheitsfunktion, kann sichergestellt werden, dass es irrelevant ist, wie komplex das CPPS aufgebaut ist und wie viele Teilfunktionen dazwischenliegen. Jedoch muss mit zeitlichen Abweichungen beim Erhalt der Nachrichten gerechnet werden, die abhängig vom verwendeten Protokoll sind.

Jedes Produktionsasset – sowohl Sicherheitseinrichtungen, als auch andere Sensoren und Aktoren – kann einen Nothalt oder eine Unterbrechung des CPPS veranlassen. Dazu wertet die Logik entsprechende Informationen der Sensoren aus. Damit die Prozesssteuerung und die Asset Treiber sicherheitsbezogene Informationen auswerten und verwenden können, müssen diese innerhalb der verwendeten Protokolle standardisiert werden. Hierfür eignen sich die durch PLCopen vorgegebenen Namenskonventionen (S_<sicherheitsbezogener Eingangs-/Ausgangsname>, Reset, SafetyDemand, Error, DiagCode) [PLCO18]. Produktionsassets stellen also Informationen im CPPS zur Verfügung (Eingänge), die durch Sicherheitslogik zu sicherheitsbezogenen Informationen (Ausgängen) verarbeitet werden und im CPPS an die Produktionsassets weiter verteilt werden. Zusammen ergeben sich so aus mehreren SRP/CS Sicherheitsfunktionen, deren Aufbau und Ausführung in Kapitel 6.1.2 erläutert wird.

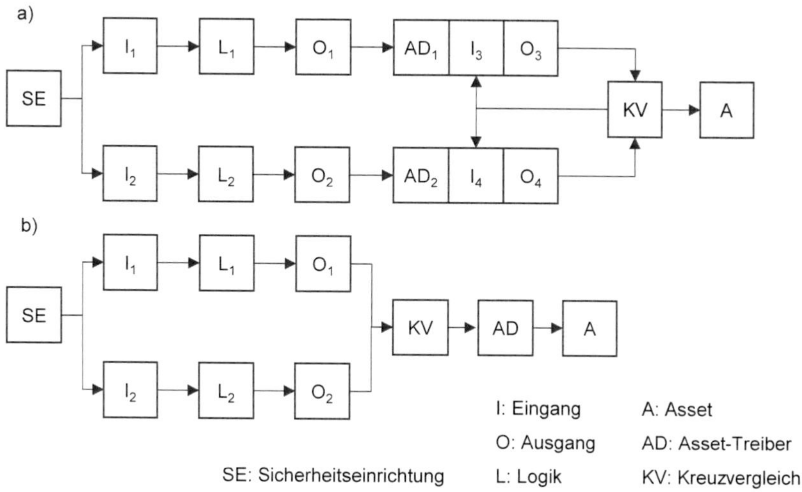

Bild 5.12: Umsetzung von Überwachung und Fehlerdetektion bei einfachen und komplexen Aktoren

Implementation of the supervision and error detection for simple and complex actors

5.2.4 Zwischenfazit

Intermediate conclusion

Die Antwortzeit einer Sicherheitsfunktion ist die Zeit von einem gefährlichen Event bis zum Erreichen eines sicheren Zustands des Systems. Die Antwortzeit kann sich in verteilten sicherheitsbezogenen Steuerungssystemen (SRCS) verlängern. Die Antwortzeit eines zentralen SRCS setzt sich aus der Antwortzeit des Sensors, der Sicherheitssteuerung und des Aktuators zusammen. In einem dezentralisierten System muss die Antwortzeit durch Nachrichtenübertragung mit einbezogen werden. D.h. hier setzt sich die Antwortzeit aus der Summe der Antwortzeit aller einzelnen Hardwarekomponenten und der Multiplikation aus der Kommunikationszeit zwischen zwei Teilen des SRCS und der Anzahl der sequentiellen Übertragung von zwei Teilnehmern zusammen. Da bei Berechnung die Zeiten mit Worst-Case Szenarien berechnet werden, weichen die Ergebnisse der berechneten Antwortzeiten und experimentell gemessenen Antwortzeiten stark ab. Die Architektur kann durch die Anzahl der benötigten Kommunikationswege, der Länge der Sicherheitsprogramme und die ausgewählten Hardwarekomponenten beeinflusst werden [ZDAN18a]. Heute werden für eine deterministische Kommunikation spezielle, nicht-offene Sicherheitsprotokolle verwendet. In Zukunft könnten Technologien, wie das Time-Sensitive Networking (TSN) hierfür zum Einsatz kommen, da die Kommunikation deterministisch und offen ist.

5.3 Sicherheitstechnische Betrachtung

Safety consideration

Die Architektur und die Art der Realisierung haben Einfluss auf die Sicherheit und Zuverlässigkeit des Systems. Durch Sicherheitsfunktionen wird das Risiko eines Systems verringert. Durch die Nutzung von Sicherheitssteuerungen und sicherheitsbezogener Kommunikation können verteilte Sicherheitsfunktionen realisiert werden. Zur Beurteilung der Architektur können PL oder SIL verwendet werden. Der PL eines SRP/CS wird hauptsächlich durch die Kategorie, die mittlere Betriebsdauer bis zum gefahrbringenden Ausfall ($MTTF_D$) und den durchschnittlichen DC des gesamten Systems DC_{avg} bestimmt (vgl. Formel (5.1)). Der PL wird in einem System, das mehrere SRP/CS kombiniert, durch den niedrigsten PL jedes einzelnen SRP/CS und den PL, der durch die durchschnittliche Wahrscheinlichkeit eines gefährlichen Ausfalls je Stunde (PFH_D) des gesamten kombinierten Systems bestimmt wird begrenzt, wobei der PFH_D des gesamten Systems gleich der Summe der PFH_D jedes einzelnen SRP/CS ist.

Verteile Architekturen von SRP/CS beinhalten beispielsweise mehrere SRP/CS auf dem Prozesslevel und eine übergeordnete SRP/CS auf dem Steuerungslevel. Diese SRP/CS können durch Parameter, Logik oder Kommunikationsschnittstellen voneinander abhängig sein. Um die Ausfallrate zu bestimmen, werden verschiedene Kommunikationswege betrachtet und mithilfe von Blöcken beschrieben. Hieraus lässt sich eine Formel für die Ausfallwahrscheinlichkeit für verschiedene Sicherheitsfunktionen und ihren Weg durch das Kommunikationsnetz ableiten. Eine höhere Anzahl an beteiligten Zellen auf dem Prozesslevel führt zu einer höheren Ausfallwahrscheinlichkeit [ZDAN19].

Durch den PFH_D kann nach Tabelle 10.1 (vgl. Anhang) auf das PL geschlossen werden. Der PFH_D ist antiproportional abhängig von der $MTTF_D$:

$$MTTF_D = \frac{1}{365 \cdot 24 \cdot \lambda_D} \approx \frac{1}{PFH_D} \tag{5.1}$$

$MTTF_D$ = mittlere Betriebsdauer bis zum gefahrbringenden Ausfall in Jahren

λ_D = mittlere gefahrbringende Ausfallrate pro Stunde

PFH_D = gefährlicher Ausfall pro Stunde

Für eine Sicherheitsfunktion, die aus mehreren SRP/CS besteht, wird die $MTTF_D$ für einen Kanal nach ISO 13849-1 [ISO15] berechnet:

$$\frac{1}{MTTF_D} = \sum_{i=1}^{N} \frac{1}{MTTF_{Di}} \tag{5.2}$$

$MTTF_D$ = mittlere Betriebsdauer bis zum gefahrbringenden Ausfall

$MTTF_{Di}$= $MTTF_D$ jeder Komponente, die zur Sicherheitsfunktion beiträgt

Wenn die Sicherheitsfunktion aus redundanten Kanälen besteht, wie in Kapitel 5.2.3 vorgeschlagen, und die Kanäle unterschiedliche $MTTF_D$ vorweisen, wird entweder der niedrigere $MTTF_D$ verwendet oder $MTTF_D$ wie folgt berechnet:

$$MTTF_D = \frac{2}{3}\left[MTTF_{D1} + MTTF_{D2} - \frac{1}{\frac{1}{MTTF_{D1}} + \frac{1}{MTTF_{D2}}}\right] \tag{5.3}$$

$MTTF_D$ = mittlere Betriebsdauer bis zum gefahrbringenden Ausfall

$MTTF_{D1}$, $MTTF_{D2}$ = $MTTF_D$ jedes redundanten Kanals

Nachdem die $MTTF_D$ berechnet wurde, kann auch der DC_{avg} bestimmt werden durch [ISO15]:

$$DC_{avg} = \frac{\sum_{i=1}^{N} \frac{DC_i}{MTTF_{Di}}}{\sum_{i=1}^{N} \frac{1}{MTTF_{Di}}} \tag{5.4}$$

DC_{avg} = mittlerer DC des Systems

DC_i = DC der individuellen Komponenten

$MTTF_{Di}$ = $MTTF_D$ jeder Komponente, die zur Sicherheitsfunktion beiträgt

Da der mindestens zu erreichende PL_r=d ist, muss DC mindestens 90 % betragen und die Wahrscheinlichkeit eines gefahrbringenden Ausfalls je Stunde kleiner als 10^{-6} sein.

5.4 Fazit

Conclusion

Zur Entwicklung einer inhärent sicheren Systemarchitektur in CPPS wurden zuerst die grundsätzlich benötigten Funktionen in CPPS beschrieben. Zentrales Element des CPPS ist der Kommunikationsbus und die Bereitstellung und Orchestrierung der Daten im CPPS. Daran gliedern sich das Produkt bzw. die zum Produkt bereitgestellten Informationen, die Modellierung und Simulation des Produktes und des Produktionssystems, die eine immer größer werdende Rolle für die Produktion einnehmen, die Produktionsanlage mit ihren Aktoren und Sensoren, sowie die Sicherheit. Zur Steuerung des Systems ist die Definition des Produktionsasset-Treibers wichtig. Dieser ermöglicht durch den Communication Layer die Kommunikation mit dem Produktionsasset und mit der Umgebung des CPPS und stellt somit wesentliche Dienste und Informationen für das konkrete Produktionsasset zur Bereitstellung und Verarbeitung der dort anfallenden Daten bereit. Zur Verortung der verschiedenen Funktionen wurde ein Konzept zum Cloud- und Edge-Computing vorgestellt. Da die Daten innerhalb des CPPS verteilt durch verschiedenste Datenquellen bereitgestellt werden, wurde ein ontologiebasiertes Datenmanagementsystem vorgestellt. Mithilfe einer Ontologie, die die Produktionsumgebung beschreibt, lassen sich verfügbare Daten aus Datenquellen wie Datenbanken, aber auch Kommunikationsbussen finden und es kann auf diese zugegriffen werden. Abschließend wurde das CPPS um Konzepte der Sicherheitstechnik erweitert. Es wurde ein Vorgehen zum Einbringen von Redundanz vorgestellt und anschließend eine sicherheitstechnische Bewertung der Architektur vorgestellt.

6 Identifikation und Überwachung von Systemgrenzen

Identification and control of system limits

Systemgrenzen sind der Ausgangspunkt jeder Risikobeurteilung einer Produktionsanlage. Auf Basis der identifizierten Systemgrenzen wird die Risikominimierung durch vorrangig inhärent sichere Konstruktion, aber auch dem Einbringen von Sicherheitseinrichtungen und dem Bereitstellen von Nutzerinformationen durchgeführt. Sofern es sich um sicherheitsbezogene Teile von Steuerungen handelt, werden als konstruktives Mittel Sicherheitsfunktionen integriert. Diese können aus Hardware und/oder Software bestehen und sich über mehrere Komponenten erstrecken.

Im Folgenden wird eine Methodik zur Identifikation und Überwachung von Systemgrenzen in Form von Sicherheitsfunktionen vorgestellt. Dazu wird zuerst eine Domänenontologie von Systemkomponenten im Kontext der Systemgrenzen eingeführt, die aus den zugrundeliegenden Sicherheitsnormen extrahiert wurde (vgl. Kapitel 6.1.1). Danach wird die Integration von Sicherheitsfunktionen in CPPS im Allgemeinen beschrieben (vgl. Kapitel 6.1.2). Das Einbringen von Sicherheitseinrichtungen wurde in Kapitel 5.2.3 thematisiert. Sicherheitsbezogene Informationen, die durch diese Einrichtungen bereitgestellt werden, werden in den Sicherheitsfunktionen verwendet. Die Bereitstellung von Nutzerinformationen wird hier nicht weiter betrachtet. Zur Entwicklung von Sicherheitsfunktionen wird in Kapitel 6.2 eine Methodik zur Festlegung von Systemgrenzen und deren Überwachung vorgestellt, um schließlich in Kapitel 6.3 das Vorgehen zur Integration von Sicherheitsfunktionen mithilfe von Verträgen zu beschreiben.

6.1 Identifikation von sicherheitsrelevanten Informationen

Identification of safety relevant information

Um ein System sicher zu gestalten, nutzen zuständige Mitarbeitende verschiedene Analysetools, wie bspw. die Fehlerbaumanalyse zur Identifikation von Risiken oder verwenden entsprechende Designprinzipien, um Komponenten sicherer zu gestalten. Risiken werden dabei erst nach der Entwicklung des Systems analysiert und minimiert. Betrachtet man dies über den Anlagenlebenszyklus hinweg (vgl. Bild 6.1), so wird parallel und nicht integriert vorgegangen. Ein systematisches Vorgehen zur Integration von Sicherheitsfunktionen ist nicht vorhanden. Es werden Anforderungen zum Erreichen des gewünschten Prozesses definiert, die Anlagen und der Prozess modelliert und dann der Prozess auf den Anlagen entworfen und implementiert. Hierbei werden durch erfahrene Anlagenprogrammierer die gängigen Sicherheitsfunktionen zur Unterbrechung des Prozesses implementiert, aber selten zuvor als sicherheitsbezogene Applikationssoftware (SRASW) modelliert. Die Durchführung der Risikoanalyse findet in der Regel nach dem Entwurf statt, sodass erst zu diesem Zeitpunkt weitere Anforderungen bezogen auf die Sicherheit formuliert werden können und in die Modellierung sowie den Entwurf einfließen können. Diese sollten jedoch bereits beim Systementwurf mitgedacht werden. Durch den Einsatz von Software müssen auch Validierungs- und Verifikationsmethoden integriert werden. Adaptionen sind nicht vorgesehen.

Die mangelnde Vernetzung von Produkt- und Prozessentwicklungstools mit der Sicherheitsentwicklung führt zu stark iterativen Prozessen in der Entwicklung und zu sehr starren, nicht-adaptiven Produktionssystemen. Um das Produktionssystem flexibel zu gestalten, muss also die Sicherheit von vornherein und die Beschreibung von sicherheitsrelevanten Informationen ganzheitlich und lebenszyklusübergreifend mitgedacht werden.

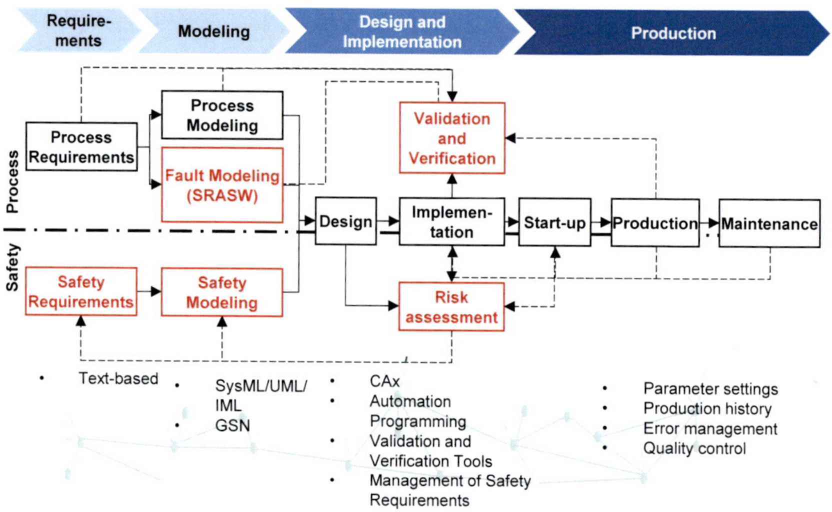

Bild 6.1: Einordnung sicherheitsbezogener Aufgaben im Anlagenlebenszyklus

Classification of safety-related Tasks in the plant lifecycle

Wie in [BUCH20] beschrieben, wird der Entwicklungsansatz von sicherheitsbezogenen Steuerungen, der durch [MOKO10] definiert wurde, erweitert. Neben dem eigentlichen System werden durch Mokos et al. auch Fehler modelliert und daraus ein formales Sicherheitsmodell abgeleitet und zu einem erweiterten Systemmodell mithilfe einer Ontologie vereint, was für die Modellprüfung verwendet werden kann. Es werden jedoch lediglich die Lebensphasen der Modellierung und des Entwurfs angesprochen. Dieser Ansatz wird durch die Beschreibung der Anforderungen, der Inbetriebnahme und der Produktion erweitert. Die Inbetriebnahme ist wichtig, da währenddessen Systemanpassungen durch das Testen von Parametern oder der genauen Ausrichtung der Anlagenteile zueinander vorgenommen werden, da Modell und Realität nie exakt übereinstimmen. Da die Produktion adaptiv gestaltet werden soll – also während der Produktion auf Qualitätsabweichungen am Produkt reagiert wird, aber auch Rüstprozesse, Instandhaltung und andere Nebentätigkeiten einen Einfluss auf die Anlagen und den Prozess haben, können sich die Parameter weiterhin verändern. Wurden also zuvor Parameterräume durch die Betrachtung von Systemgrenzen definiert, müssen diese und die Auswirkungen der verschiedenen Lebenszyklusphasen verfolgt werden.

Der Einfluss verschiedener Aufgaben in den verschiedenen Lebenszyklusphasen wurde bezogen auf die Systemgrenzen identifiziert (vgl. **Bild** 4.2). Durch die Beschreibung von Anforderungen werden indirekt erste Systemgrenzen festgelegt (bspw. max. verfügbarer Platz oder Schnittstellen zur Energie- und Medienversorgung). Diese Systemgrenzen werden durch die Modellierung und den Entwurf konkretisiert, indem die Anlagen und Prozesse ausgesucht und z.B. in CAD-Programmen oder anderen Simulationsumgebungen simuliert werden und somit erste Parameterräume definiert werden (z.B. konkreter Platzbedarf). Auch Verwendungsgrenzen können beschrieben werden. Durch die Auswahl von Komponenten werden u.a. Wartungsintervalle festgelegt. Die realen Systemgrenzen können jedoch erst während der Inbetriebnahme identifiziert werden. Dort werden die Anlagen und Prozesse getestet und angepasst. Während der Produktion können – in adaptiven Anlagen – immer wieder Prozesse angepasst oder neue Prozesse integriert werden. Hierdurch kann es zur Anpassung von Parameterräumen kommen. Außerdem können beim Rüsten oder Instandhalten der Anlagen physische Veränderungen auftreten, die Einfluss auf den Prozess haben. Auch werden durch den Einsatz des CPPS die Nutzung von Zustandsüberwachungen und die prädiktive Wartung forciert. Diese sollen Parameter automatisiert den neuen Begebenheiten anpassen.

6.1.1 Beschreibung von Systemgrenzen im Kontext der Produktion

Description of system limits in the context of production

Die textuelle Beschreibung von Systemgrenzen durch ISO 12100 wurde in eine Domänenontologie überführt. Wie in [BUCH20] dargestellt, wurden hierfür die Kernkonzepte und ihre Subklassen identifiziert und in die Ontologie übernommen. Die Kernkonzepte sind die Systemgrenze, Lebenszyklusphase, Anlage/Anlagenkomponente, Person und Umgebung. Die Ontologie wurde abschließend in die bereits entwickelte Ontologie der Digital Shadow Orchestration eingebunden.

Systemgrenze: Zur Festlegung der Grenzen der Maschine müssen Verwendungsgrenzen, räumliche Grenzen, zeitliche Grenzen und weitere Grenzen identifiziert werden (vgl. Bild 6.2). Diese sind somit Subklassen der Oberklasse Systemgrenze (Beispiel: *sg:Verwendungsgrenze rdfs:subClassOf sg:Systemgrenze*). Diese lassen sich ebenfalls konkretisieren: räumliche Grenzen betreffen bspw. den Bewegungsraum, den Platzbedarf von Personen und die Schnittstelle "Maschine/Energieversorgung" (Beispiel: *sg:Bewegungsraum rdfs:subClassOf sg:räumliche_Grenze*); Verwendungsgrenzen sind bspw. Betriebsarten oder die Verwendung durch den Menschen betreffend; zeitliche Grenzen betreffen die Lebensdauer der Maschine und deren Komponenten; weitere Grenzen können sich auf die Materialien, aber auch auf die Umgebung beziehen.

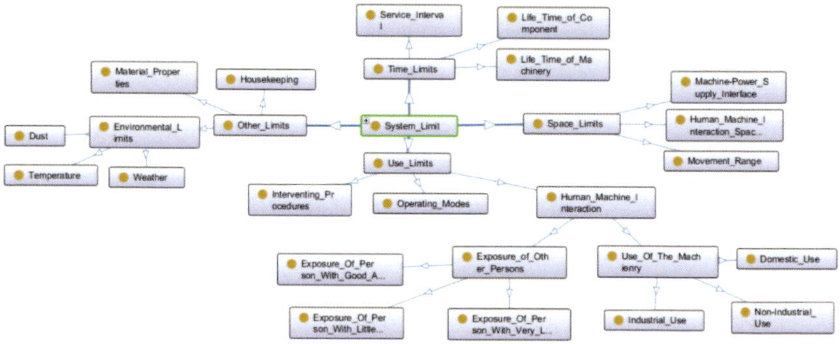

Bild 6.2: Beschreibung der Klasse der Systemgrenzen mit ihren Unterklassen
Description of the class of system limits with its subclasses

Systemgrenzen müssen lebenszyklusübergreifend beschrieben werden und werden immer in Bezug auf die am Prozess beteiligten Entitäten betrachtet (vgl. Bild 6.3): die Anlage und ihre Komponenten, die Person und die Umgebung. Die Systemgrenze impliziert eine Gefährdung.

Lebenszyklusphase: Systemgrenzen sind abhängig von der betrachteten Lebenszyklusphase (*sg:Systemgrenze sg:istAbhängigVonLebenszyklusphase sg:Lebenszyklusphase*). So müssen bspw. verschiedene Betriebsmodi bereitgestellt werden. Die in ISO 12100 beschriebenen Lebenszyklusphasen sind Transport, Montage und Installation, die Inbetriebnahme, die Verwendung und die Demontage, das außer Betrieb nehmen und die Entsorgung. Aber auch weitere Phasen, wie die Anforderungsanalyse, Modellierung und Entwicklung des Systems werden hier betrachtet.

Anlage/Anlagenkomponente: Die Beschreibung der Systemgrenze ist abhängig vom Aufbau der Anlage und deren Komponenten (*sg:Systemgrenze sg:istAbhängigVonKomponente sg:Komponente*). Eine Anlage besteht aus mehreren Komponenten, die wiederum aus Komponenten bestehen können. Hierbei handelt es sich sowohl um Maschinen, Sensoren und Aktoren, aber auch um Getriebe oder andere Maschinenkomponenten und Steuerungen. Die Anlage oder Komponente bzw. eine Information über sie ist einer Lebenszyklusphase zuzuordnen (*sg:Komponente sg:istAssoziiertMitLebenszyklusphase sg:Lebenszyklusphase*) und sie interagieren mit Personen und der Umgebung (*sg:Komponente sg:interagiertMitPerson sg:Person*).

Person: Die Interaktion zwischen Mensch und Maschine ist die wichtigste zu beschreibende Systemgrenze, da hier die Gefährdungen zu Personenschäden führen können (*sg:Systemgrenze sg:istAbhängigVonPerson sg:Person*). Personengruppen werden von ISO 12100 explizit aufgeführt: Bedienperson, Instandhaltungspersonal, Techniker, Auszubildende, Praktikanten und die allgemeine Öffentlichkeit (Beispiel: *sg:Techniker rdfs:subClassOf sg:Person*). Dadurch lassen sich Eigenschaften implizit ableiten (z.B. das Gefährdungsbewusstsein). Andere Eigenschaften, wie das Alter, Geschlecht und Größe, sollten bei der Planung von Prozessen ebenfalls berücksichtigt werden. Diese

Eigenschaften wurden als Dateneigenschaften integriert (Beispiel: *sg:hatGefährdungsbewusstsein rdf:type owl:DatatypePoperty; sg:hatGefährdungsbewusstsein rdfs:domain sg:Person; sg:hatGefährdungsbewusstsein rdfs:range xsd:string*).

Umgebung: Die Systemgrenze ist abhängig von der Umgebung (*sg:Systemgrenze sg:istAbhängigVonUmgebung sg:Umgebung*). Umgebungen werden häufig durch Umgebungsbedingungen beschrieben, wie bspw. Temperaturen (Beispiel: *sg:hatUmgebungsbedingung rdf:type owl:DatatypePoperty; sg: hatUmgebungsbedingung rdfs:domain sg:Umgebung; sg:hat hatUmgebungsbedingung rdfs:range xsd:string*).

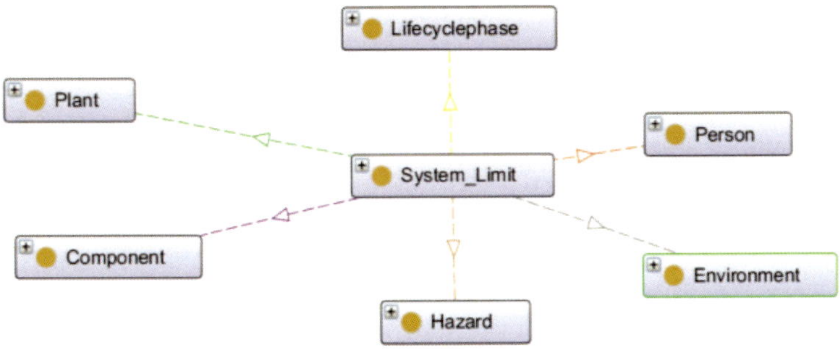

Bild 6.3: Beschreibung der Abhängigkeiten der Systemgrenzen
Description of the dependencies of system limits

Werden im Nachfoldenden (vgl. Kapitel 6.2) nun Systemgrenzen identifiziert, kann diese Domänenontologie verwendet werden, um die Informationen, die der Systemgrenze zugrunde liegen, zu beschreiben. Zur Nutzung des Domänenwissens in der Digital Shadow Orchestration, muss die Domänenontologie mit der OBDM-Applikationsontologie verknüpft werden. Dazu gibt es mehrere Anknüpfungspunkte: Fakten, Hierarchiebenen der IEC 62264-1 und Device.

Jede Beschreibung einer Systemgrenze, aber auch alle anderen als Daten abgelegte Informationen, können als Fakt abgespeichert werden (Beispiel: *sb:Systemgrenze obdm:hasFact fact:Fact)*. Außerdem können Anlagen und Komponenten den unteren beiden Hierarchiebenen der IEC 62264-1, sowie der Klasse Device gleichgesetzt werden (Beispiel: *iec62264:Work_Cell owl:equivalentClass sb:Plant*).

6.1.2 Implementierung von Sicherheitsfunktionen

Implementation of safety functions

Sicherheitsfunktionen können auch im CPPS aus mehreren Komponenten bestehen. Die Sicherheitsfunktionen, die hier betrachtet werden, beziehen sich auf die Überwachung der identifizierten räumlichen Grenzen. Durch die Identifikation einer räumlichen Grenze muss ein bestimmtes Verhalten des Systems induziert werden. Die Näherung an eine räumliche Grenze – wie bspw. durch ein Lichtgitter detektiert – wirft somit ein Event aus, dass die Aktoren im System dazu veranlasst, sich in einen sicheren Zustand zu überführen. Dieses gewünschte, sichere Verhalten kann durch Verträge beschrieben werden (vgl. Kapitel 6.3). Die Verkettung der physischen Geräte (hier: Lichtgitter, Notauskreis, Pneumatik und Roboter) mit ihrem informationstechnischen Abbild (Asset-Treiber) und dem Vertrag, der die auszuführende Funktion beschreibt, und dessen Ausführung (Asset-Treiber Vertrag), sowie alle Kommunikationskanäle dazwischen, bilden in ihrer Einheit die Sicherheitsfunktion (vgl. Bild 6.4).

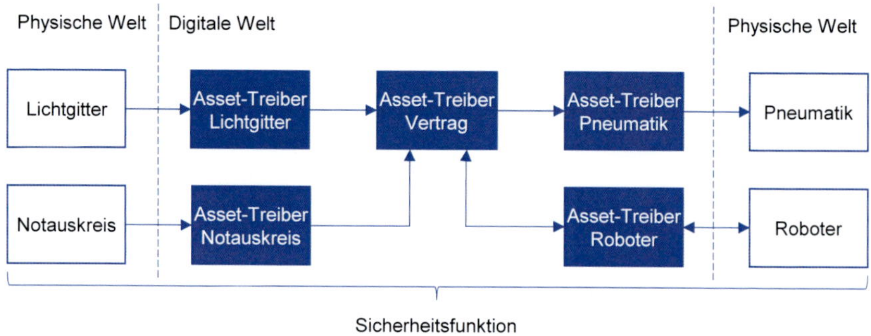

Bild 6.4: Verkettung sicherheitsrelevanter Teile zu Sicherheitsfunktionen in CPPS
Linking of safety-relevant parts to safety functions in CPPS

Zur Ausführung des gewünschten Verhaltens nach der Identifikation einer räumlichen Grenze wird ein Modell erstellt. Dieses Modell wird in einen Vertrag überführt und dient somit als Grundlage für den *Asset-Treiber Vertrag*. Die Anbindung von Hardware und ihrer Asset-Treiber wurde bereits in Kapitel 5.1.2 erläutert. Ähnlich hierzu wird der *Asset-Treiber Vertrag* implementiert, auch wenn keine physikalische Komponente hierzu existiert. Der im JSON-Format bereitgestellte Vertrag kann dem *Persistence Layer* zugeordnet werden. Das Sicherheitsprogramm, welches die Eingänge und Annahmen prüft und die Garantien zu Ausgangsinformationen überführt, kann dem *Application Layer* zugeordnet werden. Die Ein- und Ausgänge werden über den *Communication Layer* abgebildet.

Das Sicherheitsprogramm ist das zentrale Element zur Umsetzung der Sicherheitsfunktion und kann durch die generische Implementierung jeden im zuvor beschriebenen JSON-Format bereitgestellten Vertrag in ein ausführbares Asset überführen. Das Sicherheitsprogramm lädt den Vertrag und nutzt dessen Inhalt als Syntax (vgl. Bild 6.5). Das Sicherheitsprogramm verwendet daher keine statische Argumentation, sondern kann instanziiert werden und auf Veränderungen oder Erweiterung der Verträge reagieren. Zuerst werden die Ports (Eingänge) ausgelesen. Danach werden die Annahmen als Bedingung (*if*) verwendet und die zughörige Garantie als Verzweigung ausgeführt. Das Programm terminiert nicht, sondern überprüft immer wieder die Eingänge (hier: reagiert auf Nachrichten bei Verwendung von MQTT).

Sicherheitsprogramm.py

establishConnectionToPorts()
 	
if *Annahme a_1*:
  Garantie g_2
...
if *Annahme a_n*:
  Garantie $_{gm}$

Bild 6.5: Schematische Darstellung des Sicherheitsprogramms

Schematic representation of the safety program

6.2 Extraktion und Überwachung räumlicher Systemgrenzen

Extraction and supervision of spatial system limits

Jeder Aktor ist erstmals begrenzt durch den Aktionsradius, den er aufgrund der Ausführung seiner Gelenke und Achsen erreichen kann (vgl. (a)) in Bild 6.6). Bei Robotern wird daher in der Robotersteuerung bereits überprüft, ob ein vorgegebener Punkt erreichbar ist oder außerhalb der eigenen Systemgrenzen liegt. Automatisierungsbezogen ist daher die Definition der Umhausung bzw. der Zellwände relevant, sofern diese im Aktionsradius des Aktors liegen. Neben den Zellwänden, die eine geschlossene Zellgrenze beschreiben, gibt es jedoch immer Eingriffsmöglichkeiten, sodass ein Produkt platziert werden kann oder eine andere Arbeit innerhalb einer Zelle durchgeführt werden kann (vgl. (b)) in Bild 6.6). Diese Eingriffsmöglichkeit kann auch durch eine Systemgrenze beschrieben werden und muss gesondert überwacht werden, da es hier Regeln geben muss, wann ein Mensch oder eine Maschine diese Grenze überschreiten darf (vgl. (c)) in Bild 6.6). Hier müssen also sich überschneidende Aktionsbereiche überwacht werden.

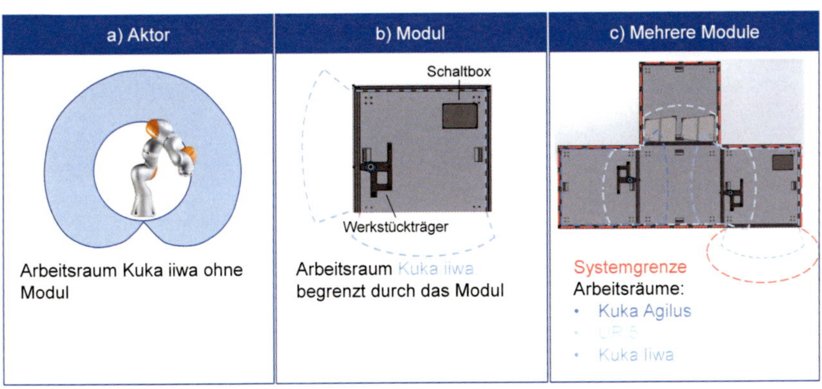

Bild 6.6: Systemgrenzen in Produktionsanlagen

System limits in production plants

Zur Beschreibung und Überwachung der Systemgrenzen wurden drei Vorgehensweisen untersucht:

1. Festlegung der Zellgrenzen mittels Ebenen
2. Simulation der Systemgrenzen mittels Physik-Engine *PyBullet*
3. Erkennung und Überwachung mittels Kamera

Im Folgenden werden diese vorgestellt und abschließend diskutiert.

6.2.1 Festlegung der Zellgrenzen mittels Ebenen

Defining the cell boundaries by means of levels

Im ersten Schritt wurden mittels einfacher Ebenenbeschreibung die Zellgrenzen definiert. Dazu wurde eine Ebenengleichung mithilfe von drei Punkten ermittelt, die die Systemgrenze abstrahiert. Anschließend wurde der Abstand zur Ebene berechnet. Dieser wird jedoch nicht als Betrag, sondern mit Vorzeichen angegeben. Anhand des Vorzeichens kann identifiziert werden, auf welcher Seite der Ebene sich der Punkt befindet, also ob der Punkt innerhalb der Zelle oder außerhalb der Zelle liegt.

Aufstellung der Ebenengleichung $\vec{x}$:

$$\vec{x} = \vec{A} + s \cdot \overrightarrow{AB} + t \cdot \overrightarrow{AC} \tag{6.1}$$

Mit den 3 Punkten $\vec{A}, \vec{B}, \vec{C}$

Normalenvektor $\vec{N}$:

$$\vec{N} = \overrightarrow{AB} \times \overrightarrow{AC} = \begin{pmatrix} n_1 \\ n_2 \\ n_3 \end{pmatrix} \tag{6.2}$$

Normalenform:

$$\vec{N} \cdot \vec{x} = \vec{N} \cdot \vec{A} \tag{6.3}$$

Abstand $d(P;E)$, mit $a = \vec{N} \cdot \vec{A}$:

$$d(P;E) = \frac{n_1 \cdot p_1 + n_2 \cdot p_2 + n_3 \cdot p_3 - a}{\sqrt{n_1^2 + n_2^2 + n_3^2}} \tag{6.4}$$

Beispielhaft ist die Definition der offenen Zellgrenzen in Bild 6.7 dargestellt. Zur Ermittlung der Grenzen wurden je Ebene drei Punkte angefahren und Ebenengleichungen ermittelt. Außerdem wurde ermittelt, bei welchen Vorzeichen des Abstands sich der Roboter innerhalb bzw. außerhalb der Zelle befindet. Sobald einer der Abstände indiziert, dass sich der Roboter außerhalb der Grenzen befindet, kann entschieden werden, ob es sich um eine offene oder geschlossene Grenze handelt und der Roboter gestoppt werden muss oder der Eingriff mit den Informationen der angrenzenden Zelle überwacht werden muss. Auf Basis der Ebenengleichung wurde für die Position des TCPs des UR5 alle 0,5 s eine Abstandsberechung zu allen Ebenen durchgeführt.

Bild 6.7: Darstellung der Eingriffsmöglichkeiten in die Handlingszelle

Illustration of the intervention options in the handling cell

Die Berechnung des Abstands zu den Ebenen ist in einem Python-Programm durchgeführt worden. Für jede angrenzende Zelle wurden die zuvor manuell berechneten Parameter (vgl. Tabelle 6.1) übergeben. Auf Basis des Vorzeichens des Ergebnisses kann vbestimmt werden, ob sich der Roboter innerhalb seiner Zelle oder bspw. in Kollision oder der angrenzenden Zelle befindet.

Tabelle 6.1: Parameter zur Beschreibung der Grenzebenen des Kuka iiwa

Parameter for the description of the planes

Parameter	Grenze zur Cleaner-Zelle	Grenze zur Primer-Zelle	Grenze zur Lager-Zelle
n_1	7585,5	-2585,36	33478,56
n_2	-10743,72	-3532,64	-34570,2
n_3	-5150,78	-6359,0	377,39
a	4252387,1	803155,0	-23231372,4
$\sqrt{n_1^2 + n_2^2 + n_3^2}$	14124,37	7720,14	48125,41

Der Vorteil der Nutzung von Ebenengleichungen bei einfachen Systemgrenzen ist die schnelle, deterministische Berechenbarkeit des Abstandes des Aktors zu der Grenze. Die Nutzung des Abstands lässt jedoch lediglich eine Aussage darüber zu, ob es zu einer Kollision mit einer festen Zellwand kommen wird und ob ein Austreten aus der Zelle über eine Eingriffsmöglichkeit realisiert wird, nicht jedoch, ob dieser Austritt zu einer Kollision mit Mensch, Maschine oder anderen Objekten führt. Diese Vorgehensweise ist nur für einfache Zellgeometrien möglich. Gegenstände, wie Werkzeugträger oder andere Sensorik innerhalb der Zellen würden dieses Vorgehen schnell zu aufwendig werden lassen. Manche Roboter bieten eine Achsbereichsüberwachung von Achse 1 bis 3 an, um einfache Räume eingrenzen zu können. Dies ist allerdings für die hierbeschriebenen Anwendungen nicht ausreichend.

6.2.2 Simulation der Zellgrenzen mittels PyBullet

Simulation of the cell limits with PyBullet

Die räumlichen Systemgrenzen ergeben sich aus den Aktoren (hier Robotern) in Relation zu den Zellaufbauten (Umhausung, Werkstückträger, etc.). Zur Simulation der Zelle werden ein CAD-Modell der Zelle in URDF (Unified Robot Description Format) sowie physikalische Modelle der Roboter benötigt. Diese Modelle werden in eine Simulationsumgebung (hier PyBullet; prinzipiell auch in anderen Umgebungen, wie bspw. ROS oder Webots möglich) geladen und zu einem Gesamtmodell aufgebaut. Es wird nun parallel zum Betrieb der Zellen überprüft, ob die Roboter in einem sicheren Bereich agieren oder es zu Gefahren kommen kann. Zur Identifikation der Systemgrenzen und Entwicklung der Sicherheitsfunktion wurde eine grafische Nutzerschnittstelle verwendet, die später im Betrieb jedoch zur Verringerung der Rechenzeit ausgeschaltet bleiben kann.

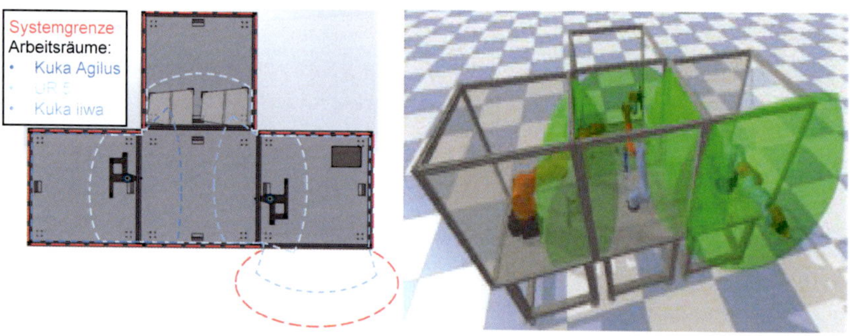

Bild 6.8: Darstellung der Systemgrenzen und Arbeitsräume (a) und der Kollisionsbereiche (b)

Illustration of the system limits and working spraces (a) and the collision areas (b)

Zur Beschreibung der Systemgrenzen werden die Positionen der Roboter, der Abstand zu anderen Objekten und die Reichweite der Roboter untersucht. Für eine sicherheitstechnische Betrachtung wird bei den räumlichen Grenzen zwischen den durch Objekte (wie bspw. die Umhausung), die Zelle und die Arbeitsräume definierten Grenzen unterschieden (vgl. Bild 6.8). Es wird überprüft, dass sich alle Robotergelenke innerhalb der Grenzen aufhalten. Außerdem werden für jeden Roboter die Anhaltewege auf Basis der in den Handbüchern durch DIN EN ISO 10218-1 angegeben Werte (vgl. Anhang Tabelle 10.6) bestimmt, damit sichergestellt wird, dass der Roboter bereits vor einer Kollision zum Stillstand kommen kann. Dies verringert den tatsächlichen Aktionsraum des Roboters. Mittels der Reichweite der Roboter kann der Kollisionsbereich in Bezug auf die Eingriffsmöglichkeiten in die Zellen definiert werden. Dabei handelt es sich hier um die Übergänge zwischen den Zellen und der Eingriffsmöglichkeit des Menschen in die Cleaner-Zelle. Zur Bestimmung der Reichweite und des Abstands werden die Glieder mittels Referenzformen angenähert, um die Berechnungen deutlich zu verkürzen.

Um nun den Sicherheitszustand des Roboters in Bezug auf die Systemgrenzen bestimmen zu können, werden der Simulation die aktuellen Positionsdaten der Roboter übergegeben. Die Simulation kann nun ausgeben, in welchen zuvor definierten Bereichen sich die Roboter befinden. Damit auf Basis dieser Ausgabe eine Einschätzung der Sicherheit stattfinden kann, wurden vier verschiedene Sicherheitszustände definiert (vgl. Tabelle 6.2), die die Roboter in Bezug zu den Zellgrenzen und den Aktionsradien der anderen Roboter setzt. Auf Basis der Bewertung der Position kann die Sicherheitsfunktion implementiert werden.

Tabelle 6.2: Definition der Sicherheitszustände

Definition of safety states

Positionsbewertung	Beschreibung
Sicher (grün)	Alle Gelenke finden sich in der Ursprungszelle und Abstände zu Objekten im Aktionsradius des Roboter sind unkritisch
Erhöhte Vorsicht (gelb)	Mindestens ein Glied hat eine Zellengrenze überschritten und der Nachbarroboter befindet sich außerhalb des Radius und/oder der Abstand zu einem Objekt unterschreitet einen Sicherheitsabstand
Starkes Risiko (orange)	Mindestens ein Glied eines Roboters hat eine Zellengrenze überschritten und der Nachbarroboter befindet sich in dessen maximalen Radius
Sehr hohes Risiko (rot)	Der Roboter befindet sich in Kollision mit einem anderen Objekt (Zellenwände, Werkstückträger, etc.); die Distanz zu anderen Objekten ist sehr kritisch, eine Bremsung muss eingeleitet werden, um eine Kollision zu vermeiden.

Während die Roboter in den Zellen in Bewegung sind, werden in regelmäßigen Abständen ihre Positionsdaten in Form von Achskoordinaten an die Sicherheitsfunktion übermittelt. Die Positionsdaten werden an die Simulation übergeben (vgl. Bild 6.9). Die Simulation führt zuerst die Kollisionsdetektion durch. Es wird also ermittelt, ob die durch den Roboter angefahrene Position zu einer Kollision führt. Dies beschreibt den kritischsten Fall, der nicht vorkommen darf. Danach wird ein Abstandscheck durchgeführt. Dieser prüft, ob sich der Roboter in einer sicheren Distanz zu allen nächsten Objekten befindet, er im Bereich des Sicherheitsgrenzwertes oder unterhalb des Bremsgrenzwertes liegt bzw. ob es zu einer Kollision kommt. Bei Unterschreitung der Bremsgrenzwerte muss ein Sicherheitsstopp durchgeführt werden. Nach Durchführung des Abstandschecks wird die Position der Roboter überprüft, um festzustellen, ob sie sich in ihrer eigenen Zelle oder in einem der zuvor definierten Kollisionsbereichen befinden (Bereiche definiert durch Eingriffsmöglichkeiten und Aktionsradien der Roboter). Das Ergebnis des Positionschecks wird dann über die verschiedenen Zellen aggregiert, um bspw. feststellen zu können, ob sich zwei Roboter im selben Kollisionsbereich befinden. Beispiele für verschiedene Konstellationen werden im Anhang Tabelle 10.5 dargestellt. Auf Basis des aggregierten Status kann für einzelne Roboter eine Unterbrechung oder ein Stopp veranlasst werden.

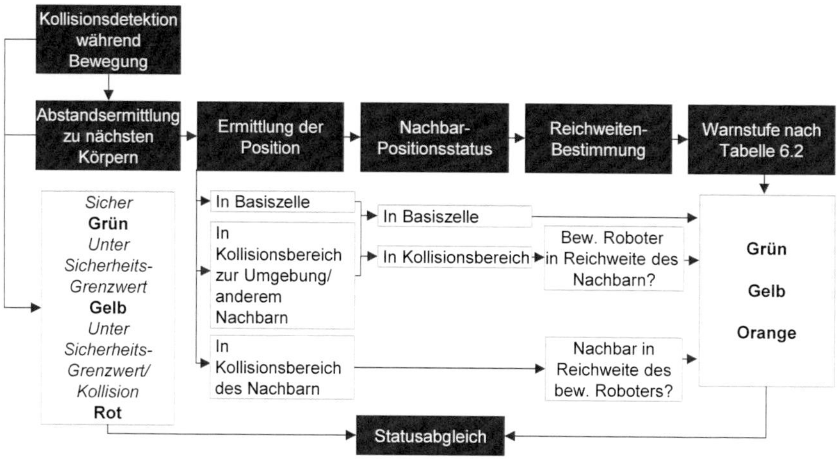

Bild 6.9: Implementierung der Sicherheitslogik mittels Simulation in PyBullet
Implementation of the safety logic by a simulation in PyBullet

Zur Evaluierung der Sicherheitslogik wurden die Faktoren Genauigkeit, Echtzeitfähigkeit und Generalität untersucht. Für die Genauigkeit wurde der reale Aufbau mit dem Modell aus der Simulation verglichen. Die Genauigkeit hängt hierbei maßgeblich von den eingesetzten Messmitteln zur Bestimmung der tatsächlichen Abstände und der Anbringung verschiedener Komponenten innerhalb der Zellen ab. Diese müssen bereits beim Aufbau der Zellen in der Simulationsumgebung mit einfließen, um ein möglichst genaues Abbild der Realität zu liefern. Bei Einbringung neuer Komponenten müssen diese in der Simulation ergänzt werden. Der Toleranzbereich muss sich in einem vergrößerten Bremsgrenzwert widerspiegeln. Die Simulation wurde auf nicht echtzeitfähiger Hardware in einer Windowsumgebung durchgeführt. Trotzdem konnten hier bereits minimale Simulationszeiten von durchschnittlich 0,0148 s (bis sogar 0,0022 s) erreicht werden. Es ist zu erwarten, dass mit entsprechender Hardware eine für die Automatisierungsumgebung angemessene Zykluszeit erreicht werden kann. Um einen sicheren Betrieb gewährleisten zu können, muss die Berechnung deterministisch stattfinden und die benötigte Rechenzeit mit den Bremswegen der Roboter in Verbindung gebracht werden, um die richtigen Kollisionsräume zu definieren. Die Anwendung von Simulationen eignet sich nur für überschaubare Aufbauten. Bei sehr komplexen System können Fehler in der Anordnung in die Simulation übertragen werden und der Rechenaufwand erhöht sich für eine steigende Anzahl von Aktoren. Hier sollten weitere Erkenntnisse zu modularen Simulationen gewonnen werden.

6.2.3 Erkennen von kritischen Zuständen mittels Kamera und Bildverarbeitung

Detection of critical states with camera and image processing

Als weitere Möglichkeit, die Zellgrenzen zu überwachen, wurde die Verwendung einer Kamera und die anschließende Bildverarbeitung untersucht. Die Kamera wurde über der zu überwachenden Zelle angebracht, sodass der Aufbau der Zelle und dessen Eingriffsmöglichkeiten sichtbar und damit Abweichungen vom Soll-Zustand erkennbar waren. Die Hypothese ist, dass durch ein entsprechendes Training auf den Bilddaten, jegliche Art von unbeabsichtigten Verhalten identifiziert werden kann. Zuerst wurden die geplanten/erlaubten und unvorhergesehenen/kritischen Eingriffsszenarien definiert. Dann wurden Bilder der verschiedenen Eingriffsszenarien aufgenommen. Zur Erstellung eines Modells zur Bestimmung des Eingriffsszenarios wurden die Algorithmen aus der Objekterkennung (Viola-Jones Methode, Erkennung des Eingriffsszenarios) und der Klassifikation (hier: Support-Vector Machines (SVM); unbekannte Objekte) kombiniert. Mithilfe von SVM soll erkannt werden, ob ein Normalzustand vorliegt (die Zelle leer ist oder ein Produkt enthalten ist). Mittels Viola-Jones Methode soll der Roboter erkannt werden, da dieser Teil des Prozesses ist. Wurden weder Normalzustand klassifiziert, noch der Roboter erkannt, liegt mit hoher Wahrscheinlichkeit ein ungeplanter, also ggf. sicherheitskritischer Zustand vor.

Die Verwendung von bspw. neuronalen Netzwerken eignet sich nicht, da hierfür auch Bilder mit nicht erlaubten/sicherheitskritischen Zuständen in das Training mit einfließen müssten. Zum einen dürften diese Situationen zur Aufnahme der Fotos nicht erzwungen werden und zum anderen muss der Algorithmus in der Lage sein, mit unerwarteten, also zuvor dem Algorithmus nicht bekannten Zuständen, umzugehen. Bei der Viola-Jones Methode kann eine höhere Bildverarbeitungsrate bei einer geringeren Anzahl von Gleitkommaoperationen erreicht werden und Entscheidungen, die durch den Algorithmus getroffen wurden, nachvollzogen werden [NGUY17].

Die Verwendung der Viola-Jones Methode und der SVM wurde in der Qualitätssicherungszelle durchgeführt. Hier kann der Mensch eingreifen und der Handlingsroboter ein Produkt in der Zelle bereitstellen. Zunächst wurden hierzu verschiedene Eingriffsszenarien definiert (vgl. Tabelle 6.3). Hierbei wurde unterschieden, ob die Zelle leer ist, ein Produkt platziert ist oder der Handlingsroboter mit oder ohne Scheibe in einer Bewegung zum Hinlegen bzw. Abholen des Produkts ist und ein Mensch in die Zelle eingreift. Das Eingreifen des Menschen kann geplant sein, um bspw. eine Stichprobe durchzuführen oder ungeplant, wenn sich der Roboter bspw. gerade im Prozess befindet. Daher muss zunächst erkannt werden, dass sich ein Mensch (z.B. die Hand) in der Zelle befindet. Die Auswertung, ob das Eingreifen zu diesem Zeitpunkt sicherheitskritisch ist oder nicht, erfolgt dann durch Aggregation verschiedener Informationen aus der Prozessteuerung.

Tabelle 6.3: Beschreibung der Eingriffsszenarien

Description of the intervention scenarios

Eingriffsszenario	Kurzbeschreibung	geplant/ungeplant	Normalzustand	Objekt
kein Eingriff	Zelle leer	geplant	Ja	kein Objekt
	Scheibe liegt in der Zelle	geplant	Ja	Scheibe
Handlingsroboter fährt	mit Scheibe in die Zelle	geplant	Nein	Roboter + Scheibe
	mit Scheibe aus der Zelle	geplant	Nein	Roboter + Scheibe
	ohne Scheibe in die Zelle	geplant	Nein	Roboter
	ohne Scheibe aus der Zelle	geplant	Nein	Roboter
Mensch greift mit Hand/Händen in die Zelle	berührt die Scheibe	geplant/ungeplant	Nein	Hand/Hände
	dreht die Scheibe	geplant/ungeplant	Nein	Hand + Scheibe
	entfernt die Scheibe aus der Zelle	geplant/ungeplant	Nein	Hand + Scheibe
	legt die Scheibe in die Zelle	geplant/ungeplant	Nein	Hand + Scheibe
Mensch nimmt Veränderungen in der Zelle vor	Reparaturarbeiten	geplant	Nein	diverse Objekte (z.B. Ersatzteile) (+ Mensch)
	Fremdobjekt (z.B. Werkzeug) gelangt in die Zelle und bleibt dort liegen	ungeplant	Nein	Fremdobjekt (z.B. Werkzeug) (+ Mensch)

Zur Beurteilung, ob es sich um den Normalzustand handelt oder nicht, wurde One Class Support Vector Machine (OC SVM) verwendet. OC SVM sind besonders geeignet, Abweichungen einer Klasse, also Anomalien zu detektieren [BURK19]. Die Berechnung des Modells ist an die Support Vector Machine mit zwei Klassen angelehnt. Die Merkmalsvektoren werden mithilfe eines Kernels in den Merkmalsraum abgebildet. Anstatt den Abstand zwischen den Merkmalsvektoren zweier Klassen zu finden, wird bei der One Class SVM der Abstand der Hyperebene zum Ursprung maximiert (vgl. Bild 6.10).

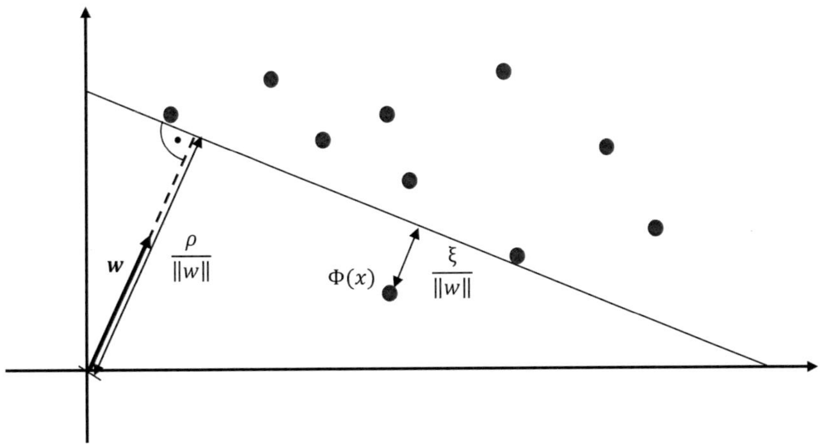

Bild 6.10: One Class Support Vector Machine nach [SCHÖ02]
One Class Support Vector Machines after [SCHÖ02]

Die Gleichung der Hyperebene lautet:

$$\langle \mathbf{\Phi}(\boldsymbol{x}), \boldsymbol{w} \rangle + \rho = 0, \tag{6.5}$$

$\mathbf{\Phi}(\boldsymbol{x})$ = Merkmalsvektor

$\boldsymbol{w}$ = Normalenvektor

ρ = Offset

die zu der Entscheidungsfunktion

$$f_o(x) = sgn(\langle \mathbf{\Phi}(\boldsymbol{x}), \boldsymbol{w} \rangle - \rho) \tag{6.6}$$

führt. Um die Daten vom Ursprung zu separieren, wird das Minimierungsproblem gelöst:

$$min\ \frac{1}{2}\|\boldsymbol{w}\|^2 + \frac{1}{\nu m}\sum_{i=1}^{m} \xi_i - \rho \tag{6.7}$$

unter den Nebenbedingungen

Schlupfvariable $\xi_i \geq 0$ für i = 1, ..., m und (6.8)

$\langle \mathbf{\Phi}(\boldsymbol{x}_i), \boldsymbol{w} \rangle \geq \rho - \xi_i$ für alle i = 1, ..., m. (6.9)

$\nu \in (0, 1]$ gibt an, in welchem Maße die Variablen zum Minimierungsproblem beitragen. Geht ν hier gegen 0, wird das Minimierungsproblem zu einem Hard Margin Minimierungsproblem, da der Gewichtungsterm der Variablen gegen unendlich geht. Das Minimierungsproblem besitzt aber trotzdem noch seine Gültigkeit, da ρ unbeschränkt ist und zu einer großen negativen Zahl werden kann, um Gleichung (6.9) zu erfüllen [SCHÖ02].

Zur Anwendung der OC SVM werden nur Bilder des Normalzustandes verwendet und in Form von Merkmalsvektoren dargestellt (vgl. Bild 6.11). Diese werden mittels Filter (hier: Histogram of Oriented Gradients) aus den Bildern extrahiert. Dazu werden die Bilder vorverarbeitet, sodass das Aussehen von Objekten anhand der lokalen Gradienten der Intensität der Pixel wiedergegeben werden kann. Für den zugrundeliegenden Anwendungsfall wurden mehrere Kernel zur Separierung der Merkmalsvektoren durch Hyperebenen untersucht: lineare Kernel, polynomial Classifier, Radial Basis Function Classifier (RBF), und Sigmoid Kernel. Die besten Ergebnisse wurden mithilfe des RBF Kernels erzielt. Demnach wurde der Normalzustand mit 96,43 % und "kein Normalzustand" mit 98,43 % erkannt.

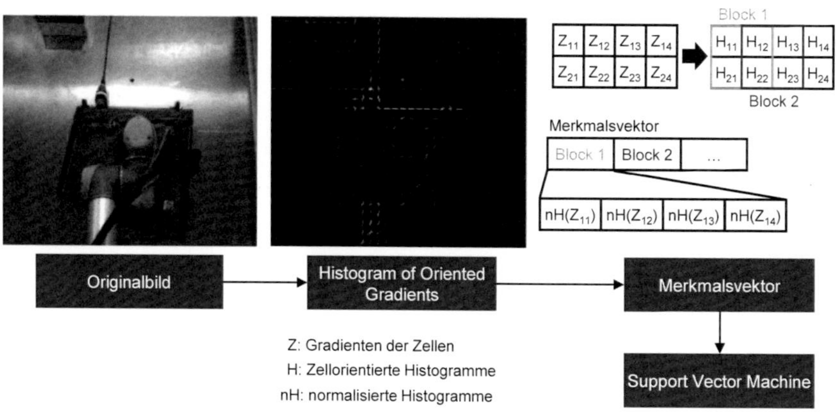

Bild 6.11: Vorgehen mit OC SVM

Approach with OC SVM

Die Viola-Jones Methode wird nun verwendet, um den Roboter als Objekt zu erkennen. Die Viola-Jones Methode wurde zur Erkennung von Gesichtern entwickelt [VIOL01]. Dazu wurde das Integral Image als eine neue Repräsentation von Bildern für eine schnelle Feature Extraktion entwickelt. Außerdem wird der AdaBoost Algorithmus verwendet, der zur Performanceverbesserung entwickelt wurde und wodurch eine Menge an Haar-like Features (durch Haar-Wavelets erzeugte digitale Bildeigenschaften), die aus den Integral Images entnommen werden, auf wenige kritische Features reduziert werden können. Abschließend werden die verschiedenen Bildbereiche durch einen kaskadierten Klassifikator verarbeitet, wodurch letztendlich das Objekt erkannt wird. Eine ausführliche Beschreibung der Methode kann Anhang 10.4 entnommen werden.

Mithilfe der Viola-Jones Methode wurde der Klassifikator trainiert. Hierfür wurden die Bilder mit Objekten (hier UR 5, das Produkt Scheibe und Hand/Hände) und ohne Objekte in zwei Trainingssätze unterteilt. Zum Training zur Erkennung des Roboters werden, bspw. zur Erhöhung des Trainingssatzes, Bilder mit Roboter (vgl. Bild 6.12 a)) skaliert und zugeschnitten mit in den Datensatz mit im Bild vorhandenen Robotern aufgenommen. Im zweiten Datensatz befinden sich möglichst verschiedene Darstellungen der Zelle ohne Roboter (vgl. Bild 6.12 b) und c)).

Bild 6.12: Beispielhafte Trainingsbilder für das Training des Handlingroboters

Exemplary training images for the training of the handling robot

Für das Training der Viola-Jones Methode wurden vorab Parameter festgelegt:

- Anzahl der positiven Trainingsbilder (*numPos*)
- Anzahl der negativen Trainingsbilder (*numNeg*)
- Anzahl der Stufen für den kaskadierten Klassifikator (*numStages*) = 10
- Fensterhöhe der Klassifikatoren (*h*) = 15 Pixel
- Fensterbreite der Klassifikatoren (w) = 20 Pixel
- Minimale Erkennungsrate (*minHitRate*) = 0,995
- Maximale falsch-positiv Rate (*maxFalseAlarmRate*) = 0,500

Mithilfe dieser Informationen wird nun der kaskadierte Klassifikator trainiert, der mehrfach durch Veränderung weiterer Parameter und Veränderung der Anzahl der Trainingsbilder optimiert wurde. Für die Erkennung des Roboters wird lediglich eine Erkennung des Roboterkopfes trainiert, da dieser als Objekt deutlich schneller zu identifizieren ist, als der Roboterarm. In Bild 6.13 wird beispielhaft das Ergebnis der Klassifizierung durch die Viola-Jones Methode für eine richtige Klassifizierung (Roboter ist im Bild und wird als dieser erkannt), eine falsche Klassifizierung (Roboterkopf ist nicht im Bild, der Werkstückträger wurde als Roboterkopf erkannt) und eine richtige Klassifizierung mit falscher Zuordnung (neben dem Roboterkopf werden die Gelenke als Roboterkopf erkannt) dargestellt.

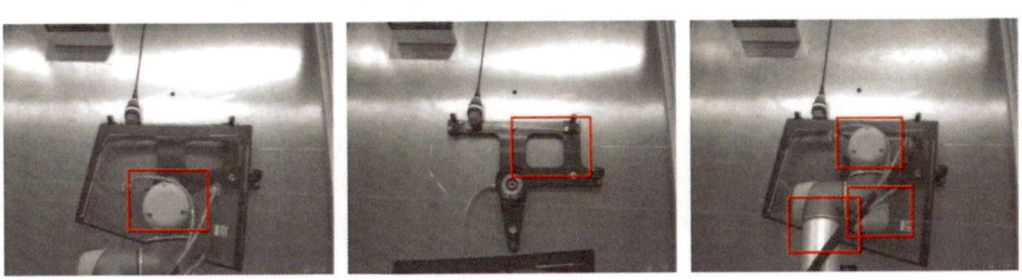

Bild 6.13: Visualisierung der Klassifizierung

Visualization of the Classification

Die Evaluierung des Trainingssatzes erfolgt auf Basis der Erkennungsrate und der falsch-positiv Rate:

$$\text{Erkennungsrate}=\frac{\text{Anzahl der richtig erkannten Objekte}}{\text{Anzahl der zu erkennenden Objekte}} \tag{6.10}$$

$$\text{Falsch-positiv Rate}=\frac{\text{Anzahl der falsch erkannten Objekte}}{\text{Anzahl der erkannten Objekte}} \tag{6.11}$$

Eine Erkennungsrate von 93,52 % und eine falsch-positiv Rate von 58,84 % werden bei der Verwendung von 337 positiven Bildern und 3900 negativen Bildern und einer Stufenanzahl von 5 erreicht. Durch weiteres Training mit größeren Trainingsdatensätzen und Variationen des Verhältnisses zwischen der Anzahl an Positivbildern und der Anzahl an Negativbildern wird keine Verringerung der falsch-positiv Rate bei gleichbleibender Erkennungsrate erreicht. Bei der Betrachtung des Evaluierungssatzes kann festgestellt werden, dass 83,21 % der falsch erkannten Objekte im negativen Datensatz der Werkstückträger ist. 88,71 % der falsch erkannten Objekte im positiven Datensatz sind andere Roboterteile. Durch Visualisierung der Haar-like Features kann erkannt werden, dass die Kontraste der Trainingsbilder je nach trainierten Cascade Classifier variieren und somit zu einer Erhöhung der falsch-positiv Rate beitragen. Bessere Erkennungs- und falsch-positiv Raten können nur durch eine enorme Erhöhung und Diversifizierung der Trainingsdaten erreicht werden.

Die Methodik ist im allgemeinen sehr fehleranfällig. Einfache Lichtreflexionen können bereits zu falschen Klassifizierungen der Situation führen. Die Methodik ist nicht in der Lage, Sicherheitsabstände zu bewerten. Diese Algorithmen sollten daher nach dem aktuellen Forschungsstand lediglich als Ergänzung zu anderen Modellen zur Überwachung der Sicherheit verwendet werden und lediglich zur erweiterten Abschätzung kritischer Vorfälle verwendet werden. So würde es im Zweifel immer zu einem Stillstand kommen. Hier ist jedoch abzuwägen, ob der Algorithmus ggf. zu oft einen Nothalt der Anlage einfordert und somit ein wirtschaftlicher Schaden durch häufigen Stillstand entsteht.

6.2.4 Zwischenfazit

Intermediate conclusion

Systemgrenzen in Produktionsanlagen können sich auf eine einzelne Maschine, wie bspw. einen Roboter beziehen, aber auch einen zusammenhängenden Aufbau, wie eine Zelle oder eine Verkettung von Zellen beschreiben. Zur Beschreibung und Überwachung der Systemgrenzen wurden drei Vorgehensweisen untersucht: die Festlegung der Zellgrenzen mittels Ebenen, die Simulation der Systemgrenzen mittels Physik-Engine *PyBullet* und die Erkennung und Überwachung mittels Kamera. Die Nutzung von Ebenengleichung ist ein schnelles, deterministisches Verfahren, jedoch mit hohem manuellen Aufwand bei Zellen mit mehreren verbauten Komponenten und größeren Aufbauten. Das Einbringen neuer Komponenten in die Zellen ist bezogen auf die Sicherheitsfunktion mit erheblichen Aufwand verbunden. Die Methodik zur Verwendung von Bilderkennungsalgorithmen ist sehr fehleranfällig und geht mit einem enormen Trainingsaufwand einher. Hinzu kommt, dass sicherheitskritische Zustände nicht Teil des Trainings sein können. Bei zu genauen Trainings (Overfitting des Algorithmus) würde es zu häufigen Stillständen kommen.

Die flexibelste und eindeutigste Methodik ist die Simulation der Systemgrenzen. Diese wird zur Evaluierung des Gesamtaufbaus weiterverfolgt. Mithilfe der Simulation ist es möglich, prozessunabhängig eine Einschätzung über den allgemeinen Sicherheitszustand in den Zellen abzugeben. Es muss jedoch sichergestellt werden, dass die Simulationsumgebung immer dem aktuellsten Aufbau der Zelle entspricht und zusätzliche Funktionen den Umgang mit der Einschätzung der Simulation nicht verändern. Damit die Simulation sicher genutzt werden kann, muss diese auf deterministischer Hardware ausgeführt werden und prozessnah eingebunden werden.

6.3 Beschreibung und Ausführung des gewünschten Verhaltens mithilfe von Verträgen

Description and execution of the desired behavior using contracts

Zur Defintion des gewünschten Verhaltens werden alle Lebenszyklusphasen einer Anlage betrachtet und definiert, welche Prozesse und Tätigkeiten die Anlage in diesen Lebenszyklusphasen durchführt (prozessorienterte Struktur [TIET20]). Während des Normalbetriebs entspricht dies dem gewünschten Fertigungsprozess. Im Notbetrieb muss das Verhalten bei Störungen beschrieben werden. Die Checkliste für Gefährdungen nach Maschinenrichtlinie 2006/42/EG [EURO06], Anhang I, kann unterstützen, um bspw. Auswirkungen der Steuerungen und Befehlseinrichtungen zu erkennen. Beispielhaft ist hier der Punkt "Fehler in der Logik dürfen keine gefährlichen Situationen hervorrufen" und "Befehlseinrichtung zum Stillsetzen" zu nennen. Es wurde eine Prüfung aller Risiken hinsichtlich möglicher Gefahren durchgeführt. Im Folgenden werden potenzielle Schadensereignisse (Wirkung) und deren Ursachen beschrieben und anschließend die Risikominimierung anhand der Ableitung der Verträge dargestellt.

Das gewünschte Verhalten kann durch Ursache-Wirkungsdiagramme beschrieben werden. Zur Beschreibung von Steuerungsprozessen eignen sich aber auch Modelle aus dem Bereich der Systemmodellierung, wie bspw. das Zustandsdiagramm aus SysML oder Sequential Behavior Diagram aus IML. Im Notbetrieb muss das Verhalten bei Störungen beschrieben werden. Hierzu eignet sich eine systematische Betrachtung der Zustände von Eingangsvariablen und Ableitung von Maßnahmen, deren Durchführung das System garantieren muss. Da dies aber unabhängig von der Implementierung der eigentlichen Steuerungsfunktion geschieht, eignet sich hier die Verwendung des Contract-based Designs.

D.h., die sonst textuell beschriebenen, sinnvollerweise vorhersehbaren Gefährdungen sollen durch Verträge beschrieben werden. Deren Input sind die Eingangsvariablen des Systems, die Annahmen, die die möglichen Zustände der Eingangsvariablen beschreiben, die Garantie, die beschreibt, was passiert, sobald die Annahmen eintreffen und die Ausgangsvariable, die durch die Garantie gesetzt wird.

Das Vorgehen wird hier beispielhaft vorgestellt und bezieht sich ausschließlich auf verhaltensbezogene Komponenten der Zelle:

Festlegung der Grenzen der Maschine: Der Prozess einer Fertigungszelle (vgl. Cleaner-Zelle Kapitel 3.3) hat folgenden Ablauf: ein Mitarbeiter bestückt die Zelle mit dem Werkstück. Sobald der Näherungssensor dieses Werkstück auf dem Werkstückträger detektiert, wird die Pneumatik zur Fixierung des Bauteils eingeschaltet. Danach nimmt eine Kamera den QR-Code des Werkstücks zur dessen Identifizierung auf. Anschließend beginnt der Roboter auf Basis zum Produkt empfangener Daten den Fertigungsprozess. Nach Beenden des Prozesses löst die Pneumatik die Fixierung des Werkstückes und ein Roboter aus einer anderen Zelle kann das Werkstück aufnehmen und weiter transportieren. Sobald der Näherungssensor das Werkstück nicht mehr detektiert, kann sich die Zelle wieder in ihren Ursprungszustand zurücksetzen. Es existiert eine Schnittstelle zwischen Zelle und Mitarbeiter, sowie zwischen der Fertigungs- und Handlingszelle. Im Folgenden wird der Fokus auf die Schnittstelle zwischen Mensch und Zelle gelegt. Außerdem werden lediglich Gefährdungen adressiert, deren Risiko durch die Einbringung von Steuerungsfunktionen minimiert werden können.

Bestimmung der Gefährdungen: Da der Mensch in die Zelle eingreifen kann, besteht die Gefährdung des Quetschens oder eine Gefährdung durch herabfallende Teile (mechanische Gefährdung) – sofern sich der Roboter während des Eingriffs bewegt oder der Roboter der Handlingszelle das Produkt in die Zelle einlegt; oder wenn die Pneumatik, die das Werkstück im Werkstückträger fixiert, dies zum falschen Zeitpunkt tut. Auch wirtschaftliche Schäden können hierbei entstehen.

Es wird angenommen, dass Roboter und Pneumatik, sowie die Beladung der Zelle durch den Menschen, nicht durch eine andere Konstruktion der Zelle ersetzt werden kann und somit Schutzmaßnahmen durch das Einbringen von Sicherheitseinrichtungen sowie damit verbundene Sicherheitsfunktionen eingerichtet werden müssen. Für die Schnittstelle zwischen Mensch und Zelle muss daher eine nicht trennende Sicherheitseinrichtung, wie bspw. ein Lichtgitter, eingebracht werden, sodass der Mensch Zugriff hat, jedoch der Zugriff zum falschen Zeitpunkt zu einer Prozessunterbrechung führt. Zusätzlich sind Notausschalter installiert, deren Auslösung zu einem Stilllegen der Zelle führt. Der Prozess darf erst nach einer Quittierung und dem Zurücksetzen des Prozesses wieder anlaufen.

Ableitung der Verträge: Aus der beschriebenen Gefährdungslage werden die Verträge extrahiert. Folgende Prozesszustände müssen dabei unterschieden werden:

- Der Roboter muss sofort anhalten, sofern der Prozess durch das Greifen in das Lichtgitter oder durch Drücken des Notausschalters unterbrochen wird.
- Sofern ein Eingreifen durch das Lichtgitter stattgefunden hat, darf der Prozess nach Beendigung des Eingriffes zu Ende geführt werden.

- Sofern sich der Roboter nicht in der Nähe des Produktes befindet, muss die Pneumatik ausgeschaltet werden, damit ein fehlerhaft platziertes Produkt entfernt und nicht unter Spannung gesetzt wird.
- Sofern sich der Roboter in der Nähe des Produktes befindet, muss die Pneumatik angeschaltet bleiben, da sonst aus der Wechselwirkung der Prozesskraft auf das Produkt durch den Roboter Schäden entstehen können.
- Sofern kein Produkt durch den Näherungssensor im Werkstückträger detektiert wird, darf der Prozess nicht starten.
- Der Prozess muss angehalten werden, wenn der Notauskreis aktiviert wurde und darf erst wieder nach Rücksetzung des Prozesses und Quittierung des Fehlers wieder anlaufen.

Der zu formulierende Vertrag C_1 beschreibt die Sicherheit der Cleaner-Zelle. Er beinhaltet die Verträge bezüglich der Sicherheitseinrichtungen C_{11} und die Verträge bezüglich des Prozessverhaltens C_{12}(vgl. Bild 6.14). Diese werden wiederum verfeinert in die Verträge C_{111} (Verhalten der Lichtgitter) und C_{112} (Verhalten des Notauskreises), sowie C_{121} (Verhalten des Roboters) und C_{122} (Verhalten der Pneumatik). Eingänge sind die Eingänge des Lichtgitters, des Notauskreises, sowie der Position des Roboters relativ zum Werkstück. Ausgänge sind Befehle an den Roboter und die Pneumatik.

$$C_1 = C_{11} \otimes C_{12} = (C_{111} \otimes C_{112}) \otimes (C_{121} \otimes C_{122}) \tag{6.12}$$

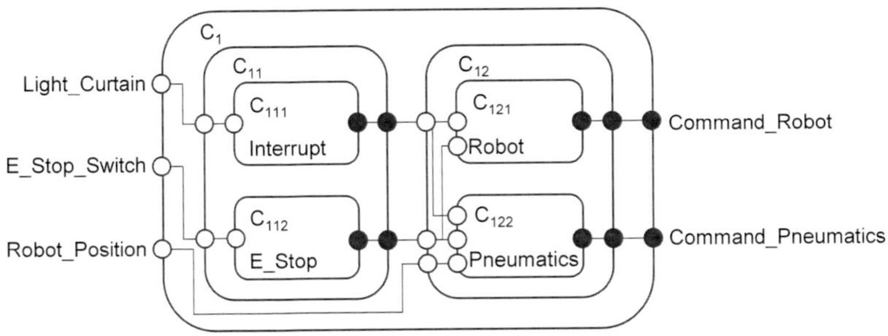

Bild 6.14: Darstellung eines Vertrags bestehend aus mehreren Subverträgen

Illustration of a contract consisting of several subcontracts

Die Formulierung der Verträge erfolgt anhand der zuvor definierten Anforderungen. Zur Erstellung der Verträge werden zuerst die Ein- und Ausgänge festgelegt und dann Annahmen und Garantien beschrieben.

Der Vertrag C_{111} beschreibt die Weitergabe des Zustands der Lichtgitter (vgl. Tabelle 6.4). Der Eingang beschreibt die Information, die der Asset-Treiber des Lichtgitters bereitstellt. Die Garantie überführt die Annahme über die möglichen Zustände des Eingangs zu einem Sicherheitszustand für das System. Durch das Eingreifen in das Lichtgitter soll eine Unterbrechung (Interrupt) – kein Nothalt (E_Stop) – ausgelöst werden.

Tabelle 6.4: Darstellung des Vertrags C_{111}

Representation of the Contract C_{111}

Ports	Eingänge	Zustand Lichtgitter
	Ausgänge	Sicherheitszustand
Annahme	A_{1111}	Lichtgitter unterbrochen
	A_{1112}	Lichtgitter nicht unterbrochen
Garantie	G_{1111}	Wenn A_{1111}, dann Sicherheitszustand (*Interrupt* = *True*)
	G_{1112}	Wenn A_{1112}, dann Sicherheitszustand (*Interrupt* = *False*)

Der Vertrag C_{112} beschreibt die Weitergabe des Zustands des Notauskreises (vgl. Tabelle 6.5). Der Eingang beschreibt die Information, die der Asset-Treiber Notauskreises bereitstellt. Die Garantie überführt die Annahme über die möglichen Zustände des Eingangs zu einem Sicherheitszustand für das System. Durch das Drücken des Notaustasters soll ein Nothalt der Aktorik des Systems ausgelöst werden. Dieser darf erst nach einem Reset wieder aufgehoben werden.

Tabelle 6.5: Darstellung des Vertrags C_{112}

Representation of the Contract C_{112}

Ports	Eingänge	Zustand Notauskreis
	Ausgänge	Sicherheitszustand
Annahme	A_{1121}	Notauskreis unterbrochen
	A_{1122}	Notauskreis zurückgesetzt
	A_{1123}	Notauskreis nicht unterbrochen
Garantie	G_{1121}	Wenn A_{1121}, dann Sicherheitszustand (*E_Stop* = *True*)
	G_{1122}	Wenn A_{1122} und A_{1123}, dann Sicherheitszustand (*E_Stop* = *False*)

Der Vertrag C_{121} beschreibt die Weitergabe des Sicherheitszustands an den Roboter (vgl. Tabelle 6.6). Der Eingang beschreibt die durch die Verträge C_{111} und C_{112} bereitgestellten Informationen zum Sicherheitszustand. Die Garantie überführt die Annahme über die möglichen Zustände des Eingangs zu einem Befehl an den Roboter. So muss der Roboter anhalten und weiterfahren, sofern eine Unterbrechung ausgelöst und wieder rückgängig gemacht wurde; und der Roboter stoppen, sobald ein Nothalt ausgelöst wurde und zu seinem Ursprungszustand zurückkehren, wenn der Nothalt zurückgesetzt wurde.

Tabelle 6.6: Darstellung des Vertrags C_{121}

Representation of the Contract C_{121}

Ports	Eingänge	Sicherheitszustand
	Ausgänge	Befehl_Roboter
Annahme	A_{1211}	Sicherheitszustand (*Interrupt* = *True*)
	A_{1212}	Sicherheitszustand (*Interrupt* = *False*)
	A_{1213}	Sicherheitszustand (*E_Stop* = *True*)
	A_{1214}	Sicherheitszustand (*E_Stop* = *False*)
Garantie	G_{1211}	Wenn A_{1211}, dann Befehl_Roboter (*Interrupt* = *True*)
	G_{1212}	Wenn A_{1212}, dann Befehl_Roboter (*Interrupt* = *False*)
	G_{1213}	Wenn A_{1213}, dann Befehl_Roboter (*E_Stop* = *True*)
	G_{1214}	Wenn A_{1214}, dann Befehl_Roboter (*E_Stop* = *Reset*)

Der Vertrag C_{122} beschreibt die Weitergabe des Sicherheitszustands und der aktuellen Position des Roboters an die Pneumatik (vgl. Tabelle 6.7). Die Eingänge sind die durch die Verträge C_{111} und C_{112} bereitgestellten Informationen zum Sicherheitszustand, sowie die Roboterposition bezogen auf das Produkt. Die Garantie überführt die Annahme über die möglichen Zustände des Eingangs zu einem Befehl an die Pneumatik. So muss die Pneumatik je nach Kombination des Sicherheitszustands und der Position des Roboters öffnen oder schließen. Die Pneumatik darf bspw. nur ausgeschaltet werden, wenn der Roboter nicht im Kontakt mit dem Produkt ist.

Zur Bereitstellung der Verträge in das gegebene System, werden diese in eine JSON-Struktur überführt und die Ein- und Ausgänge mithilfe des OBDM mit konkreten Systeminformationen belegt. Außerdem müssen alle logischen Funktionen in Form von logischen Operatoren beschrieben werden. Das CBD erfüllt wesentliche Anforderungen bezüglich der CPPS, wie bspw. die Anwendbarkeit für modulare Produktionstechnik (A1.9-A1.12), die Einbeziehung heterogener Daten (A1.1), sowie die Fähigkeit der Adaption (A1.5-1.8). Außerdem ist eine Modellierung des Systems und der Umgebung vorgesehen (A2.2-A2.4). Außerdem wird CBD im Bereich des Defensive Programmings eingesetzt und erfüllt neben softwaretechnischen Anforderungen (S2.8-2.10) Anforderungen zur Verknüpfung der Module (S1.10). Der Entwurf von Sicherheitsfunktionen mithilfe des CBDs ermöglicht eine strukturierte, datenbasierte Implementierung der Software. Aktivitäten von sicherheitsbezogener Software und deren Konfiguration müssen nach ISO 13849-1 persistiert werden. Dies wird durch die Formulierung der Verträge erreicht. Außerdem können die Verträge als Komponenten wiederverwendet werden und sind erweiterbar.

Tabelle 6.7: Darstellung des Vertrags C_{122}

Representation of the Contract C_{122}

Ports	Eingänge	Sicherheitszustand
		Roboter_Position
	Ausgänge	Befehl_Pneumatik
Annahme	A_{1221}	Sicherheitszustand (*Interrupt* = *True*)
	A_{1222}	Sicherheitszustand (*Interrupt* = *False*)
	A_{1223}	Sicherheitszustand (*E_Stop* = *True*)
	A_{1224}	Sicherheitszustand (*E_Stop* = *Reset*)
	A_{1225}	Roboter_Position (*Product* = *True*)
	A_{1226}	Roboter_Position (*Product* = *False*)
Garantie	G_{1221}	Wenn (A_{1221} oder A_{1223}) und A_{1225}, dann Befehl_Pneumatik (*Valve* = *Open*)
	G_{1222}	Wenn A_{1222} und A_{1225}, dann Befehl_Roboter (*Valve* = *Open*)
	G_{1223}	Wenn (A_{1221} oder A_{1223}) und A_{1226}, dann Befehl_Pneumatik (*Valve* = *Close*)
	G_{1224}	Wenn (A_{1222} oder A_{1224}) und A_{1226}, dann Befehl_Roboter (*Valve* = *Close*)
	G_{1225}	Wenn A_{1224} und A_{1225}, dann Befehl_Roboter (*Valve* = *Open*)

6.4 Methodik zur Überwachung von Sicherheitsfunktionen

Methods for the supervision of safety functions

Zur Überwachung der Sicherheitsfunktionen werden diese (vgl.Kapitel 6.1.2) um den in Kapitel 5.2.1 vorgestellten OBDM-Service erweitert. D.h., der OBDM-Service wird hier verwendet, um in regelmäßigen Abständen zu prüfen, ob die verwendete Datengrundlage und die eingehende und ausrichtende Kommunikation aktuell ist. Wenn es also zu Anpassungen der Infrastruktur kommt, weitere Teilnehmer mit eingebunden werden müssen oder es Veränderungen in der Kommunikation gibt, ist die Sicherheitsfunktion in der Lage, sich die neuesten Modelle, Kommunikationskanäle oder andere Informationen mittels des OBDM-Services selbst zu beschaffen. Sie kann daher auch mitbekommen, dass es zu Änderungen gekommen ist und aufgrund fehlender Informationen die Sicherheitsfunktion nicht mehr richtig ausgeführt werden kann, also das System in einen sicheren Zustand überführt werden muss.

Modelle, die räumliche Grenzen beschreiben und Verträge, die diese Grenzen in den Kontext zu Eingangs- und Ausgangsvariablen setzen, sind in ihrer aktuellsten Version im OBDM-Service hinterlegt. Hierzu wird die in Kapitel 6.1.1 entwickelte Beschreibung verwendet. Dort sind auch die Datenquellen und Datenströme der sicherheitsrelevanten Hardware hinterlegt, die die Ein- und Ausgangsvariablen beschreiben. Mithilfe des OBDM-Services (vgl. Bild 6.15) liest der *Asset-Treiber Vertrag* die entsprechenden Informationen aus oder baut die entsprechenden Kommunikationskanäle auf (z.B. die Verbindung mit dem MQTT-Broker und Subskription auf die definierten Topics). Die Nutzung des OBDM-Services birgt den Vorteil, dass das Programm immer die aktuellste Daten- und Informationsquelle verwendet.

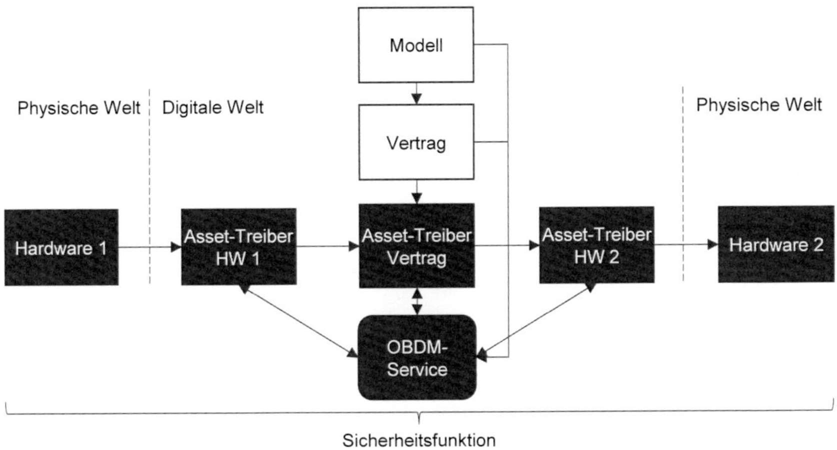

Bild 6.15: Erweiterung der Sicherheitsfunktion um OBDM-Service

Extension of the safety function with the OBDM-Service

6.5 Fazit

Conclusion

Als Grundlage der methodischen Ausgestaltung von Sicherheitsfunktionen in CPPS wurde die Beschreibung der Systemgrenzen ausgearbeitet. Dazu wurde eine Methodik zur Identifikation und Überwachung von Systemgrenzen in Form von Sicherheitsfunktionen vorgestellt. Aus den zugrundeliegenden Sicherheitsnormen wurde eine Beschreibung von Systemkomponenten im Kontext der Systemgrenzen in Form einer Domänenontologie und eine Methodik zur Integration von Sicherheitsfunktionen in CPPS im Allgemeinen entwickelt. Zur Entwicklung von Sicherheitsfunktionen wurde eine Methodik zur Festlegung von Systemgrenzen und deren Überwachung vorgestellt, sowie ein Vorgehen zur Integration von Sicherheitsfunktionen mithilfe von Verträgen dargestellt.

Die textuelle Beschreibung von Systemgrenzen durch ISO 12100 wurde in eine Domänenontologie überführt und in die bereits entwickelte Ontologie der Digital Shadow Orchestration eingebunden. Danach wurde die Beschreibung räumlicher Grenzen mittels Ebenen, Simulation und Bilderkennung untersucht und verglichen. Durch das Annähern an eine räumliche Grenze muss ein bestimmtes Verhalten des Systems induziert werden. Dieses Verhalten wurde durch Verträge beschrieben und in das CPPS integriert. In der Gesamtheit aller Aktoren, Sensoren, anderen Geräten, der Software, der Kommunikationskanäle und der Verträge konnten somit Sicherheitsfunktionen in das CPPS integriert werden.

7 Referenzimplementierung und Evaluierung

Reference implementation and evaluation

Zur Evaluierung der zuvor entwickelten inhärent sicheren Systemarchitektur für CPPS und der dafür beschriebenen Methodik zur Integration von Sicherheitsfunktionen wird eine Referenzimplementierung vorgestellt. Als Grundlage dient das Demonstrationsszenario, das in Kapitel 3.3 vorgestellt wurde. Die Implementierung durch Erweiterung der Infrastruktur und die Implementierung von Sicherheitsfunktionen wird in Kapitel 7.1 beschrieben, um diese anschließend zu evaluieren (vgl. Kapitel 7.2). Abschließend wird ein Fazit zur Implementierung gezogen (vgl. Kapitel 7.3).

7.1 Beschreibung der Referenzimplementierung

Description of reference implementation

Um den in Kapitel 3.3 beschriebenen Aufbau und Prozess umsetzen zu können, wurden alle notwendigen Funktionen zur Steuerung des Prozesses implementiert. Angelehnt an der in Bild 5.1 dargestellten Automatisierungssystemarchitektur ist im Bild 7.1 die Verortung und Konkretisierung der einzelnen Elemente dargestellt. Die einzelnen Komponenten werden dazu im Folgenden erläutert. Da sich die sicherheitstechnische Betrachtung insbesondere auf die Cleaner- und die Handlingszelle beschränkt, liegt der Fokus der Erläuterungen auf diesen beiden Zellen.

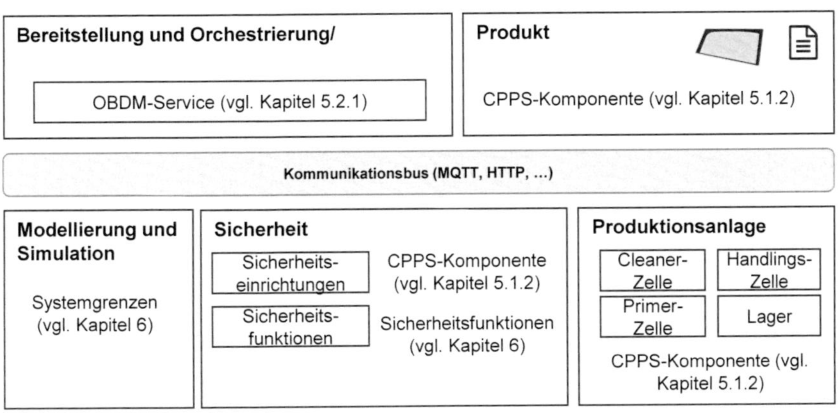

Bild 7.1: Implementierung des Szenarios

Implementation of the scenario

Produkt

Das Produkt wurde nach der in Kapitel 5.1.2 vorgestellten CPPS-Komponente implementiert. Da der Fokus der Arbeiten nicht auf der Ableitung passender Prozesse anhand der Produktbeschreibung lag, wurden für das Produkt nur die notwendigen Informationen, wie Produkt-ID, Scheiben-Typ, die notwendigen Prozessschritte (Storage,

Cleaner, Primer), der aktuelle Prozessschritt und die Trajektorien, sowie Programminstanzen in Form eines JSON-Dokuments beschrieben und mithilfe von SQLite gespeichert und zur Verfügung gestellt (Persistence Layer). Diese Informationen wurden mithilfe von Python-Code zur Ausführung einer produktzentrierten Steuerung (Application Layer) verwendet, wodurch insbesondere Steuerungsbefehle an die Handlingszelle mithilfe von MQTT-Nachrichten geschickt wurden (Communication Layer).

Produktionsanlage

Cleaner-Modul: Im ersten Schritt wurden die Komponenten Pneumatik, Näherungssensor, Kamera und Roboter (KUKA LBR iiwa) cyberphysisch (vgl. Bild 7.2) angebunden. Jede dieser Komponenten verwendet dazu den Digital Shadow Service (digital_shadow_service.py, Core Service Layer) zum Schreiben und Lesen des aktuellen Status der Komponente (JSON-Dokument, Persistence Layer). Die Komponenten verfügen über zwei Schnittstellen (Communication Layer): einen MQTT-Client zur Kommunikation mit der Zellensteuerung, sowie einer komponentenspezifischen Schnittstelle zur Hardware (I^2C zur Anbindung des Näherungssensors und der Pneumatik; Raspberry Pi-spezifische Kameraschnittstelle; TCP/IP zu KUKA Cabinet Sunrise des Roboters). Um Befehle aus der Zellensteuerung oder Messwerte bzw. Statuswechsel der Hardware austauschen zu können, besitzt jede Komponente einen Message Handler, der diese Informationen komponentenspezifisch übersetzt. Diese Message Handler sind in Hochsprachen wie Python und Javascript programmiert. Komponenten, wie z.B. die Kamera, verwenden zusätzlich Algorithmen zur Auswertung der Daten (Application Layer, hier: Auswertung des QR-Codes zur Bestimmung der Produkt-ID).

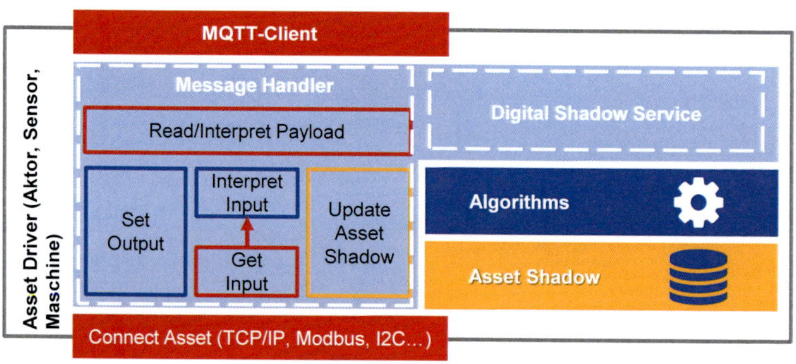

Bild 7.2: Implementierung der cyberphysischen Produktionskomponente angelehnt an Bild 5.2

Implementation of the cyber-physical production component based on Bild 5.2

Die Cleaner-Zelle selbst verwendet zur Ausführung orchestrierender Aufgaben (z.B. Zellensteuerung) ebenfalls die Architektur der CPPS-Komponente. Die Cleaner-Zelle kommuniziert dabei mit übergeordneten Systemen, aber auch mit den einzelnen Komponenten mittels MQTT (Communication Layer). Dafür wird ebenfalls ein Message Handler, der Digital Shadow Service und ein Service zur langfristigen Speicherung der

Daten (Core Service Layer) benötigt. Die Zellensteuerung (Application Layer) verwendet den Digital Shadow Service zur direkten Abwicklung des Prozesses. Dazu werden aktuelle Informationen des Status, der aktuelle Bearbeitungsschritt, die beteiligten Komponenten, der Status jedes Prozessschritts, die Produkt-ID (sofern sich ein Produkt in der Zelle befindet und die Kamera den QR-Code bereits ausgelesen hat) und weitere Informationen (z.B. Fehlermeldungen) bereitgestellt. Zur langfristigen Bereitstellung der Prozessinformationen wurde eine Datenbank integriert (Persistence Layer). Hierfür wurde OrientDB (NoSQL-Datenbank mit Eigenschaften von Graphdatenbanken) ausgewählt, um die Einbindung unterschiedlicher Datenquellen im OBDM-Service testen zu können. Die Datenbank (vgl. Bild 7.3) verwendet zwei Superklassen (Vertex: Component und Product). Datenpunkte können dynamisch mithilfe von sogenannten Edges Vertexes zugeordnet werden.

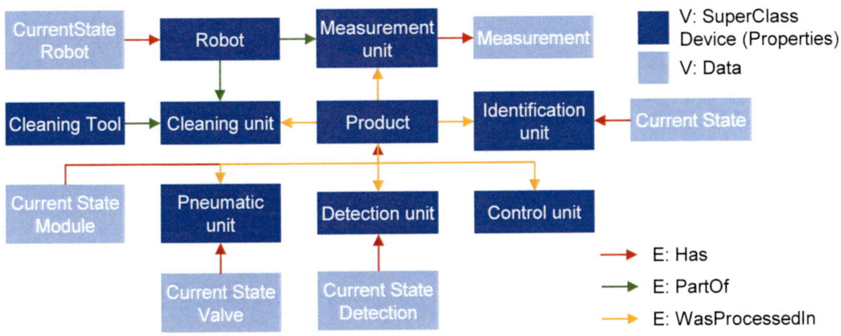

Bild 7.3: Vereinfachtes Datenmodell der Cleaner-Zelle in OrientDB

Simplified data model of the cleaner cell in OrientDB

Handlings-Zelle: Die Handlings-Zelle besteht lediglich aus einem Roboter, der die Pneumatik zur Fixierung des Produktes am Greifer direkt aus der Robotersteuerung adressieren kann. D.h., der Roboter wurde als CPPS-Komponente integriert; es ist jedoch keine übergeordnete Zellen-Komponente notwendig. Die Komponente verwendet MQTT zur Kommunikation mit der Produktsteuerung und TCP/IP zur Übermittlung der Zelle, die der Roboter anfahren soll, an die Robotersteuerung sowie Modbus zum Zurückgeben interner Steuerungsdaten an die Komponente (Communication Layer). Auch hier werden ein Message Handler und Digital Shadow Service zum direkten Austausch der notwendigen Informationen zwischen Produktsteuerung und Hardware verwendet (Core Service Layer). Dabei wurde von der Produktsteuerung mitgeteilt, welcher Zelle das Produkt entnommen werden soll und welcher Zelle das Produkt zugeführt werden soll. Zur langfristigen Speicherung der Prozessinformationen wurde hier eine SQL-Datenbank (MySQL) verwendet, um die Prozessinformationen (ID; Start- und Endzeitpunkt, Informationen zum Handlingstart- und Endpunkt), sowie generelle Informationen über den Roboter abzulegen.

Kommunikationsbus

Um die Informationen zwischen den verschiedenen CPPS-Komponenten auszutauschen, wird ein ethernetbasierter Kommunikationsbus verwendet (vgl. Bild 7.4). Der softwaretechnische Teil der CPPS-Komponenten wird auf verschiedenen Controllern bzw. Servern ausgeführt, der wiederum direkt mit der Hardware über deren spezifische Schnittstelle verbunden ist. Zur Kommunikation von Informationen für Steuerungsprozesse wird MQTT verwendet, da hier der Fokus auf eventbasierten Steuerungsprozessen liegt und sich MQTT durch den Publish/Subscribe-Mechanismus dafür eignet. Es werden jedoch auch andere Protokolle bei Anwendungen bezüglich der Datenbanken verwendet.

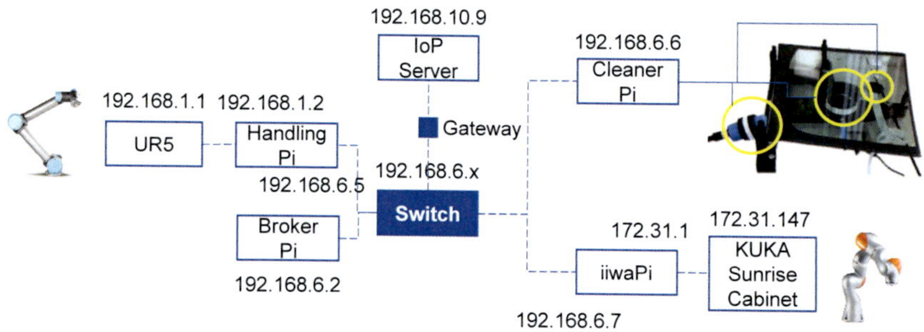

Bild 7.4: Netzwerkinfrastruktur der Handlings- und Cleaner-Zelle, sowie des Servers zur Datenorchestrierung

Network infrastructure of the handling and cleaner cell, as well as the server for data orchestration

Modellierung und Simulation

Zum Aufbau der Zellenautomatisierung wurden die Zellen mithilfe von CAD modelliert. Diese Modelle wurden später für die Simulation der räumlichen Systemgrenzen wiederverwendet. Die Simulation wird unter "Sicherheit" geführt. Modelle des Prozessablaufes sind indirekt durch die Beschreibungen der Datentemplates des Digital Shadow Service und der Software innerhalb der CPPS-Komponenten integriert.

Bereitstellung und Orchestrierung

Der in Kapitel 5.2.1 vorgestellte OBDM-Service wurde als zentrale Komponente der Bereitstellung und Orchestrierung implementiert. Die Ontologie ist die zentrale Datenquelle. Die zuvor definierten Domänenontologien (IEC 62264_2, DataSource, FactDAG, Device) wurden zusammen mit der in Kapitel 6.1.1 definierten Domänenontologie *SystemLimit* zu einer Ontologie in einem Dokument zusammengeführt (*obdm.owl*). Bekannte Informationen, wie die Zellen Cleaner, Handling und Primer, wurden der Klasse *iec62264-2:Work_Cell* zugeordnet, die Sensoren und Aktoren der Klasse *obdm:Device*. Die Datenquellen wurden entsprechend *datasource:Database/Dataser-*

ver/Datastream zugeordnet und die Systemgrenzen mithilfe von *system_limit:System_limit* beschrieben. ObjectProperies wurden genutzt, um die Individuen der Klassen zu verbinden (Bsp: *obdm:ICECAT iec62264-2:hasWorkCell obdm:Cleaner*).

In die Suchleiste der Website können alle Begriffe eingeben werden, die in der Ontologie enthalten sind. Das können Klassen, Individuen, ObjectProperties und DataProperties sein. Dabei muss die Schreibweise, auch Groß- und Kleinschreibung, mit der in der Ontologie (vgl. Kapitel 5.2.1) übereinstimmen. Die Struktur der angebundenen Datenquellen wurde in der Ontologie angegeben; allerdings nicht die durch die Datenquellen bereitgestellten Datenpunkte. Zur Bereitstellung des Service wurde Flask (leichtgewichtiges Webframework Python) verwendet (vgl. User Interface *GUI.py* in Bild 7.5). Bei jeder Suchanfrage durch den Nutzer wird die Suchanfrage in JSON-Format überführt und an *db_owl.py* übergeben.

Der Algorithmus zur Suche in der Ontology ist so allgemein wie möglich formuliert. Zum Auslesen der Ontologie wird *rdflib*, eine Python-Bibliothek zum Arbeiten mit der RDF-Notation, verwendet. Der Suchalgorithmus setzt sich aus vielen kleineren Suchfunktionen zusammen, die auch auf andere Ontologien anwendbar sind, da Standardbegriffe aus RDF und OWL verwendet werden. Es handelt sich dabei um einzelne SPARQL-Anfragen, die darauf abzielen, alle Zusammenhänge der Eingabe zu anderen Einträgen zu finden. Dadurch sind die Funktionen *getType*(input), *getSubClasses*(input), *getSuperClasses*(input), *getObjectProperties*(input), *getRange*(input), *getDomain*(input), *getDataProperties*(input), *getInstances*(input) und *getObjectPropertyConnections*(input), gebündelt in *findInformation*(input), übertragbar. Allerdings wurden feststehende Begriffe definiert, um die Abfragen der Datenbanken zu erleichtern: Collection, Field, Datasource, Database. Dadurch ist der Algorithmus nicht ohne Anpassungen auf andere Ontologien anwendbar.

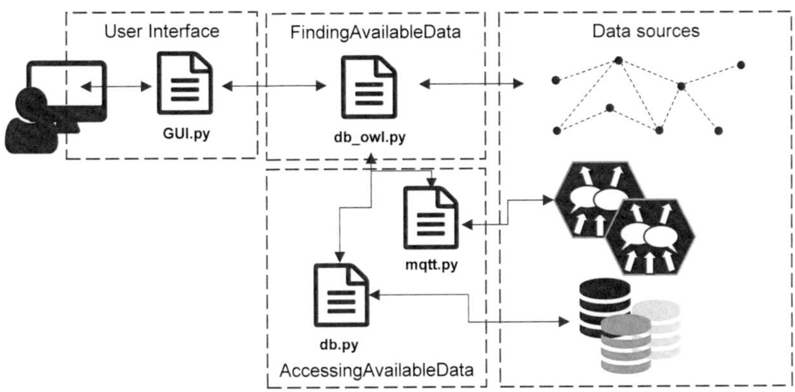

Bild 7.5: Implementierung des OBDM-Service
Implementation of the OBDM-Service

Sollen nun die Datenquellen eingebunden werden, muss für jeden Typ Datenquelle eine eigene Schnittstelle geschrieben werden. Informationen zu den Datenquellen müssen in die Ontologie eingetragen werden, damit diese auch dynamisch gefunden werden können. Hier wurden exemplarisch eine OrientDB für die Cleaner-Zelle, eine MySQL-Datenbank für die Handling-Zelle und eine MongoDB mit Informationen zu Systemgrenzen eingebunden. Bei der Eingabe der Struktur wird die beschriebene Vereinfachung der Datenstruktur verwendet. Es müssen die ObjectProperties „hasCollection" und „hasField", sowie die Klassen „Collection" und „Field" genutzt werden. Falls diese Bezeichnungen nicht mit denen der Datenbankstruktur übereinstimmen, können neue Klassen erstellt werden, die mit der äquivalenten "Collection" oder "Field" gleichgesetzt werden müssen. Bei der Auswertung der Informationen aus der Ontologie wird die Datenquelle ausgelesen und auf Basis dessen die passende Funktion ausgeführt (z.B. *findInOrientDB*(input), *findInMongoDB*(input), *findInMySQL*(input)). Hierbei handelt es sich um direkte Abfragen der Datenquellen, die sich die Informationen aus der Ontologie zu Nutze macht. Die Ausgabe ist auf den neuesten Datenpunkt beschränkt.

7.1.1 Erweiterung der bestehenden Infrastruktur (Redundanz)

Extension of existing infrastructure (redundancy)

Zur Erweiterung der bestehenden Infrastruktur zur Integration von Sicherheitsfunktionen wurde das Signal des bereits vorhandenen Notauskreises im Demonstrator parallel abgegriffen und sich auf die Cleaner-Zelle konzentriert, da selbst bei einem Fehler der Sicherheitsfunktion der Hauptaktor – der Roboter KUKA LBR iiwa – zu keinen Verletzungen oder Schäden am Equipment geführt hätte. Für die allgemeine Sicherheitsbetrachtung wurde der Roboter jedoch nicht wie ein kollaborativer Roboter, sondern wie ein nicht-kollaborativer Roboter betrachtet, um entsprechend benötigte Sicherheitsfunktionen in einem klassischen Automatisierungsumfeld beurteilen zu können. Außerdem wurde eine zusätzliche Schnittstelle zwischen Mensch und Cleaner-Zelle geschaffen (vgl. Bild 3.4), wodurch der Mensch bspw. das Produkt in die Zelle selbst einlegen oder entnehmen kann. Da der Mensch jedoch nur in die Zelle eingreifen darf, wenn dort kein Prozess läuft, da es sonst zu einer Gefährdung kommen kann, wurden Lichtgitter angebracht.

Der Notauskreis, sowie das Lichtgitter wurden jeweils in Form der CPPS-Komponente integriert. Diese beschreiben jeweils das Eingangssignal der Sicherheitsfunktion. Die detaillierte Beschreibung der technischen Anbindung ist in Anhang 10.3 zu finden. Wie in Kapitel 5.2.3 dargestellt, werden bei Verwendung von Kategorie 3 basierend auf $PL_r = d$ zwei redundante Sicherheitsfunktionen inklusive Kreuzvergleich und Überwachung der Ausgänge benötigt. Um die Zuverlässigkeit der Kommunikation zu verbessern und der Kategorie 3 gerecht zu werden, wurde das Prinzip der parallelen Redundanz (vgl. PRP Kapitel 5.2.3) verwendet. Für die Implementierung von PRP wurden die beiden Steuerungskanäle in zwei verschiedene Subnetze aufgeteilt (vgl. Bild 7.6). Die IP-Adressen der Subnetze liegen in den Bereichen 192.168.6.x und 192.168.7.x. Die OSSD-Signale (Output Signal Switching Device) der Lichtgitter und der Notausschalter werden von einem Revolution Pi (IP-Adresse: 192.168.6.20) bzw. einem Raspberry Pi (IP-Adresse: 192.168.7.20) über die oben vorgestellten E/A-Module gesendet und gelesen. Das Schalten des OSSD-Signals der Lichtgitter oder der Notausschalter löst sowohl beim Revolution Pi als auch beim Raspberry Pi das Senden einer Steuerungsnachricht über MQTT aus.

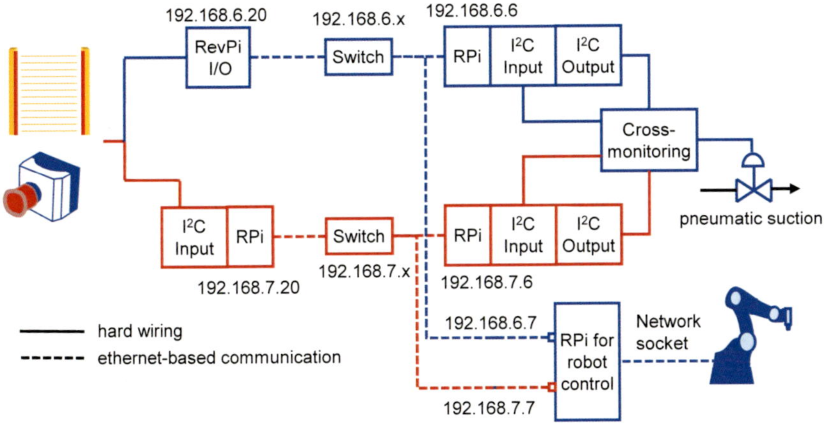

Bild 7.6: Netzwerkinfrastruktur mit unabhängiger Redundanz in der Cleaner-Zelle
Network infrastructure with independent redundancy in the cleaner cell

Für eine durchgehende Redundanz bis zur Hardware wurden – sofern möglich – ebenfalls redundante Controller eingesetzt (CleanerPiRed und SafetyPiRed). So wurden die redundanten, sicherheitsrelevanten Signale des Notauskreises und der Lichtgitter direkt auf den Controller SafetyPi und SafetyPiRed verarbeitet und insbesondere das Ausgangssignal der Sicherheitsfunktion für die Pneumatik ebenfalls durch zwei Controller (CleanerPi und ClearnerPiRed) bereitgestellt. Dadurch wird das Risiko eines Ausfalls aufgrund eines Defekts des für den Empfang der OSSD-Signale verwendeten Geräts verringert. Der Kreuzvergleich der Signale wird hier durch die Nutzung eines Relais zwischen den Controllern, die softwareseitig das redundante Signal erzeugen, hardwareseitig durchgeführt. Die softwareseitige Überprüfung des Relais ist ebenfalls in regelmäßigen Abständen möglich.

Für die Steuerung des Roboters sind solche unabhängigen Implementierungen von zwei getrennten Ausgangssignalen nicht möglich, da der Roboter nur mit einem Steuergerät verbunden werden kann. Daher ist der Raspberry Pi, der zum Senden von Befehlen an den Roboter verwendet wird, so konfiguriert, dass er zwei Anschlüsse hat, wie ein typischer PRP-Knoten mit doppelter Verbindung. Die Funktion, einen der beiden gleichen Frames zu verwerfen, ist jedoch nicht notwendig, da es für die Aktion des Roboters keinen Unterschied macht, ob er einen oder zwei Befehle erhält, solange diese beiden Befehle gleich sind.

Der Abstand zwischen dem Menschen und den gefährlichen Komponenten des Moduls (dem Roboter) beträgt etwa 50 cm. Daher ist die längste Reaktionszeit der Komponenten auf ein sicherheitsrelevantes Signal auf 0,6 Sekunden ausgelegt. Der Kreuzvergleich ist jeweils entsprechend ausgelegt. Wenn die Unterbrechung weniger als

1 Sekunde dauert, wird der Befehl zum Fortfahren eine Sekunde nach Empfang des Unterbrechungssignals in jedem Kanal gesendet. Eine Unterbrechung dauert also mindestens eine Sekunde. Die Fehlererkennung erfolgt 0,6 Sekunden nach dem Wiederempfang des Unterbrechungssignals. Bezogen auf die Pneumatik haben die I2C-Ausgangsmodule genügend Zeit, um auf den Sicherheitsbefehl zu reagieren und ihren Ausgang zu ändern und es wird sichergestellt, dass sich die Cleaner-Zelle zum Zeitpunkt der Erkennung noch im unterbrochenen Zustand befindet. Da aufgrund des aktuellen Aufbaus und der Verwendung offener Kommunikationsprotokolle keine Echtzeitfähigkeit gewährleistet ist, wurden 0,6 Sekunden entsprechend der Differenz der Ankunftszeit der beiden redundanten Steuermeldungen aufgrund ihrer Übertragungszeit im Netz festgelegt, die in den meisten Fällen kürzer als dieser Wert ist. Eine Übertragungsverzögerung von unter 0,6 Sekunden wird daher nicht als Fehler bewertet. Bei einem Fehler werden die Pneumatik und der Roboter ausgeschaltet.

Bei der Fehlererkennung kann zusätzlich auch festgestellt werden, in welchem Kanal der Fehler auftritt. Wenn das obere I2C-Eingangsmodul der Pneumatik bei einer Störung festgestellt hat, dass das Eingangssignal hoch ist, deutet dies darauf hin, dass eine Störung im anderen Kanal vorliegt. Wenn das untere Eingangsmodul beim Auftreten des Fehlers ein hohes Eingangssignal festgestellt hat, deutet dies darauf hin, dass der Fehler im anderen Kanal liegt. Wenn nur über ein Netzwerk eine sicherheitsrelevante Nachricht beim Roboter ankommt, ist klar, dass der Fehler im anderen Netzwerk liegt.

7.1.2 Evaluierung der Erweiterung der Referenzinfrastruktur

Evaluation of the extension of the reference infrastructure

Zur Evaluierung der Referenzarchitektur wird die Architektur selbst und die Möglichkeiten der Fehlerdetektion betrachtet, sowie eine qualitative Analyse durchgeführt. Um zu beurteilen, wie gut die Fehlererkennungsfunktion funktioniert, wurden absichtlich Fehler in die Architektur initiiert um die Reaktion der Architektur und der Fehlerdetektionsfunktionen zu beobachten. Es wurden fünf Stellen identifiziert, an denen Fehler induziert wurden (vgl. Bild 7.7).

Um zu testen, ob die Fehler am Relais erkannt werden, wurde die Verbindung zwischen dem I2C-Ausgang und des Sicherheitsrelais vor dem Start des Cleaner-Prozesses absichtlich unterbrochen (1), so dass das Relais seine Aktion nicht ausführt, wenn dies erforderlich ist. Infolgedessen wurde der Prozess vor dem Schritt des Einschaltens der Pneumatik gestoppt, da der Fehler des Relais bei der Relaisprüfung, die vor dem Einschalten der Pneumatik durchgeführt wird, erkannt wurde. Es wurde automatisch eine Diagnosemeldung gesendet.

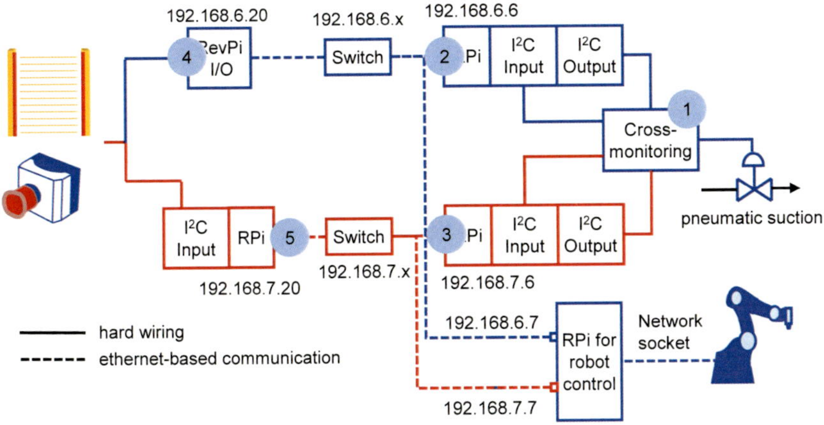

Bild 7.7: Darstellung der Fehlerstellen

Illustration of the error locations

Um die Erkennung von Fehlern in anderen Geräten zu testen, wurden die Controller des oberen Netzwerks (2 + 4) absichtlich nacheinander ausgeschaltet. Das ausgeschaltete Gerät kann keine MQTT-Nachrichten empfangen oder senden und beeinflusst daher den Kanal, in dem es sich befindet. Der Prozess wurde jeweils unterbrochen und ein Diagnosesignal bei Wiederanlauf des Prozesses verschickt. Ebenso wurde mit den Controllern des unteren Netzwerkes (3 + 5) verfahren. Daraus lässt sich schließen, dass die Sicherheitsfunktionen, Fehler in der Kommunikationsstruktur erkennen und auf diese Fehler angemessen reagieren. Wenn der Raspberry Pi, der den Roboter steuert, ausgeschaltet ist, kann der Roboter jedoch nicht ordnungsgemäß angehalten werden. Es muss also zwingend ein Nothalt beim Abbruch der Kommunikation ausgeführt werden oder die Informationen aus der Kommunikationsstruktur in den verdrahteten Notauskreis integriert werden.

Zur qualitativen Analyse der vorgestellten Architektur, werden die sicherheitsbezogenen Teile der Architektur in Blockdiagramme überführt (vgl. Bild 7.8). Die Lichtgitter können als ein Teilsystem betrachtet werden, dessen Sicherheitsparameter, wie in der Produktdokumentation dokumentiert, in Tabelle 7.1, aufgeführt sind. Daraus ergibt sich rechnerisch eine $MTTF_D$ von etwa 20.000 Jahren [INTE15]:

Tabelle 7.1: Sicherheitsbezogene Parameter des Lichtgitters

Safety-related parameters of the light curtain

PL	Kategorie	PFH	SIL
e	4	5.14 x 10^{-9} / h	3

Für den Notausschalter kann gemäß ISO 13849-1 [INTE15] ein $B10_d$-Wert (die mittlere Anzahl von Zyklen, bis 10 % der Komponenten gefährlich ausfallen) von 100.000 Zyklen angenommen werden.

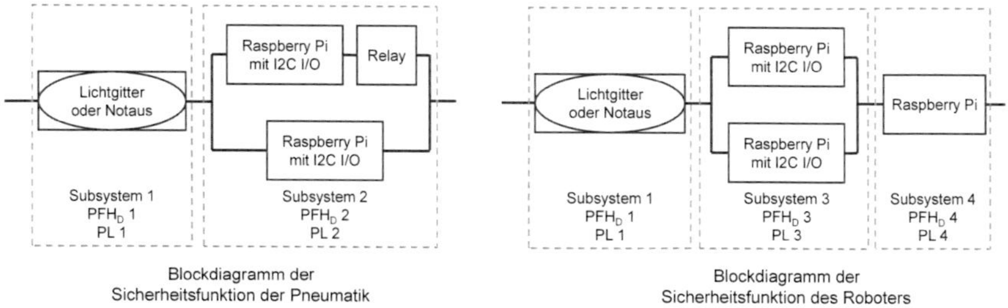

Bild 7.8: Darstellung der Architektur in Blockdiagrammen zur qualitativen Analyse

Illustration of the architecture in block diagrams for qualitative analysis

Für die Steuerung der Pneumatik, d. h. das Teilsystem 2, wurden für den logischen Teil der Sicherheitsfunktion zwei parallel ausgeführte Controller (Raspberry Pi und Relais; Raspberry Pi) in Reihe zum Revolution Pi (Teilsystem 1) angeordnet. Da sich die beiden parallelen Kanäle gegenseitig überwachen und jeder Fehler dieser Geräte erkannt werden muss und zu einem sicheren Zustand führt, wird die Steuerungsfunktion in jedem Kanal als Kreuzüberwachung ohne dynamische Prüfung betrachtet. Der DC wird als "mittel" – also 90 % abgeschätzt.

Für die Steuerung des Roboters sind der Logik- und der Ausgangsteil der Sicherheitsfunktion zwei Kanäle mit parallel geschalteten Raspberry Pi (Teilsystem 3), die dann mit einem Raspberry Pi, der den Roboter steuert (Teilsystem 4), in Reihe geschaltet sind. Der parallele Teil kann als ein Teilsystem mit Überwachung betrachtet werden, bei dem jeder Fehler in seinen Komponenten erkannt wird. Auch hier wird der DC des parallelen Teils als "mittel" bzw. 90 % abgeschätzt. Und der Raspberry Pi, der den Roboter steuert, hat keinen DC, d. h. weniger als 60 %, da keine Überwachung oder Selbsttests implementiert sind.

Aufgrund der Verwendung der Raspberry Pis, die keinen Industriestandard entsprechen, stehen weder die $MTTF_D$ noch die PFH_D des Logik- und Ausgangsteils der sicherheitsbezogenen Steuerung der Pneumatik und des Roboters zur Verfügung, die für die Berechnung des PL des SRP/CS erforderlich sind. Die Ausfallwahrscheinlichkeit kann als verhältnismäßig hoch angenommen werden. Durch den Einsatz von Redundanz wird die $MTTF_D$ wie folgt abgeschätzt, wobei angenommen wird, dass beide Kanäle über ungefähr denselben $MTTF_D$ verfügen:

$$for\ MTTF_{D,ch1} = MTTF_{D,ch2}: \tag{7.1}$$

$$MTTF_{D,parallel} = \frac{2}{3}\left[MTTF_{D,ch1} + MTTF_{D,ch2} - \frac{1}{\frac{1}{MTTF_{D,ch1}} + \frac{1}{MTTF_{D,ch2}}}\right]$$

$$= MTTF_{D,ch1} = MTTF_{D,ch2}$$

$MTTF_{D,paralell}$ = $MTTF_D$ of the system with two channels in parallel

$MTTF_{D,ch1}$, $MTTF_{D,ch2}$ = $MTTF_D$ of an individual channel

Es wird daher keine Erhöhung des $MTTF_D$ durch die redundante Anordnung erzeugt. Andererseits ermöglicht die Verwendung von Redundanz, dass das Teilsystem der Kategorie 3 entspricht, und die auf der Redundanz basierende Überwachung ermöglicht, dass das Teilsystem einen höheren DC erreicht. Infolgedessen werden die PL der Teilsysteme 2 und 3 erhöht, und der DC_{avg} des gesamten SRP/CS gemäß Formel (7.1) erhöht. Der DC_{avg} der Sicherheitsfunktion für den Roboter wird beschrieben durch:

$$DC_{avg} = \frac{\frac{DC_1}{MTTF_{D1}} + \frac{DC_3}{MTTF_{D3}} + \frac{DC_4}{MTTF_{D4}}}{\frac{1}{MTTF_{D1}} + \frac{1}{MTTF_{D3}} + \frac{1}{MTTF_{D4}}} \tag{7.2}$$

DC_{avg} = durchschnittlicher DC des Systems

DC_1, DC_3, DC_4 = DC des Subsystems 1, 3 und 4

$MTTF_{D1}$, $MTTF_{D3}$, $MTTF_{D4}$ = $MTTF_D$ des Subsystems 1, 3 und 4

Wenn sich DC_3 erhöht, während die anderen Parameter gleich bleiben, erhöht sich der resultierende DC_{avg}.

Das Teilsystem 4 in Bild 7.8, d. h. der Raspberry Pi, der den Roboter steuert, ist die Schwachstelle der Sicherheitsfunktion des Systems. Der Diagnosedeckungsgrad wird als "nicht vorhanden" – also < 60 % – abgeschätzt. In dieser Ausführung kann daher maximal ein PL von c erreicht werden. Für eine weitere Erhöhung müsste hier entweder ein anderes Steuergerät mit integrierter Redundanz oder $MTTF_D$ im Bereich von mind. 30 bis 100 Jahren oder ein weiteres Signal, das bspw. über ein direkte Verdrahtung mit dem Roboter verbunden wird, zur Erzeugung eines höheren DC verwendet werden. Im Vergleich dazu ist es mit den Teilsystemen mit Redundanz aufgrund des höheren DC und der Entsprechung zu Kategorie 3 (Teilsystem 2 und 3) möglich, PL d unter der gleichen $MTTF_D$ zu erreichen. Für den Raspberry Pi, der den Roboter steuert, kann bei einer niedrigeren $MTTF_D$ nur ein PL von a oder b erreicht werden. Da der PL der Sicherheitsfunktion nicht höher sein kann, als der niedrigste PL der Teilsysteme, wird der PL der Sicherheitsfunktion des Roboters durch Teilsystem 4 begrenzt. Daher muss dieses Teilsystem zur Erhöhung des PL, z.B. durch die Verwendung zuverlässigerer Geräte oder die Verbesserung der Architektur, durch Einbringung einer Redundanz hin zur Robotersteuerung oder durch weitere roboterseitige Sicherheitsfunktionen, angepasst werden.

7.1.3 Implementierung der Sicherheitsfunktionen

Implementation of the safety functions

Überwachung der räumlichen Grenzen

Zur Überwachung der räumlichen Grenzen wurde die in Kapitel 6.2 beschriebene Sicherheitslogik in die Systemumgebung implementiert. Die Sicherheitsfunktion (vgl. Bild 7.9) besteht aus den Robotern KUKA LBR iiwa, UR 5 und KUKA Agilus fivve, der Sicherheitslogik und den Aktoren, die alle Assets einschließen, die auf Basis der Ausgabe der Sicherheitslogik reagieren müssen. In diesem Zusammenhang agieren die Roboter als Sensoren, deren Positionsdaten als Eingangsgrößen in die Sicherheitsfunktion einfließen.

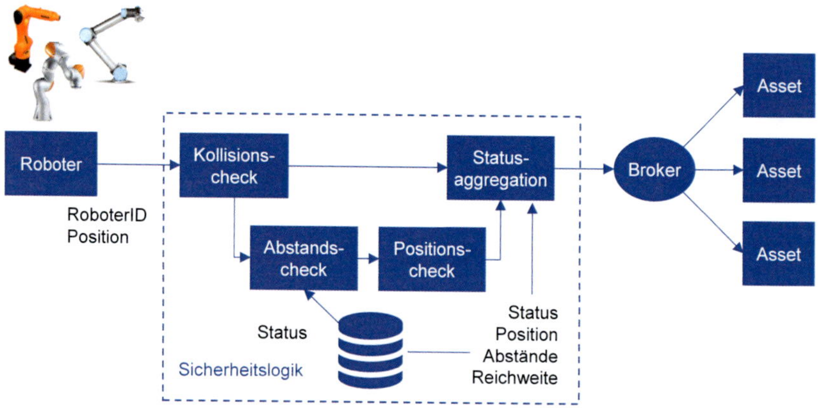

Bild 7.9: Sicherheitsfunktion zur Überwachung der räumlichen Grenzen

Safety functions for the supervision of the spatial limits

Durch die Vorgabe der Gelenkkoordinaten der realen Roboter erfolgt die simulierte Bewegung der Achsen bis zu den vorgegebenen Winkelstellungen. Während der Bewegung des Roboters werden möglicherweise auftretende Kollisionen detektiert. Wenn eine Kollision verzeichnet wird, wird die Bewegung des simulierten Roboters gestoppt und die Statusaggregation eingeleitet, um schnell einen Status ausgeben zu können und damit den realen Roboter anzuhalten. Wenn keine Kollision detektiert wird, wird der Roboter bewegt, bis die Zielposition, die von dem realen Roboter vorgegeben wird, erreicht wird. Danach wird ein Abstands- und Positionscheck durchgeführt.

Der Abstandscheck überprüft, ob die Distanz des Roboters zu den nächsten Objekten ausreichend, also sicher, ist oder ob sich der Roboter zu nah an Objekten befindet, also unterhalb des Sicherheitsgrenzwertes oder des Bremsgrenzwertes liegt. Damit der Algorithmus nicht alle Objekte der Produktionszelle überprüft, mit denen die Roboter überhaupt keine Kollision fahren können, werden für jeden Roboter die Link-IDs der Produktionszelle in einer Liste zusammengefasst, mit denen die Roboter in Berührung kommen können. Dadurch kann die Rechenzeit für die beiden Algorithmen stark reduziert werden. Zusätzlich wird eine Überprüfung des Abstands bzw. der Kollision zwischen dem bewegten Roboter und den Nachbarrobotern durchgeführt. Wenn bei der Abstandsdetektion der Sicherheitsgrenzwert oder der Bremsgrenzwert unterschritten wird, wird der entsprechende Status ausgegeben. Zusätzlich werden die betroffenen Objekte ausgegeben, um dem Operator einen Überblick über die Abstandssituation zu geben. Sofern die Distanz als sicher eingestuft wurde, wird der Positionscheck durchgeführt.

Beim Positionscheck wird überprüft, ob sich der Roboter innerhalb seiner Zelle befindet oder eine der Eingriffsmöglichkeiten überschritten hat. Dies ist bspw. beim Handlingsprozessschritt notwendig, damit eine Scheibe in eine Zelle eingelegt werden kann. Dies wird anhand der Roboterkoordinaten durchgeführt und ausgegeben, ob und in welchen Kollisionsbereich sich der jeweilige Roboter befindet. Aufbauend darauf wird nun die Statusaggregation durchgeführt. Es wird also verglichen, ob sich bspw. zwei Roboter im gleichen Kollisionsbereich aufhalten. Die Ausgabe des Status wird anhand der in Tabelle 7.2 definierten Szenarien aggregiert und für jeden Roboter ausgegeben. Der risikoreichste Status für einen Kollisionsbereich wird ausgegeben.

Tabelle 7.2: Statusaggregation der Sicherheitsfunktion

State aggregation of the safety function

Bewegter Roboter	**Nachbarroboter**		**Bewegter Roboter**	
Position	*Position*	*In Reichweite*	*In Reichweite*	*Status*
In Basiszelle	In Basiszelle	-	-	Grün
	In Kollisionsbereich	-	Ja	Orange
			Nein	Gelb
In Kollisionsbereich des Nachbarn	-	Ja	-	Orange
		Nein	-	Gelb
In Kollisionsbereich eines anderen Nachbarn/Umgebung	In Basiszelle	-	-	Gelb
	In Kollisionsbereich	-	Ja	Orange
		-	Nein	Gelb

Diese Informationen können nun an den Kommunikationsbus weitergegeben werden, sodass alle Assets den Sicherheitsstatus einbinden und auf ihn reagieren können. Hierfür eignet sich ein eventbasiertes Protokoll wie MQTT.

Ausführung des gewünschten Verhaltes

Zur Ausführung des gewünschten Verhaltens werden relevante Informationen der Produktions- und Sicherheitsassets bereitgestellt und die zuvor formulierten Verträge durch ein Programm überprüft und ein Status an alle Produktionsassets ausgegeben, die diesen wiederum verarbeiten können (vgl. Bild 7.10). Für die Ausführung und die Integration des Vertrags innerhalb des CPPS wurde ein Programm implementiert, das den Sicherheitsvertrag als Basis nutzt und die benötigten Eingänge einbindet um die Sicherheitslogik umzusetzen.

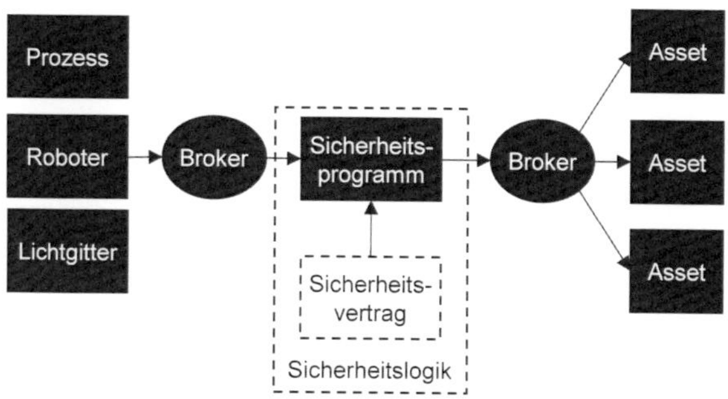

Bild 7.10: Sicherheitsfunktion zur Ausführung des gewünschten Verhaltens

Safety function for the execution of the desired behavior

Im ersten Schritt wurde der Sicherheitsvertrag in Form eines JSON-Objekt (7.3) aufbereitet, da dieses Format Daten anordnen und strukturieren kann und eine gute Lesbarkeit in verschiedenen Programmiersprachen garantiert. Die Ports werden mithilfe von zwei Arrays, in denen die Inputs und die Outputs des Vertrags gelistet sind, dargestellt. Die Assumptions bestehen aus Objekten, die die Annahmen des Vertrags beinhalten. Da die Eingänge hier MQTT-Nachrichten sind, besteht jedes Objekt aus Topic und Message. Die Garantien werden entsprechend integriert.

{"contract": {
"ports": {
"inputs": [...],
"outputs": [...]},
"assumptions": {...},
"guarantees": {...}}} (7.3)

Das Programm nutzt MQTT, um die Nachrichten zu empfangen und zu senden. Dafür verbindet sich das Programm mit dem MQTT-Brocker. Das Programm lädt den Sicherheitsvertrag als JSON-Objekt und nutzt den Inhalt des Objekts als Syntax für das Programm. Somit hat das Programm keine statische Argumentation, sondern kann beliebige Verträge in der zuvor beschriebenen JSON-Notation auswerten. Die logischen

Verknüpfungen „und" und „oder" in der algebraischen Beschreibung des Vertrags, werden im Programm durch die Operationen „and" und „if" umgesetzt. Die Logik der Operationen „if" ist die Annahme des Vertrags und der Inhalt der Verzweigungen beschreibt die Garantien des Vertrags. Das Programm wartet nun auf einkommende Nachrichten und wertet diese hinsichtlich des definierten Vertrags aus. Die richtige Funktionsweise der Sicherheitsfunktion wurde anhand spezifizierter Testfälle evaluiert.

7.1.4 Überwachung der Eingänge der Sicherheitsfunktionen

Supervision of the inputs of the safety functions

Da es sich um ein flexibles System handelt, ist es für den Programmierer der Sicherheitsfunktion herausfordernd, die verfügbaren Informationen zu kennen und zu wissen, wie diese eingebunden werden, da die Daten bspw. in Datenbanken oder über Kommunikationsbusse bereitgestellt werden. Außerdem ist die Annahme, dass sich das System über die Zeit verändert, also bspw. neue Geräte hinzugefügt werden oder Technologien ausgetauscht werden. Daher ist es wichtig, dass sichergestellt wird, dass immer die aktuellsten Daten in die Sicherheitsfunktion einfließen. Hierfür kann nun der OBDM-Service verwendet werden (vgl. Bild 7.11).

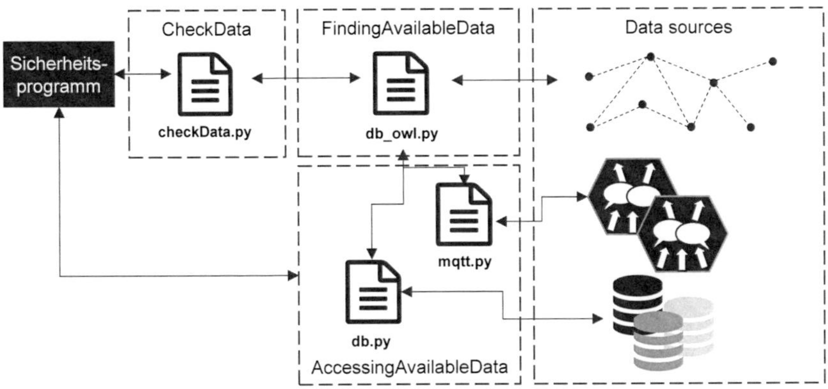

Bild 7.11: Dynamische Einbindung der Daten aus dem Automatisierungssystem

Dynamic integration of data from the automation system

D.h., die Eingänge der Sicherheitsfunktion werden nicht statisch in die Sicherheitslogik integriert, sondern dynamisch eingebunden, da die Funktion direkt auf die Funktion zum Zugriff auf die Datenquellen *AccessingAvailableData* zugreifen kann. Dies hat den Vorteil, dass die Funktion selbst nicht verschiedene Schnittstellen zu verschiedenen Datenquellen beinhalten muss, da dies über den OBDM-Service realisiert wird und bei sich ändernder Datenquelle dort abgebildet wird. Zusätzlich wird in regelmäßigen Zeitabständen ein weiteres Programm ausgeführt (CheckData). Dieses Programm überprüft, ob sich die Datenquelle verändert hat (z.B. Veränderung des Topics der MQTT-Nachrichten, andere IP-Adresse einer zu nutzenden Datenbank, etc.). So kann sichergestellt werden, dass in einem dynamischen System stets die richtigen Informationen für die Sicherheitsfunktionen verwendet werden.

7.2 Evaluierung der Referenzimplementierung

Evaluation of reference implementation

Mithilfe der Implementierung konnte gezeigt werden, dass die Integration von flexiblen Sicherheitsfunktionen in cyberphysische Produktionssysteme prinzipiell möglich ist. Die Evaluation erfolgt mit den in Kapitel 1 identifizierten Anforderungen an CPPS und an die Sicherheit in Produktionsumgebungen in Bezug zu der Referenzimplementierung.

Vergleich der Anforderungen an CPPS mit Referenzimplementierung

Datenerfassung und -bereitstellung: Mithilfe des OBDM-Service wurden heterogene Daten und Datenquellen eingebunden, sodass der Nutzer unabhängig von der zugrundeliegenden Technologie Zugriff auf die Daten hat. Anstelle von standardisierten Schnittstellen hat die Ontologie die Beschreibung der Daten vorgenommen. Die Ontologie basiert jedoch auf Normen, sodass eine eindeutige Terminologie verwendet werden kann oder Gleichnisse vorgenommen werden können. Der Vorteil der Verwendung des OBDM-Services liegt in der anwendungsfallspezifischen Übertragung, Aufbereitung und Abspeicherung der Daten. Durch Verwendung des FactDAGs sind die Daten eindeutig abgelegt. Datensicherheitsaspekte und ein Berechtigungsmanagement wurden außen vorgelassen. Dies kann durch eine zusätzliche Softwareschicht realisiert werden. Es kann auf gängigen Sicherheitsmechanismen aufgebaut werden.

Fähigkeit der Adaption: Geräte- und Statusinformationen, sowie Messwerte wurden beispielhaft mit verschiedenen Technologien bereitgestellt und mithilfe der Ontologie kontextualisiert. Zur Verarbeitung der Daten wurden bspw. Services zur Steuerung des Prozesses produktionsnah, also auf Controllern direkt an den Zellen bereitgestellt. Ein Managementsystem für die Services wurde jedoch nicht eingeführt. Auch hierfür kann eine zusätzliche Softwareschicht eingeführt werden.

Modulare Produktionstechnik: Durch die Verwendung offener Protokolle und offener, dezentraler, eventbasierte Steuerungssoftware sowie einem modularen Aufbau der Hardware ist eine modulare Erweiterung prinzipiell möglich. Der Fokus des Aufbaus lag jedoch nicht auf Mechanismen zur Konfiguration, wie bspw. dem Prinzip des Plug and Produce.

Kommunikation und Netzwerke: Zur Kommunikation zwischen den Produktionsassets wurden ethernetbasierte Kommunikationsprotokolle, wie TCP/IP oder MQTT verwendet. Die Kommunikation ist dabei nicht hierarchisch, sondern dezentral aufgebaut. Für die hier betrachteten Steuerungsprozesse sind diese Protokolle – trotz fehlender Echtzeitfähigkeit – ausreichend. Für stärker synchronisierte Abläufe müssen echtzeitfähige Protokolle, wie TSN oder openPowerlink verwendet werden.

Modellierung: Zur Modellierung der Daten bestehen noch keine ausreichenden Standards. Daher wurde hier eine Mischung aus eigenen Modellen und Normen verwendet. Zur Modellierung von Hardware und Software liegen hingegen schon viele Tools vor. Grundstrukturen des Systems wurden modelliert, um bspw. eine einheitliche Struktur für Produktionsassets und deren Zusammenspiel zu erlangen. Informationen wurden mithilfe der Datenquellen vorstrukturiert und durch die Ontologie aufgewertet. Zur Durchführung von Softwaretests (durch den Lehrstuhl Embedded Software) wurden SysML-Modelle erarbeitet. Außerdem wurden mithilfe von CAD und PyBullet die Zellen modelliert und simuliert.

Analysealgorithmen und KI: Die Verwendung von Analysealgorithmen und KI wurde hier im Kontext der Sicherheit betrachtet. Die verschiedenen betrachteten Verfahren zeigen, dass auf Basis der bereitgestellten Informationen Wissen erzeugt werden kann. Ob dieses Wissen jedoch direkt eingesetzt werden kann, hängt von der Applikation und der Genauigkeit der Vorhersage ab. Auf Basis der bereitgestellten Daten könnten weitere Analysen (z.B. Analyse der Prozesszeiten, Genauigkeit des Auftrags der Linie, etc.) ausgeführt werden. Eine Prozessoptimierung wurde nicht betrachtet.

Rückführung von Wissen: Durch die eingeführten Sicherheitsmechanismen wurde eine Basisabsicherung des Systems zur sicheren Rückführung von Wissen vorgestellt. Der entscheidende Faktor ist hier die Beschreibung der Umgebung, damit auf unvorhersehbares Verhalten reagiert werden kann. Die von der Steuerung des Systems unabhängigen Sicherheitsfunktionen können die Zuverlässigkeit erhöhen und die bereitgestellten Dienste so indirekt überwachen. Weitere Funktionen für ein ganzheitliches Risikomanagement müssen erarbeitet werden.

Vergleich der Anforderungen an die Sicherheit mit der Referenzimplementierung

Allgemeine Sicherheitsprinzipien: Die Darstellung der Systemgrenzen (insb. räumlich und Verwendung; nicht Lebensdauer von Komponenten) als Grundlage der Risikoanalyse und -bewertung wurde durchgeführt. Der Referenzaufbau inkludiert Sicherheitseinrichtung und Sicherheitsfunktionen zur Risikominimierung. Es wurde ein Aufbau eines redundanten Kommunikationssystems vorgestellt. Die Datensicherheit wurde hier nicht näher betrachtet, wobei geeignete Mechanismen, wie TLS, eingesetzt wurden.

Informationserfassung und -bereitstellung: Durch den Einsatz des OBDM-Service und durch die Anbindung aller Produktionsassets ist eine bidirektionale Datendurchgängigkeit gegeben. Durch den Einsatz der redundanten Kommunikationsstruktur können Datenverfälschungen erkannt werden. Durch die Anwendung des FactDAG-Modells wird eine Vereinheitlichung der Datenstrukturen erreicht. Weitere Maßnahmen zur Sicherstellung der Qualität der Daten sollten integriert werden (bspw. Zugriffsschutz, Pflege der Ontologie, Beschreibung der Datenstrukturen der Datenquellen).

Modulare Sicherheitstechnik: Der Produktionsprozess wurde anhand von Funktionseinheiten modularisiert. Jede Zelle ist eigensicher konstruiert. Aufgrund der redundanten Kommunikationsstruktur wurde ein erhöhter Diagnosedeckungsgrad erreicht. Da es von Sicherheitssteuerungsherstellern keine offenen Sicherheitssteuerungen gibt, wurden für diesen ersten Konzeptvorschlag einfache Controller wie Revolution Pi und Raspberry Pi verwendet, die nicht als betriebsbewährt und zuverlässig gelten. Es konnte mithilfe dieser Hardware jedoch gezeigt werden, dass das funktionale Konzept anwendbar ist. Mithilfe der Sicherheitsfunktionen können die Zellen und deren angrenzenden Zellen stillgelegt werden.

Kommunikation und Netzwerke: Die Zellen und deren Sicherheitsbausteine können mittels Broker miteinander kommunizieren, sofern sie im selben Subnetz und somit demselben Strang der redundanten Ausführung angehören. Die Geräte, die die Sicherheitslogik ausführen, können mit allen Produktionsassets über dasselbe Kommunikationsprotokoll (hier MQTT) kommunizieren. Eine Einhaltung geforderter Reaktionszeiten kann nicht gewährleistet werden, da der Infrastruktur kein deterministisches Kommunikationsprotokoll und keine deterministische Funktionsausführung zugrunde liegt. Hierfür sollten zukünftig Technologien wie TSN und deterministisch zu betreibende Controller mit Echtzeitsystemen verwendet werden. Die Beherrschung von Fehlern in der Datenübertragung müssen ebenfalls durch ein entsprechendes Sicherheitsprotokoll abgefangen werden.

Modellierung: Im Zuge der Beschreibung der Systemgrenzen wurde eine Modellierung der Anlage durch Entwurf im CAD und Simulation durch PyBullet durchgeführt. Außerdem wurde das Verhalten – die Wechselwirkungen zwischen Arbeitsprozessen und eine sicherheitsbezogene Analyse der Prozessabläufe – beschrieben. Eine Integration in ein Dokument hat hierbei nicht stattgefunden, da es sich hier nur um einen Ausschnitt der Sicherheitsbeurteilung handelt.

Sicherheitsfunktionen: Sicherheitsfunktionen wurden für die Interaktionen zwischen den Zellen und zwischen den Zellen und der Umgebung implementiert. Die Sicherheitsfunktionen überführen das System in einen sicheren Zustand bei Erkennung eines Fehlers, da die unterschiedlichen Prozesszustände bei der Entscheidung über den sicheren Zustand mit einbezogen werden. Reaktionszeiten wurden bspw. für den Bewegungsraum der Roboter tiefergehend untersucht. Die Sicherheitsfunktionen wurden unabhängig von den eigentlichen Prozesssteuerungsfunktionen implementiert, nutzen jedoch Informationen aus dem Prozess. Mithilfe der Überwachungsfunktion mittels OBDM-Service können Änderungen im System und an den Funktionen erkannt werden. Die Sicherheitsfunktionen wurden nur bezogen auf die Zellinteraktion entwickelt, sodass weitere Sicherheitsfunktionen bezogen auf die Energieversorgung, Lebensdauer und Wartungsintervalle ebenfalls integriert werden müssen.

Software & Diagnose: Die durch die Sicherheitsnormen definierten Softwareanforderungen wurden nur teilweise beachtet, da insbesondere die Modifikation des Systems möglich sein soll. Die Datenstrukturen und Datentypen sind bewusst nicht eingeschränkt. Grundprogramme zur Auswertung bspw. eines Vertrags wurden einheitlich und wiederverwendbar gestaltet; die Verträge selbst sollen sich jedoch über die Zeit verändern können. Daher sollen auch keine fest definierten Parameterräume eingestellt werden. Weitere Diagnosefunktionen sollten integriert werden, um insbesondere die komplexer werdende Programm- und Kommunikationsstruktur zu überwachen.

7.3 Fazit

Conclusion

Auf Basis des vorgestellten Demonstrationsszenarios konnte eine beispielhafte Erweiterung eines CPPS um sicherheitsbezogene Komponenten und Funktionen realisiert werden. Dafür wurde die zuvor entwickelte Grundstruktur des CPPS mithilfe der cyberphysischen Produktionskomponente und der Erweiterung um den OBDM-Service implementiert. Es konnte gezeigt werden, dass die Grundprinzipien zur Architektur sicherer Steuerungssysteme durch Redundanz in CPPS möglich sind. Außerdem wurde die Integration von Sicherheitsfunktionen durch Integration der Simulation der räumlichen Systemgrenzen und der Implementierung von Verträgen zur Überwachung der Grenzen realisiert. Die abschließende Evaluierung hat gezeigt, dass mithilfe der entwickelten Methodik viele der zuvor aufgestellten Anforderungen adressiert werden konnten.

8 Zusammenfassung und Ausblick

Summary and Outlook

8.1 Zusammenfassung

Summary

Mit der zunehmenden Digitalisierung industrieller Prozesse findet ein schleichender Integrationsprozess der in der Forschung breit beschriebenen cyberphysischen Produktionssysteme statt. Signale werden nicht mehr ausschließlich zur Steuerung von Prozessen verwendet. Signale werden in Daten, Daten in Informationen und Informationen in Wissen überführt. Somit wird digital gelerntes Wissen zukünftig auch für die Steuerung, also den Eingriff in den laufenden Prozess verwendet. Der flexiblen Steuerung von Produktionsanlagen stehen jedoch Gesetze, Richtlinien und Normen entgegen, die für statische Systeme entwickelt wurden. In dieser Arbeit wurde daher beleuchtet, wie und welche durch die Normen beschriebenen Methoden in CPPS umgesetzt werden können.

Im ersten Schritt wurden Anforderungen an sichere CPPS formuliert. Dazu wurden zuerst die in der Literatur beschriebenen Erwartungen an CPPS zur Beschreibung der allgemeinen Anforderungen an das Gesamtsystem durch die Anbindung von Produktionsassets, die Extraktion von Wissen durch Analyse der bereitgestellten Daten und die Rückführung des Wissens in das Produktionssystem erläutert. Die durch Normen beschriebene Anforderungen an sicherheitsbezogene Systemkomponenten wurden in Anforderungen an die Infrastruktur und die bereitgestellten Funktionen unterteilt.

Auf Basis der definierten Anforderungen wurde eine inhärent sichere Systemarchitektur entwickelt. Diese beinhaltet als kleinste Instanz die cyberphysische Produktionskomponente, deren Aufgaben und Funktionen durch ein Schichtenmodell beschrieben wurden. Zur Verbindung der einzelnen Systemkomponente wurde die Methode des ontologiebasierten Datenmanagements vorgestellt, die bisherige Konzepte, die sich u.a. mit Datenbanken beschäftigen, um weitere Datenquellen, wie Kommunikationsbusse, ergänzt. Die daraus entwickelte Architektur wurde mithilfe von Redundanz zu einer sicheren cyberphysischen Steuerungsarchitektur erweitert.

Der Startpunkt jeder sicherheitstechnischen Beurteilung ist die Beschreibung der Systemgrenzen. Dazu wurde die bestehende Norm in eine Ontologie überführt und anschließend beispielhaft verschiedene Methoden zur Extraktion und Überwachung von räumlichen Systemgrenzen durchgeführt und verglichen. Verglichen wurden dabei einfache Vorgehensweisen, wie die einfache Definition von Ebenen im Raum, aber auch komplexere Vorgehensweisen, wie die Simulation der Produktionszellen oder die Überwachung von Zellengrenzen mithilfe eine Kamera und Algorithmen der Bilderkennung und künstlichen Intelligenz. Abschließend wurde eine Methode zur Ausführung des gewünschten Verhaltens des Systems bei sicherheitsrelevanten Ereignissen durch vertragsbasiertes Design vorgestellt.

Zur Evaluierung der entwickelten Infrastruktur und der Methodik zur Identifikation und Überwachung von Systemgrenzen und das Auslösen des gewünschten Verhaltens wurde eine Referenzimplementierung anhand einer aus mehreren Zellen bestehenden, beispielhaften als CPPS realisierten Automatisierungslösung zur Bearbeitung von Autoscheiben vorgenommen. Die bestehende verteilte Infrastruktur wurde um eine redundante Struktur erweitert und verschiedene Datenquellen zur Integration des OBDM-Services vorgesehen. Neben dem OBDM-Service wurden Sicherheitsfunktionen basierend auf der Simulation der Systemgrenzen und dem Verhalten des Systems bei möglichen Fehlern implementiert.

Die vorgestellten Ansätze für inhärent sichere, cyberphysische Steuerungssysteme geben einen ersten Überblick, wie ein datenbasiertes Sicherheitssystem aussehen kann und welche Hürden bestehen. Die Ansätze liefern damit einen wichtigen Beitrag zur industriellen Integrierbarkeit neuer Technologien, wie die automatische Rückführung von durch KI-Ansätze kreierten Wissens in flexible Produktionssysteme. Ohne an flexible Produktionssysteme angepasste Normen kann die Flexibilisierung jedoch nur bedingt voranschreiten.

8.2 Ausblick

Outlook

Forschungsseitig wird das Thema der funktionalen Sicherheit für cyberphysische Produktionssysteme bisher kaum betrachtet. Daher sind die in dieser Arbeit beschriebenen Ansätze auch nur ein erstes Indiz für die noch offenen Forschungslücken und zeigen die Vielfalt der zu betrachtenden Themen rund um die Sicherheit flexibler Systeme. Es wurden zum einen Fragen bezogen auf die Infrastruktur im Sinne der Kommunikation und Bereitstellung von Funktionalitäten durch Daten und Services betrachtet; zum anderen wurde ein konkretes Vorgehen zum Umgang mit räumlichen Systemgrenzen als eine erste Anwendung einer Sicherheitsfunktion in einem sicheren CPPS vorgestellt.

Bei der Betrachtung gängiger Infrastrukturen von CPPS ist eine Häufung der Verwendung von offenen und durchgängigen Kommunikationsprotokollen wie MQTT und OPC UA zu beobachten. Im sicherheitstechnischen Kontext ist es zwar, wie in dieser Arbeit gezeigt, möglich, eine Erhöhung der Sicherheit dieses Kommunikationssystems mithilfe der Nutzung von Redundanz zu erzeugen, ein weiterer unbedingt erforderlicher Schritt ist jedoch die Verwendung von deterministischen Kommunikationsprotokollen. Vorhandene industrielle Protokolle sind jedoch nicht offen und durchgängig einsetzbar. Daher müssen Protokolle wie TSN für diese Anwendung untersucht und zertifiziert werden oder weitere Protokolle entwickelt werden. Diese Protokolle müssen auch jegliche Fehler bei der Datenübertragung beherrschen.

Der vorgestellte OBDM-Service, sowie das vertragsbasierte Design zur Integration von Sicherheitslogik sind Ansätze zum Umgang mit der erhöhten Komplexität in flexiblen Produktionssystemen. Für die ständige Erweiterung und Veränderung der zugrundeliegenden Ontologie und deren Überprüfung auf Richtigkeit und Vollständigkeit müssen weitere Verfahren entwickelt werden. Das vertragsbasierte Design kann zwar helfen, einfache Logiken zur Beherrschung vorhersehbarer Fehler im System abzudecken und somit eine mögliche Zertifizierung des Systems vereinfachen. Aber auch hier kann die Anzahl der zu integrierenden Verträge rasant steigen und die Komplexität der Wechselwirkungen dieser Verträge zu Herausforderungen führen. Parallel müssen daher Testumgebungen entwickelt werden, die die physischen Aktionen des Systems digital zum Testen mit abdecken.

Die Identifikation von Systemgrenzen bedeutet insbesondere in flexiblen Systemen, dass sich diese laufend verändern können. Die räumlichen Grenzen können zwar wie dargestellt mithilfe der Simulation überwacht werden, trotzdem ist diese Simulation auch nur eine Abstraktion der Realität und muss ebenso auf dem aktuellsten Stand gehalten werden. Hierfür sollte zukünftig eine Fusion von in der realen Welt vorhandenen Sensoren und der Simulation verwendet werden, um Änderungen am System, die ggf. nicht in die Simulation eingepflegt worden sind, zu identifizieren. Außerdem müssen nicht nur räumliche Grenzen überwacht werden. Auch weitere Systemgrenzen bezogen auf die Energieversorgung, Lebensdauer und Wartungsintervalle, sowie die Mensch-Maschine Interaktion sollten zukünftig betrachtet werden.

Im Rahmen dieser Arbeit wurde der Fokus auf die Maschine-Maschine-Interaktion gelegt, auch wenn der Eingriff und dessen Absicherung durch ein Lichtgitter mit betrachtet wurde (Mensch-Maschine-Interaktion). D.h., bei der Absicherung von Risiken ging es vorrangig um die Vermeidung wirtschaftlicher Schäden. Dies ermöglichte es, die beschriebenen Konzepte ohne Gefährdung des Menschen zu untersuchen. Bezieht man nun den Menschen und neue Formen der Kollaboration des Menschen mit Maschinen ein, wächst der Komplexitätsgrad der zu überwachenden Elemente enorm an. Zusätzlich zu den rein technischen Lösungen müssen dann weitere Aspekte, wie das Vertrauen, die Akzeptanz und die Ergonomie mitberücksichtigt werden.

Summary and Outlook

With the increasing digitalization of industrial processes, a creeping process is taking place to integrate the cyber-physical production systems that have been widely described in research. Signals are no longer used exclusively to control processes. Signals are being converted into data, data into information and information into knowledge. Thus, digitally learned knowledge will also be used in the future for control, i.e. intervention in the running process. However, the flexible control of production plants is opposed by laws, guidelines and standards that were developed for static systems. This work therefore examined how and which methods described by the standards can be implemented in CPPS.

In the first step, requirements for safe CPPS were formulated. To this end, the expectations of CPPS described in the literature were first explained to describe the general requirements for the overall system through the connection of production assets, the extraction of knowledge through analysis of the data provided and the feedback of knowledge into the production system. The requirements for safety-related system components described by standards were divided into requirements for the infrastructure and the functions provided.

Based on the defined requirements, an inherently safe system architecture was developed. This contains the cyber-physical production component as the smallest instance, whose tasks and functions were described by a layer model. To connect the individual system components, the method of ontology-based data management was introduced, which supplements previous concepts, which deal with databases, among other things, with further data sources, such as communication buses. The architecture developed from this was extended to a safe cyber-physical control architecture with the help of redundancy.

The starting point of any safety assessment is the description of the system boundaries. For this purpose, the existing standard was converted into an ontology and then various methods for extracting and monitoring spatial system boundaries were carried out and compared as examples. Simple procedures were compared, such as the simple definition of planes in space, but also more complex procedures, such as the simulation of production cells or the monitoring of cell boundaries with the help of a camera and algorithms of image recognition and artificial intelligence. Finally, a method for executing the desired behavior of the system in case of safety-relevant events through contract-based design was presented.

To evaluate the developed infrastructure and the methodology for identifying and monitoring system boundaries and triggering the desired behavior, a reference implementation was carried out using an automation solution for processing car windscreens consisting of four cells and realized as a CPPS as an example. The existing distributed infrastructure was extended by a redundant structure and various data sources were provided for the integration of the OBDM service. In addition to the OBDM service, safety functions were implemented based on the simulation of the system boundaries and the behavior of the system in the event of possible errors.

The presented approaches for inherently safe, cyber-physical control systems give a first overview of how a data-based safety system can look like and which hurdles exist. The approaches thus make an important contribution to the industrial integrability of new technologies, such as the automatic feedback of knowledge created by AI approaches into flexible production systems. However, without standards adapted to flexible production systems, flexibilisation can only progress to a limited extent.

On the research side, the topic of functional safety for cyber-physical production systems has hardly been considered so far. Therefore, the approaches described in this paper are only a first indication of the still open research gaps and show the diversity of the topics to be considered around the safety of flexible systems. On the one hand, questions related to the infrastructure in the sense of communication and provision of functionalities through data and services were considered; on the other hand, a concrete procedure for dealing with spatial system boundaries was presented as a first application of a safety function in a secure CPPS.

When looking at common CPPS infrastructures, an increase in the use of open and universal communication protocols such as MQTT and OPC UA can be observed. In a safety context, it is possible to increase the safety of this communication system by using redundancy, as shown in this paper. However, another absolutely necessary step is the use of deterministic communication protocols. However, existing industrial protocols are not open and universally applicable. Therefore, protocols such as TSN must be investigated and certified for this application or further protocols must be developed. These protocols must also be able to handle any errors in data transmission.

The OBDM service presented, as well as the contract-based design for integrating safety logic, are approaches for dealing with the increased complexity in flexible production systems. Further procedures must be developed for the constant expansion and modification of the underlying ontology and its verification for correctness and completeness. The contract-based design can help to cover simple logics for the control of foreseeable errors in the system and thus simplify a possible certification of the system. But again, the number of contracts to be integrated can increase rapidly and the complexity of the interactions of these contracts can lead to challenges. In parallel, test environments must be developed that digitally cover the physical activities of the system for testing.

The identification of system boundaries means, especially in flexible systems, that these can change continuously. Although the spatial boundaries can be monitored with the help of simulation, this simulation is only an abstraction of reality and must also be kept up to date. For this purpose, a fusion of sensors present in the real world and the simulation should be used in the future in order to identify changes to the system that may not have been incorporated into the simulation. Furthermore, it is not only spatial boundaries that need to be monitored. Other system boundaries related to energy supply, lifetime and maintenance intervals, as well as human-machine interaction should also be considered in the future.

In the context of this work, the focus was placed on the machine-machine interaction, even if the intervention and its protection by a light curtain was also considered (human-machine interaction). I.e. the safeguarding of risks was primarily concerned with the avoidance of economic damage. This made it possible to examine the concepts described without endangering people. If one now includes humans and new forms of human collaboration with machines, the degree of complexity of the elements to be monitored increases enormously. In addition to the purely technical solutions, other aspects such as trust, acceptance and ergonomics must also be taken into account.

9 Literaturverzeichnis

Bibliography

[3S-S20] 3S-Smart Software Solutions GmbH: CODESYS. Online Help. 3.5.25.0, 2020.

[ABEL16] Abele, E.; Bauernhansl, T.; Krüger, J.; Reinhart, G.; Schuh, G.: WGP-Standpunkt Industrie 4.0. Berlin, 2016.

[ACAT21] acatech - Deutsche Akademie der Technikwissenschaften e.V.: acatech POSITION. Verantwortung in Unternehmen und Institutionen für eine nachhaltige Technikentwicklung, 2021.

[AHME17] Ahmed, E.; Rehmani, M. H.: Mobile Edge Computing: Opportunities, solutions, and challenges. In: Future Generation Computer Systems. 70. Jg., 2017, S. 59–63.

[ALAM17] Alam, K. M.; El Saddik, A.: C2PS. A Digital Twin Architecture Reference Model for the Cloud-Based Cyber-Physical Systems. In: IEEE Access. 5. Jg., 2017, S. 2050–2062.

[AL-F15] Al-Fuqaha, A.; Guizani, M.; Mohammadi, M.; Aledhari, M.; Ayyash, M.: Internet of Things: A Survey on Enabling Technologies, Protocols, and Applications. In: IEEE Communications Surveys & Tutorials. 17. Jg., 2015, Nr. 4, S. 2347–2376.

[ASHJ18] Ashjaei, M.; Clegg, K.; Corneo, L.; Hawkins, R.; Jaradat, O.; Gulisano, V. M.; Nikolakopoulos, Y.: Service Level Agreements for Safe and Configurable Production Environments. In: 2018 IEEE 23rd International Conference on Emerging Technologies and Factory Automation (ETFA): IEEE, 2018, S. 1252–1255.

[ATOR18] Atorf, L.; Rossmann, J.: Interactive Analysis and Visualization of Digital Twins in High-Dimensional State Spaces. In: 2018 15th International Conference on Control, Automation, Robotics and Vision (ICARCV): IEEE, 18.11.2018 - 21.11.2018, S. 241–246.

[AUTO18] AutomationML consortium: AutomationML - The Glue for Seamless Automation Engineering. Whitepaper AutomationML Edition 2.1. Part 1 - Architecture and General Requirements, July 2018.

[BAEK12] Baek, S.-M.; Chung, T.-H.; Kim, D.-H.; Kim, S.-R.: Systems and algorithms for development of the robot safety function. In: 2012 9th International Conference on Ubiquitous Robots and Ambient Intelligence (URAI): IEEE, 26.11.2012 - 28.11.2012, S. 471–475.

[BAGH15] Bagheri, B.; Yang, S.; Kao, H.-A.; Lee, J.: Cyber-physical Systems Architecture for Self-Aware Machines in Industry 4.0 Environment. In: IFAC-PapersOnLine. 48. Jg., 2015, Nr. 3, S. 1622–1627.

[BAIE22] Baier, R.; Dammers, H.; Mertens, A.; Behery, M.; Gossen, D.; Nouduri, S.; Pelzer, L.; Shahidi, A.; Trinh, M.; Brecher, C.; Corves, B.; Gries, T.; Hopmann, C.; Hüsing, M.; Lakemeyer, G.; Nitsch, V.: A Framework for the Classification of Human-Robot Interactions Within the Internet of Production. In: Kurosu, M. (Hrsg.): Human-Computer Interaction. Technological Innovation. (Reihe: Lecture Notes in Computer Science). Cham: Springer International Publishing, 2022, S. 427–454.

[BAUE18] Bauernhansl, T.; Hartleif, S.; Felix, T.: Der Digitale Schatten. Gestaltung eines Informationssystems für die Informationsversorgung in wertschöpfenden Systemen. In: wt Werkstattstechnik online. 108. Jg., 2018, Nr. 3, S. 132–136.

[BECK17] Beckhoff Automation GmbH & Co. KG: Dokumentation TwinCAT Safety PLC. PC-basierte Sicherheitssteuerung, 29.06.2017.

[BENV15a] Benveniste, A.; Caillaud, B.; Nickovic, D.; Passerone, R.; Raclet, J.-B.; Reinkemeiner, P.; Sangiovanni-Vincentelli, A.; Damm, W.; Henzinger, T.; Larsen, K.: Contracts for Systems Design. Theory, 2015.

[BENV15b] Benveniste, A.; Caillaud, B.; Nickovic, D.; Passerone, R.; Raclet, J.-B.; Reinkemeiner, P.; Sangiovanni-Vincentelli, A.; Damm, W.; Henzinger, T.; Larsen, K.: Contracts for Systems Design. Methodology and Application cases, 2015.

[BERG17] Berger, C.; Nägele, J.; Drescher, B.; Reinhart, G.: Application of CPS in Machine Tools. In: Jeschke, S.; Brecher, C.; Song, H.; Rawat, D. B. (Hrsg.): Industrial Internet of Things. (Reihe: Springer Series in Wireless Technology). Cham: Springer International Publishing, 2017, S. 375–400.

[BIES18] Biesinger, F.; Meike, D.; Krass, B.; Weyrich, M.: A Case Study for a Digital Twin of Body-in-White Production Systems General Concept for Automated Updating of Planning Projects in the Digital Factory. In: 2018 IEEE 23rd International Conference on Emerging Technologies and Factory Automation (ETFA): IEEE, 2018, S. 19–26.

[BLAN20] Blanke, P.; Boltes, M.; Storms, S.; Lienenluke, L.; Brecher, C.: Collision free motion planning for robots by capturing the environment. In: 2020 25th IEEE International Conference on Emerging Technologies and Factory Automation (ETFA): IEEE, 08.09.2020 - 11.09.2020, S. 636–642.

[BONO12] Bonomi, F.; Milito, R.; Zhu, J.; Addepalli, S.: Fog computing and its role in the internet of things. In: Proceedings of the first edition of the MCC workshop on Mobile cloud computing - MCC '12. New York, New York, USA: ACM Press, 2012, S. 13.

[BÖRC15] Börcsök, J.: Funktionale Sicherheit. Grundzüge sicherheitstechnischer Systeme. 4., aktual. Aufl. Berlin: VDE-Verl., 2015.

[BORG04] Borgo, S.; Leitão, P.: The Role of Foundational Ontologies in Manufacturing Domain Applications. In: Hutchison, D.; Kanade, T.; Kittler, J.; Kleinberg, J. M.; Mattern, F.; Mitchell, J. C.; Naor, M.; Nierstrasz, O.; Pandu Rangan, C.; Steffen, B.; Sudan, M.; Terzopoulos, D.; Tygar, D.; Vardi, M. Y.; Weikum, G.; Meersman, R.; Tari, Z. (Hrsg.): On the Move to Meaningful Internet Systems 2004: CoopIS, DOA, and ODBASE. (Reihe: Lecture Notes in Computer Science). Berlin, Heidelberg: Springer Berlin Heidelberg, 2004, S. 670–688.

[BREC15] Brecher, C.; Özdemir, D.; Komma, T.; Müller, S.; Rüßmann, M.; Lohse, W.: Variantenübergreifende Risikobeurteilung. Systematik zur effizienten, wertschöpfenden und automatisierten Erstellung von Risikobeurteilungen. In: wt Werkstattstechnik online. 105. Jg., 2015, Nr. 5, S. 297–300.

[BREC17] Brecher, C.; Obdenbusch, M.; Buchsbaum, M.: Optimized state estimation by application of machine learning. In: Production Engineering. 11. Jg., 2017, Nr. 2, S. 133–143.

[BREC18] Brecher, C.; Obdenbusch, M.; Buchsbaum, M.; Buchner, T.; Waltl, J.: Edge Computing und Digitaler Schatten. Schlüsseltechnologien für die Automatisierung der Zukunft. In: wt Werkstatttechnik online. 108. Jg., 2018, Nr. 5.

[BREC19a] Brecher, C.; Buchsbaum, M.; Storms, S.: Control from the Cloud: Edge Computing, Services and Digital Shadow for Automation Technologies. In: 2019 International Conference on Robotics and Automation (ICRA), 2019, S. 9327–9333.

[BREC19b] Brecher, C.; Blanke, P.; Storms, S.: Kostengünstige Automatisierung von älteren Werkzeugmaschinen im Kontext von Industrie 4.0. In: Fachtagung Mechatronik 2019: Paderborn (27.03.-28.03.2019), 2019.

[BREC21a] Brecher, C.; Butz, F.; Kaever, M.; Nagel, E.; Neus, S.; Rettich, T.; Steinert, A.; Welling, D.; Wiesch, M.; Zeis, M.; Zeppenfeld, C.: Nachhaltige Geschäftsmodelle für Werkzeugmaschinen. In: AWK 2021, 2021.

[BREC21b] Brecher, C.; Buchsbaum, M.; Ziegler, F.; Storms, S.: Ontology-based data management for adaptable safety functions in cyber-physical production systems. In: Procedia CIRP. 104. Jg., 2021, S. 194–199.

[BREC21c] Brecher, C.; Dalibor, M.; Rumpe, B.; Schilling, K.; Wortmann, A.: An Ecosystem for Digital Shadows in Manufacturing. In: 54th CIRP Conference on Manufacturing Systems, 2021.

[BREC21d] Brecher, C.; Buchsbaum, M.; Muller, A.; Schilling, K.; Obdenbusch, M.; Staudacher, S.; Albasatineh, M. C.: Gaining IIoT insights by leveraging ontology-based modelling of raw data and Digital Shadows. In: 2021 4th IEEE International Conference on Industrial Cyber-Physical Systems (ICPS): IEEE, 10.05.2021 - 12.05.2021, S. 231–236.

[BUCH20] Buchsbaum, M.; Brecher, C.; Grochowski, M.; Kowalewski, S.: Identifikation von Informationen zur Beschreibung der Systemgrenzen eines sicheren, cyber-physischen Automatisierungssystems. In: Entwurf komplexer Automatisierungssysteme : Beschreibungsmittel, Methoden, Werkzeuge und Anwendungen. 16. Fachtagung mit Workshop. Magdeburg: Otto-von-Guericke-Universität Magdeburg - Universitaetsbibliothek, 2020.

[BURK19] Burkov, A.: Machine learning kompakt. Alles, was Sie wissen müssen. 1. Auflage. Frechen: mitp, 2019.

[CALA18] Cala, A.; Lüder, A.; Boschi, F.; Tavola, G.; Taisch, M.: Migration towards digital manufacturing automation — An assessment approach. In: 2018 IEEE Industrial Cyber-Physical Systems (ICPS): IEEE, 2018, S. 714–719.

[CALV15] Calvanese, D.; Mosca, A.; Remesal, J.; Rezk, M.; Rull, G.: A 'historical case' of Ontology-Based Data Access. In: 2015 Digital Heritage: IEEE, 28.09.2015 - 02.10.2015, S. 291–298.

[CAVA20] Cavalieri, S.; Salafia, M. G.: Asset Administration Shell for PLC Representation Based on IEC 61131–3. In: IEEE Access. 8. Jg., 2020, S. 142606–142621.

[CHEN10] Chen, Y.; Du, Z.; García-Acosta, M.: Robot as a Service in Cloud Computing. In: 2010 Fifth IEEE International Symposium on Service Oriented System Engineering: IEEE, 04.06.2010 - 05.06.2010, S. 151–158.

[CIAV17] Ciavotta, M.; Alge, M.; Menato, S.; Rovere, D.; Pedrazzoli, P.: A microservice-based middleware for the digital factory. In: Procedia Manufacturing. 11. Jg., 2017, S. 931–938.

[CIMA12] Cimatti, A.; Tonetta, S.: A Property-Based Proof System for Contract-Based Design. In: 2012 38th Euromicro Conference on Software Engineering and Advanced Applications: IEEE, 05.09.2012 - 08.09.2012, S. 21–28.

[CODD82] Codd, E. F.: Relational database. In: Communications of the ACM. 25. Jg., 1982, Nr. 2, S. 109–117.

[DAI17] Dai, W.; Vyatkin, V.; Christensen, J. H.; Dubinin, V. N.: Response to "Comments on Bridging Service-Oriented Architecture and IEC 61499 for Flexibility and Interoperability". In: IEEE Transactions on Industrial Informatics. 13. Jg., 2017, Nr. 4, S. 1497–1502.

[DAMM11] Damm, W.; Hungar, H.; Josko, B.; Peikenkamp, T.; Stierand, I.: Using contract-based component specifications for virtual integration testing and architecture design. In: 2011 Design, Automation & Test in Europe: IEEE, 14.03.2011 - 18.03.2011, S. 1–6.

[DAVI18] David, J.; Lobov, A.; Lanz, M.: Leveraging Digital Twins for Assisted Learning of Flexible Manufacturing Systems. In: 2018 IEEE 16th International Conference on Industrial Informatics (INDIN): IEEE, 18.07.2018 - 20.07.2018, S. 529–535.

[DEUT93] Deutscher Bundestag: Neunte Verordnung zum Produktsicherheitsgesetz (Maschinenverordnung) vom 12. Mai 1993 (BGBl. I S. 704),die zuletzt durch Artikel 19 des Gesetzes vom 8. November 2011 (BGBl. I S. 2178) geändert worden ist. 9. ProdSV, 1993.

[DIN/14] DIN EN 61499-1:2013 (September, 2014). Funktionsbausteine für industrielle Leitsysteme - Teil 1: Architektur. DIN/VDE-DKE Deutsche Kommission Elektrotechnik Elektronik Informationstechnik.

[DIN/16] DIN EN 62061:2016-05 (2016). Sicherheit von Maschinen - Funktionale Sicherheit sicherheitsbezogener eletrischer, elektronischer und programmierbarer elektronischer Steuerungssysteme. DIN/VDE-DKE Deutsche Kommission Elektrotechnik Elektronik Informationstechnik.

[DKE 04] DIN EN 61131-1:2003 (März, 2004). Speicherprogrammierbare Steuerungen - Teil 1: Allgemeine Informationen. DKE Deutsche Kommission Elektrotechnik Elektronik Informationstechnik im DIN und VDE.

[DKE 14] DIN EN 61131-3:2013 (Juni, 2014). Speicherprogrammierbare Steuerungen - Teil 3: Programmiersprachen. DKE Deutsche Kommission Elektrotechnik Elektronik Informationstechnik im DIN und VDE.

[DKE 21] DIN EN IEC 62439-3 (2021). Industrielle Kommunikationsnetze - Hochverfügbare Automatisierungsnetze - Teil 3: Parallelredundanz-Protokoll (PRP) und nahtloser Hochverfügbarkeits-Ring (HSR). DKE Deutsche Kommission Elektrotechnik Elektronik Informationstechnik im DIN und VDE.

[DRAT10] Drath, R.: Datenaustausch in der Anlagenplanung mit AutomationML. Integration von CAEX, PLCopen XML und COLLADA. Berlin, Heidelberg: Springer-Verlag Berlin Heidelberg, 2010.

[DRAT17] Drath, R.; Malakuti, S.; grüner, S.; Grothoff, J. A.; Wagner, C. A.; Epple, U.; Hoffmeister, M.; Zimmermann, P.: Die Rolle der Industrie 4.0 „Verwaltungsschale" und des „digitalen Zwillings" im Lebenszyklus einer Anlage. Navigationshilfe, Begriffsbestimmung und Abgrenzung. In: Automation 2017: technology networks processes: 18. Leitkongress der Mess- und Automatisierungstechnik, 2017.

[DREM18] Dremel, C.; Herterich, M.: Digitale Cloud-Plattformen als Enabler zur analytischen Nutzung von operativen Produktdaten im Maschinen- und Anlagenbau. In: Reinheimer, S. (Hrsg.): Cloud Computing. (Reihe: Edition HMD). Wiesbaden: Springer Fachmedien Wiesbaden, 2018, S. 73–88.

[EDGE17] Edge Computing Consortium; Alliance of Insustrial Internet: Edge Computing Reference Architecture 2.0, 2017.

[ELAT17] Elattar, M.; Wendt, V.; Jasperneite, J.: Communications for Cyber-Physical Systems. In: Jeschke, S.; Brecher, C.; Song, H.; Rawat, D. B. (Hrsg.): Industrial Internet of Things. (Reihe: Springer Series in Wireless Technology). Cham: Springer International Publishing, 2017, S. 347–372.

[ETZ18] Etz, D.; Fruhwirth, T.; Ismail, A.; Kastner, W.: Simplifying functional safety communication in modular, heterogeneous production lines. In: 2018 14th IEEE International Workshop on Factory Communication Systems (WFCS): IEEE, 2018, S. 1–4.

[EURO06] Europäische Parlament und der Rat der Europäischen Union: Richtlinie 2006/42/EG, 2006.

[EURO20a] Europäische Kommission: Bericht über die Auswirkungen künstlicher Intelligenz, des Internets der Dinge und der Robotik in Hinblick auf Sicherheit und Haftung. Brüssel, 2020.

[EURO20b] Europäische Kommission. In: Weißbuch zur Künstlichen Intelligenz -ein europäisches Konzept für Exzellenz und Vertrauen. Brüssel, 19.02.2020.

[FAR-17] FAR-EDGE: Overview of Functional Domains. EDGE4INDUSTRY by FAR-EDGE. URL: https://www.edge4industry.eu/knowledge-base/articles/overview-functional-domains/ [Stand: 06.04.2021].

[FAYZ10] Fayzullin, K.: Autonome Planung und Entscheidungsoptimierung in der Ablaufsteuerung flexibel automatisierter Fertigungssysteme. Zugl.: Aachen, Techn. Hochsch., Diss., 2010. 1. Aufl. Aachen: Apprimus-Verl., 2010.

[FLEI16] Fleischmann, H.; Kohl, J.; Franke, J.: A reference architecture for the development of socio-cyber-physical condition monitoring systems. In: 2016 11th System of Systems Engineering Conference (SoSE): IEEE, 12.06.2016 - 16.06.2016, S. 1–6.

[FLEN19] Flender, J.; Storms, S.; Herfs, W.; Witte, M.: Model-based Engineering of modern Automation Structures with the Interdisciplinary Modeling Language (IML). In: 2019 IEEE International Systems Conference (SysCon): IEEE, 08.04.2019 - 11.04.2019, S. 1–8.

[FREU97] Freund, Y.; Schapire, R. E.: A Decision-Theoretic Generalization of On-Line Learning and an Application to Boosting. In: Journal of Computer and System Sciences. 55. Jg., 1997, Nr. 1, S. 119–139.

[FRIC20] Frick, F.: Der Status quo. TSN-Serie Teil 1. In: Computer & Automation, 04.2020, S. 34–37.

[GABO16] Gabor, T.; Belzner, L.; Kiermeier, M.; Beck, M. T.; Neitz, A.: A simulation-based architecture for smart cyber-physical systems. In: IEEE International Conference on Autonomic Computing. Piscataway, NJ: IEEE, 2016, S. 374–379.

[GARA18] Garamvolgyi, P.; Kocsis, I.; Gehl, B.; Klenik, A.: Towards Model-Driven Engineering of Smart Contracts for Cyber-Physical Systems. In: 2018 48th Annual IEEE/IFIP International Conference on Dependable Systems and Networks Workshops (DSN-W): IEEE, 2018, S. 134–139.

[GEOR16] Georgakopoulos, D.; Jayaraman, P. P.; Fazia, M.; Villari, M.; Ranjan, R.: Internet of Things and Edge Cloud Computing Roadmap for Manufacturing. In: IEEE Cloud Computing. 3. Jg., 2016, Nr. 4, S. 66–73.

[GIVE14] Givehchi, O.; Imtiaz, J.; Trsek, H.; Jasperneite, J.: Control-as-a-service from the cloud: A case study for using virtualized PLCs. In: 10th IEEE Workshop on Factory Communication Systems (WFCS), 2014, S. 1–4.

[GLAE12] Glaessgen, E. H.; Stargel, D. S.: The Digital Twin Paradigm for Future NASA and U.S. Air Force Vehicles, Apr 16, 2012.

[GLEI20] Gleim, L.; Pennekamp, J.; Liebenberg, M.; Buchsbaum, M.; Niemietz, P.; Knape, S.; Epple, A.; Storms, S.; Trauth, D.; Bergs, T.; Brecher, C.; Decker, S.; Lakemeyer, G.; Wehrle, K.: FactDAG: Formalizing Data Interoperability in an Internet of Production. In: IEEE Internet of Things Journal. 7. Jg., 2020, Nr. 4, S. 3243–3253.

[GLEI21] Gleim, L.; Pennekamp, J.; Tirpitz, L.; Welten, S.; Brillowski, F.; Decker, S.: FactStack: Interoperable Data Management and Preservation for the Web and Industry 4.0. Bonn, 2021.

[GÖTZ18] Götz, B.; Schel, D.; Bauer, D.; Henkel, C.; Einberger, P.; Bauernhansl, T.: Challenges of production microservices. In: Procedia CIRP. 67. Jg., 2018, S. 167–172.

[GRAN16] Grangel-Gonzalez, I.; Halilaj, L.; Auer, S.; Lohmann, S.; Lange, C.; Collarana, D.: An RDF-based approach for implementing industry 4.0 components with Administration Shells. In: 2016 IEEE 21st International Conference on Emerging Technologies and Factory Automation (ETFA): IEEE, 2016, S. 1–8.

[GRAN17] Grangel-Gonzalez, I.; Baptista, P.; Halilaj, L.; Lohmann, S.; Vidal, M.-E.; Mader, C.; Auer, S.: The industry 4.0 standards landscape from a semantic integration perspective. In: 2017 22nd IEEE International

Conference on Emerging Technologies and Factory Automation (ETFA): IEEE, 2017, S. 1–8.

[GRAP21] GraphQL contributors: GraphQL. URL: https://spec.graphql.org/October2021/.

[GROC19] Grochowski, M.; Kowalewski, S.; Buchsbaum, M.; Brecher, C.: Passive Testing for the Industrial Internet of Things, 2019.

[GROT13] Groth, P.; Moreau, L.: PROV-Overview. An Overview of the PROV Family of Documents. URL: http://www.w3.org/TR/2013/NOTE-prov-overview-20130430/.

[GRÜT16] Grützmacher, M.: Die deliktische Haftung für autonome Systeme – Industrie 4.0 als Herausforderung für das bestehende Recht? In: Computer und Recht, 2016, Nr. 10, S. 695–698.

[HANA12] Hanai, R.; Saito, H.; Nakabo, Y.; Fujiwara, K.; Ogure, T.; Mizuguchi, D.; Homma, K.; Ohba, K.: RT-component based integration for IEC61508 ready system using SysML and IEC61499 function blocks. In: 2012 IEEE/SICE International Symposium on System Integration (SII): IEEE, 16.12.2012 - 18.12.2012, S. 105–110.

[HÄNE16] Hänel, T.; Felden, C.: Operational Business Intelligence im Zukunftsszenario der Industrie 4.0. In: Gluchowski, P.; Chamoni, P. (Hrsg.): Analytische Informationssysteme. Berlin, Heidelberg: Springer Berlin Heidelberg, 2016, S. 259–281.

[HANS05] Hansen, K.: Redundancy Ethernet in Industrial Automation. In: 2005 IEEE Conference on Emerging Technologies and Factory Automation: IEEE, 19-22 Sept. 2005, S. 941–947.

[HARC15] Harcuba, O.; Vrba, P.: Ontologies for flexible production systems. In: 2015 IEEE 20th Conference on Emerging Technologies & Factory Automation (ETFA): IEEE, 08.09.2015 - 11.09.2015, S. 1–8.

[HAST17] Hastie, T.; Tibshirani, R.; Friedman, J. H.: The elements of statistical learning. Data mining, inference, and prediction. Second edition. New York, NY: Springer, 2017.

[HEER17] Heer, T.; Heintel, M.; Hiensch, S.; Jänicke, L.; Jochem, M.; Kärcher, B.; Kisch, M.; Mehrfeld, J.; Oeynhausen, G.; Pfeiffer, T.; Schewe, F.; Schmitt, M.; Schukz, D.; Tenhagen, D.; Theuerkauf, K.; Teuscher, A.; Walloschke, T.: Sichere Kommunikation für Industrie 4.0. Diskussionspapier. Berlin, Juli 2017.

[HEGA15] Hegazy, T.; Hefeeda, M.: Industrial Automation as a Cloud Service. In: IEEE Transactions on Parallel and Distributed Systems. 26. Jg., 2015, Nr. 10, S. 2750–2763.

[HEHE16] Hehenberger, P.; Bradley, D. (Hrsg.). In: Mechatronic Futures. Cham: Springer International Publishing, 2016.

[HENN18] Hennecke, A.; Ruskowski, M.: Design of a flexible robot cell demonstrator based on CPPS concepts and technologies. In: 2018 IEEE Industrial Cyber-Physical Systems (ICPS): IEEE, 2018, S. 534–539.

[HERM16] Hermann, M.; Pentek, T.; Otto, B.: Design Principles for Industrie 4.0 Scenarios. In: 2016 49th Hawaii International Conference on System Sciences (HICSS): IEEE, 05.01.2016 - 08.01.2016, S. 3928–3937.

[HERW18] Herwan, J.; Kano, S.; Oleg, R.; Sawada, H.; Kasashima, N.: Cyber-physical system architecture for machining production line. In: 2018 IEEE Industrial Cyber-Physical Systems (ICPS): IEEE, 2018, S. 387–391.

[HILD17] Hildebrandt, C.; Scholz, A.; Fay, A.; Schroder, T.; Hadlich, T.; Diedrich, C.; Dubovy, M.; Eck, C.; Wiegand, R.: Semantic modeling for collaboration and cooperation of systems in the production domain. In: 2017 22nd IEEE International Conference on Emerging Technologies and Factory Automation (ETFA): IEEE, 2017, S. 1–8.

[HORN16] Horner, S.; Kaulartz, M.: Haftung 4.0: Verschiebung des Sorgfaltmaßstabs bei Herstellung und Nutzung autonomer Systeme. In: Computer und Recht, 2016, Nr. 1, S. 7–14.

[HORN17] Hornung, G.; Hofmann, K.: Industrie 4.0 und das Recht: Drei zentrale Herausforderungen, April 2017.

[HU19] Hu, L.; Miao, Y.; Wu, G.; Hassan, M. M.; Humar, I.: iRobot-Factory. An intelligent robot factory based on cognitive manufacturing and edge computing. In: Future Generation Computer Systems. 90. Jg., 2019, S. 569–577.

[INDU18] Industrial Internet Consortium: Introduction the Edge Computing in IIoT. Whitepaper, 2018.

[INNE17] Innerbichler, J.; Gonul, S.; Damjanovic-Behrendt, V.; Mandler, B.; Strohmeier, F.: NIMBLE collaborative platform. Microservice architectural approach to federated IoT. In: Global Internet of Things Summit (GIoTS): IEEE, 2017, S. 1–6.

[INTE10a] IEC 61508-2:2010 (2010). Funktionale Sicherheit sicherheitsbezogener elektrischer/elektronischer/programmierbarer elektronischer Systeme - Teil 2: Anforderungen an sicherheitsbezogene elektrische/elektronische/programmierbare elektronische Systeme. International Electrotechnical Commission.

[INTE10b] IEC 61508-1:2010 (2010). Functional safety of electrical/electronic/programmable electronic safety-related systems - Part 1: General requirements. International Electrotechnical Commission.

[INTE10c] ISO 12100:2010-11 (2010). Safety of machinery - General principles for design - Risk assessment and risk mitigation. International Organization for Standardization.

[INTE13] International Electrotechnical Commission: Enterprise-control system integration - Part 1: Models and terminology. 2014-07. 01.040.25. Jg., 2013, IEC 62264-1.

[INTE15] ISO 13849-1:2015 (2015). Safety of machinery - Safety-related parts of control systems - Part 1: General principles for design. International Organization for Standardization.

[ISO15] DIN EN ISO13849-1 (2015). Sicherheit von Maschinen - Sicherheitsbezogene Teile von Steuerungen. ISO International Organization for Standardization.

[JAEN18] Jaensch, F.; Csiszar, A.; Scheifele, C.; Verl, A.: Digital Twins of Manufacturing Systems as a Base for Machine Learning. In: 2018 25th International Conference on Mechatronics and Machine Vision in Practice (M2VIP): IEEE, 20.11.2018 - 22.11.2018, S. 1–6.

[JANS10] Janschek, K.: Systementwurf mechatronischer Systeme. Berlin, Heidelberg: Springer Berlin Heidelberg, 2010.

[JARA17] Jaradat, O.; Sljivo, I.; Habli, I.; Hawkins, R.: Challenges of Safety Assurance for Industry 4.0. In: 2017 13th European Dependable Computing Conference (EDCC): IEEE, 2017, S. 103–106.

[JARA18] Jaradat, O.; Punnekkat, S.; Nicholson, M.: Contracts-Based Maintenance of Safety Cases. Västerås: Mälardalen University, 2018.

[JESC17] Jeschke, S.; Brecher, C.; Meisen, T.; Özdemir, D.; Eschert, T.: Industrial Internet of Things and Cyber Manufacturing Systems. In: Jeschke, S.; Brecher, C.; Song, H.; Rawat, D. B. (Hrsg.): Industrial Internet of Things. (Reihe: Springer Series in Wireless Technology). Cham: Springer International Publishing, 2017, S. 3–19.

[K. A18] K. A. Schmersal GmbH & Co. KG: Programmierbare modulare Sicherheitssteuerung, 2018.

[KADE20] Kadeed, T.; Nikolic, B.; Ernst, R.: Safe Online Reconfiguration of Mixed-Criticality Real-Time Systems. In: 2020 IEEE 25th Pacific Rim International Symposium on Dependable Computing (PRDC): IEEE, 01.12.2020 - 04.12.2020, S. 140–149.

[KAES17] Kaestle, C.; Fleischmann, H.; Scholz, M.; Haerter, S.; Franke, J.: Cyber-Physical Electronics Production. In: Jeschke, S.; Brecher, C.; Song, H.; Rawat, D. B. (Hrsg.): Industrial Internet of Things. (Reihe: Springer Series in Wireless Technology). Cham: Springer International Publishing, 2017, S. 47–78.

[KAES18] Kaestner, F.; Kuschnerus, D.; Spiegel, C.; Janssen, B.; Huebner, M.: Design of an efficient Communication Architecture for Cyber-Physical Production Systems, 2018, S. 829–835.

[KAGE13] Kagermann, H.; Wahlster, W.; Helbig, J.: Umsetzungsempfehlungen für das Zukunftsprojekt Industrie 4.0. Abschlussbericht des Arbeitskreises Industrie 4.0, April 2013.

[KAIS15] Kaiser, B.; Weber, R.; Oertel, M.; Böde, E.; Nejad, B. M.; Zander, J.: Contract-Based Design of Embedded Systems Integrating Nominal Behavior and Safety. In: Complex Systems Informatics and Modeling Quarterly, 2015, Nr. 4.

[KARN19] Karnouskos, S.; Ribeiro, L.; Leitao, P.; Luder, A.; Vogel-Heuser, B.: Key Directions for Industrial Agent Based Cyber-Physical Production Systems. In: 2019 IEEE International Conference on Industrial Cyber Physical Systems (ICPS): IEEE, 06.05.2019 - 09.05.2019, S. 17–22.

[KEFA19] Kefalakis, N.; Roukounaki, A.; Soldatos, J.: A Configurable Distributed Data Analytics Infrastructure for the Industrial Internet of things. In: 2019 15th International Conference on Distributed Computing in Sensor Systems (DCOSS): IEEE, 29.05.2019 - 31.05.2019, S. 179–181.

[KEHO13] Kehoe, B.; Matsukawa, A.; Candido, S.; Kuffner, J.; Goldberg, K.: Cloud-based robot grasping with the google object recognition engine. In: 2013 IEEE International Conference on Robotics and Automation: IEEE, 06.05.2013 - 10.05.2013, S. 4263–4270.

[KHIN18] Khine, P. P.; Wang, Z. S.: Data lake: a new ideology in big data era. In: ITM Web of Conferences. 17. Jg., 2018, S. 3025.

[KIRR07] Kirrmann, H.; Hansson, M.; Muri, P.: IEC 62439 PRP: Bumpless recovery for highly available, hard real-time industrial networks. In: 2007 IEEE Conference on Emerging Technologies & Factory Automation (EFTA 2007): IEEE, 25.09.2007 - 28.09.2007, S. 1396–1399.

[KIRR11] Kirrmann, H.; Weber, K.; Kleineberg, O.; Weibel, H.: Seamless and low-cost redundancy for substation automation systems (high availability seamless redundancy, HSR). In: 2011 IEEE Power and Energy Society General Meeting: IEEE, 24.07.2011 - 29.07.2011, S. 1–7.

[KOHN18] Kohne, A.: Service Level Agreements. In: Kohne, A. (Hrsg.): Cloud-Föderationen. Wiesbaden: Springer Fachmedien Wiesbaden, 2018, S. 29–34.

[KOO18] Koo, C. H.; Vorderer, M.; Junker, S.; Schröck, S.; Verl, A.: Challenges and requirements for the safety compliant operation of reconfigurable manufacturing systems. In: Procedia CIRP. 72. Jg., 2018, S. 1100–1105.

[KRAM97] Kramer, B. J.: A case study in developing complex safety critical systems. In: Proceedings of the Thirtieth Hawaii International Conference on System Sciences: IEEE Comput. Soc. Press, 7-10 Jan. 1997, S. 135–143.

[KRET16] Kretschmar, F.; Borisov, A.; Pöschko, R.; Chemnitz, M.; Vick, A.: Steuerungstechnik aus der Cloud. Anwendungsszenarien für cloudbasierte Produktion im Rahmen des Forschungsprojekts pICASSO. In: wt Werkstattstechnik online. 106. Jg., 2016, Nr. 5.

[LADE17] Lade, P.; Ghosh, R.; Srinivasan, S.: Manufacturing Analytics and Industrial Internet of Things. In: IEEE Intelligent Systems. 32. Jg., 2017, Nr. 3, S. 74–79.

[LEE08] Lee, E. A.: Cyber Physical Systems: Design Challenges. In: 2008 11th IEEE International Symposium on Object and Component-Oriented Real-Time Distributed Computing (ISORC): IEEE, 05.05.2008 - 07.05.2008, S. 363–369.

[LEE16] Lee, J.; Bagheri, B.; Jin, C.: Introduction to cyber manufacturing. In: Manufacturing Letters. 8. Jg., 2016, S. 11–15.

[LEMA06] Lemaignan, S.; Siadat, A.; Dantan, J.-Y.; Semenenko, A.: MASON: A Proposal For An Ontology Of Manufacturing Domain. In: IEEE Workshop on Distributed Intelligent Systems: Collective Intelligence and Its Applications (DIS'06): IEEE, 15-16 June 2006, S. 195–200.

[LI17] Li, C. H.; Lau, H. K.: A critical review of product safety in industry 4.0 applications. In: 2017 IEEE International Conference on Industrial Engineering and Engineering Management (IEEM): IEEE, 10.12.2017 - 13.12.2017, S. 1661–1665.

[LI19] Li, H.; Zou, M.; Hogrefe, G.; Ryashentseva, D.; Sollfrank, M.; Koltun, G.; Vogel-Heuser, B.: Application of a multi-disciplinary design approach in a mechatronic engineering toolchain. In: at - Automatisierungstechnik. 67. Jg., 2019, Nr. 3, S. 246–269.

[LIGG16] Liggesmeyer, P.; Trapp, M.: Safety in der Industrie 4.0. In: Vogel-Heuser, B.; Bauernhansl, T.; Hompel, M. ten (Hrsg.): Handbuch Industrie 4.0. Berlin, Heidelberg: Springer Berlin Heidelberg, 2016, S. 1–17.

[LIPP20] Lipp, J.; Schilling, K.: The Semantic Web in the Internet of Production. A Strategic Approach with Use-Case Examples, 2020.

[LIU21] Liu, C. K.; Negrut, D.: The Role of Physics-Based Simulators in Robotics. In: Annual Review of Control, Robotics, and Autonomous Systems. 4. Jg., 2021, Nr. 1, S. 35–58.

[LUO19] Luo, W.; Hu, T.; Zhang, C.; Wei, Y.: Digital twin for CNC machine tool: modeling and using strategy. In: Journal of Ambient Intelligence and Humanized Computing. 10. Jg., 2019, Nr. 3, S. 1129–1140.

[LYU20] Lyu, G.; Brennan, R. W.: Towards IEC 61499 Based Distributed Intelligent Automation: A Literature Review. In: IEEE Transactions on Industrial Informatics, 2020, S. 1.

[MARS17] Marseu, E.; Kolberg, D.; Weyer, S.: Exemplarische Übertragung der RAMI 4.0-Verwaltungsschale auf die SmartFactoryKL-Systemarchitektur für Industrie 4.0-Produktionsanlagen. Whitepaper SF-2.1: 04/2017, 2017.

[MART18] Martinez, G. S.; Sierla, S.; Karhela, T.; Vyatkin, V.: Automatic Generation of a Simulation-Based Digital Twin of an Industrial Process Plant. In: IECON 2018 - 44th Annual Conference of the IEEE Industrial Electronics Society: IEEE, 21.10.2018 - 23.10.2018, S. 3084–3089.

[MART19] Martimort, D.: Contract Theory: The New Palgrave Dictionary of Economics. London: Palgrave Macmillan UK, 2019.

[MATT04] Matthias, A.: The responsibility gap: Ascribing responsibility for the actions of learning automata. In: Ethics and Information Technology. 6. Jg., 2004, Nr. 3, S. 175–183.

[MELL11] Mell, P.; Grance, T.: The NIST Defintion of Cloud Computing. Recommendations of the National Institute of Standards and Technology. Gaithersburg, September 2011.

[MEND11] Mendes, J. M.; Leitao, P.; Colombo, A. W.: Service-oriented computing in manufacturing automation. A SWOT analysis. In: 9th IEEE International Conference on Industrial Informatics: IEEE, 2011, S. 346–351.

[MERK19] Merkle, L.; Segura, A. S.; Torben Grummel, J.; Lienkamp, M.: Architecture of a Digital Twin for Enabling Digital Services for Battery Systems. In: 2019 IEEE International Conference on Industrial Cyber Physical Systems (ICPS): IEEE, 06.05.2019 - 09.05.2019, S. 155–160.

[MOKO10] Mokos, K.; Meditskos, G.; Katsaros, P.; Bassiliades, N.; Vasiliades, V.: Ontology-Based Model Driven Engineering for Safety Verification. In: 2010 36th EUROMICRO Conference on Software Engineering and Advanced Applications: IEEE, 2010, S. 47–54.

[MORA18] Moraes, J. de; Weber, T.; Muller, G.; Dall'Agnol, T.; Macedo, R.; Scartezzini, E. P. L.; Dapper, R. E.; Cechin, S.; Netto, J.: Architecture of an industrial analog input designed to meet safety requirements. In: 2018 IEEE 19th Latin-American Test Symposium (LATS): IEEE, 2018, S. 1–4.

[MOUR16] Mourtzis, D.; Vlachou, E.; Milas, N.; Xanthopoulos, N.: A Cloud-based Approach for Maintenance of Machine Tools and Equipment Based on Shop-floor Monitoring. In: Procedia CIRP. 41. Jg., 2016, S. 655–660.

[NAKA14] Nakagawa, E. Y.; Guessi, M.; Maldonado, J. C.; Feitosa, D.; Oquendo, F.: Consolidating a Process for the Design, Representation, and Evaluation of Reference Architectures. In: 2014 IEEE/IFIP Conference on Software Architecture: IEEE, 07.04.2014 - 11.04.2014, S. 143–152.

[NEŠI19] Nešić, D.; Nyberg, M.: Modular Safety Cases for Product Lines Based on Assume-Guarantee Contracts. In: Romanovsky, A.; Troubitsyna, E.; Gashi, I.; Schoitsch, E.; Bitsch, F. (Hrsg.): Computer Safety, Reliability, and Security. (Reihe: Lecture Notes in Computer Science). Cham: Springer International Publishing, 2019, S. 28–40.

[NEUD16] Neudörfer, A.: Konstruieren sicherheitsgerechter Produkte. Berlin, Heidelberg: Springer Berlin Heidelberg, 2016.

[NGUY17] Nguyen-Meidine, L. T.; Granger, E.; Kiran, M.; Blais-Morin, L.-A.: A comparison of CNN-based face and head detectors for real-time video surveillance applications. In: 2017 Seventh International Conference on Image Processing Theory, Tools and Applications (IPTA): IEEE, 28.11.2017 - 01.12.2017, S. 1–7.

[NITS22] Nitsch, V.; Ziefle, M.; Leicht-Scholten, C.; Nagel, S. K.: Future of Work in the Internet of Production : Human-centered digitalization for a socially sustainable future: RWTH Aachen University, 2022.

[NORM10] DIN EN ISO 11161 (Oktober, 2010). Sicherheit von Maschinen – Integrierte Fertigungssysteme – Grundlegende Anforderungen. Normenausschuss Maschinenbau (NAM) im DIN; Normenausschuss Sicherheitstechnische Grundsätze (NASG) im DIN.

[OBDE18] Obdenbusch, M.: Referenzarchitektur für cloudbasiertes Condition Monitoring am Beispiel von Verpackungsmaschinen. 1st ed. Aachen: Apprimus Wissenschaftsverlag, 2018.

[OBJE17] Object Management Group: OMG Unified Modeling Language. Version 2.5.1, 2017.

[OBJE19] Object Management Group: OMG Systems Modeling Language. Version 1.6, 2019.

[OCKE19] Ocker, F.; Vogel-Heuser, B.; Paredis, C. J. J.: Applying Semantic Web Technologies to Provide Feasibility Feedback in Early Design Phases. In: Journal of Computing and Information Science in Engineering. 19. Jg., 2019, Nr. 4.

[PALL18a] Pallasch, C.; Wein, S.; Hoffmann, N.; Obdenbusch, M.; Buchner, T.; Waltl, J.; Brecher, C.: Edge Powered Industrial Control. Concept for Combining Cloud and Automation Technologies. In: 2018 IEEE International Conference on Edge Computing (EDGE): IEEE, 2018, S. 130–134.

[PALL18b] Pallasch, C.; Hoffmann, N.; Storms, S.; Herfs, W.: ProducTron. Towards Flexible Distributed and Networked Production. In: 2018 IEEE 22nd International Conference on Intelligent Engineering Systems (INES): IEEE, 2018, S. 287–292.

[PAPA98] Papageorgiou, C. P.; Oren, M.; Poggio, T.: A general framework for object detection. In: Sixth International Conference on Computer Vision (IEEE Cat. No.98CH36271): Narosa Publishing House, 4-7 Jan. 1998, S. 555–562.

[PEAK15] Peake, I. D.; Vuyyuru, A.; Blech, J. O.; Vergnaud, N.; Fernando, L.: Cloud-based analysis and control for robots in industrial automation. In: IEEE 21st International Conference on Parallel and Distributed Systems (ICPADS), 2015, S. 837–840.

[PERE15] Perez, F.; Irisarri, E.; Orive, D.; Marcos, M.; Estevez, E.: A CPPS Architecture approach for Industry 4.0. In: 2015 IEEE 20th Conference on Emerging Technologies & Factory Automation (ETFA): IEEE, 08.09.2015 - 11.09.2015, S. 1–4.

[PIES20] Pieske, S.; Blanke, P.; Hoffmann, N.; Storms, S.; Herfs, W.: Methodik für roboterbasierte Produkttransporte/Methodology for robot-based product transport. In: wt Werkstattstechnik online. 110. Jg., 2020, Nr. 05, S. 328–332.

[PILZ17] Pilz GmbH & Co. KG: Sicherheitskompendium - das Standardwerk zur funktionalen Sicherheit, 2017.

[PLCO09] PLCopen: XML Formats for IEC 61131-3. Technical Paper. Version 2.01 - Official release, 2009.

[PLCO18] PLCopen: PLCopen - Technical Committee 5. Safety Software - Technical Specification. Part 1: Concepts and Function Blocks, 2018.

[PLCO22] PLCopen: PLCopen. for efficiency in automation. URL: https://www.plcopen.org/ [Stand: 07.09.2022].

[PLEN19] Plenk, V.: Einführung. In: Plenk, V. (Hrsg.): Grundlagen der Automatisierungstechnik kompakt. Wiesbaden: Springer Fachmedien Wiesbaden, 2019, S. 1–17.

[POHL09] Pohl, K.; Rupp, C.: Basiswissen Requirements Engineering. Aus- und Weiterbildung zum "Certified Professional for Requirements Engineering" ; Foundation Level nach IREB-Standard. 1. Aufl. Heidelberg: dpunkt-Verl., 2009.

[POMP17] Pomp, A.; Paulus, A.; Jeschke, S.; Meisen, T.: ESKAPE. Information Platform for Enabling Semantic Data Processing. In: Proceedings of the 19th International Conference on Enterprise Information Systems: SCITEPRESS - Science and Technology Publications, 2017, S. 644–655.

[POPP18] Popper, J.; Blügel, M.; Burchardt, H.; Horn, S.; Merx, J.; Richter, D.; Varro, W.; Pfeifer, M.; Staub-Lang, P.: Safety an modularen Maschinen. Whitepaper SF-3.1:04/2018. Kaiserslautern, 2018.

[PREU18] Preuveneers, D.; Joosen, W.; Ilie-Zudor, E.: Robust Digital Twin Compositions for Industry 4.0 Smart Manufacturing Systems. In: 2018 IEEE 22nd International Enterprise Distributed Object Computing Workshop (EDOCW): IEEE, 16.10.2018 - 19.10.2018, S. 69–78.

[PRIN18] Prinz, F.; Schoeffler, M.; Lechler, A.; Verl, A.: End-to-end Redundancy between Real-time I4.0 Components based on Time-Sensitive Networking. In: 2018 IEEE 23rd International Conference on Emerging Technologies and Factory Automation (ETFA): IEEE, 2018, S. 1083–1086.

[REHB17] Rehbein, M.: Ontologien. In: Jannidis, F.; Kohle, H.; Rehbein, M. (Hrsg.): Digital Humanities. Stuttgart: J.B. Metzler, 2017, S. 162–176.

[RELA19] Relan, K.: Building REST APIs with Flask. Berkeley, CA: Apress, 2019.

[RENT13] Rentschler, M.; Heine, H.: The Parallel Redundancy Protocol for industrial IP networks. In: 2013 IEEE International Conference on Industrial Technology (ICIT): IEEE, 25.02.2013 - 28.02.2013, S. 1404–1409.

[RIES19] Riesener, M.; Schuh, G.; Dölle, C.; Tönnes, C.: The Digital Shadow as Enabler for Data Analytics in Product Life Cycle Management. In: Procedia CIRP. 80. Jg., 2019, S. 729–734.

[RODR13] Rodríguez-Muro, M.; Kontchakov, R.; Zakharyaschev, M.: Ontology-Based Data Access: Ontop of Databases. In: Hutchison, D.; Kanade, T.; Kittler, J.; Kleinberg, J. M.; Mattern, F.; Mitchell, J. C.; Naor, M.; Nierstrasz, O.; Pandu Rangan, C.; Steffen, B.; Sudan, M.; Terzopoulos, D.; Tygar, D.; Vardi, M. Y.; Weikum, G.; Salinesi, C.; Norrie, M. C.; Pastor, Ó. (Hrsg.): Advanced Information Systems Engineering. (Reihe: Lecture Notes in Computer Science). Berlin, Heidelberg: Springer Berlin Heidelberg, 2013, S. 558–573.

[ROMA18] Roman, R.; Lopez, J.; Mambo, M.: Mobile edge computing, Fog et al.: A survey and analysis of security threats and challenges. In: Future Generation Computer Systems. 78. Jg., 2018, S. 680–698.

[ROSE15] Rosen, R.; Wichert, G. von; Lo, G.; Bettenhausen, K. D.: About the importance of autonomy and digital twins for the future of manufacturing. In: IFAC-PapersOnLine. 48. Jg., 2015, Nr. 3, S. 567–572.

[SANT16] Santos, T.; Ribeiro, L.; Dionisio Rocha, A.; Barata, J.: A system reconfiguration architecture for hybrid automation systems based in agents and programmable logic controllers. In: 2016 IEEE 14th International Conference on Industrial Informatics (INDIN): IEEE, 19.07.2016 - 21.07.2016, S. 98–103.

[SCHÄ18] Schäffer, E.; Pownuk, T.; Walberer, J.; Fischer, A.; Schulz, J.-P.; Kleinschnitz, M.; Bartelt, M.; Kuhlenkötter, B.; Franke, J.: System architecture and conception of a standardized robot configurator based on microservices. In: Schüppstuhl, T.; Tracht, K.; Franke, J. (Hrsg.): Tagungsband des 3. Kongresses Montage Handhabung Industrieroboter. Berlin, Heidelberg: Springer Berlin Heidelberg, 2018, S. 159–166.

[SCHE18] Schel, D.; Henkel, C.; Stock, D.; Meyer, O.; Rauhöft, G.; Einberger, P.; Stöhr, M.; Daxer, M. A.; Seidelmann, J.: Manufacturing service bus. An implementation. In: Procedia CIRP. 67. Jg., 2018, S. 179–184.

[SCHL17] Schleich, B.; Anwer, N.; Mathieu, L.; Wartzack, S.: Shaping the digital twin for design and production engineering. In: CIRP Annals. 66. Jg., 2017, Nr. 1, S. 141–144.

[SCHM17] Schmitt, R.; Permin, E.; Kerkhoff, J.; Plutz, M.; Böckmann, M. G.: Enhancing Resiliency in Production Facilities Through Cyber Physical Systems. In: Jeschke, S.; Brecher, C.; Song, H.; Rawat, D. B. (Hrsg.): Industrial Internet of Things. (Reihe: Springer Series in Wireless Technology). Cham: Springer International Publishing, 2017, S. 287–313.

[SCHN13] Schneider, D.; Trapp, M.: Conditional Safety Certification of Open Adaptive Systems. In: ACM Transactions on Autonomous and Adaptive Systems. 8. Jg., 2013, Nr. 2, S. 1–20.

[SCHN15] Schneider, D.; Trapp, M.; Papadopoulos, Y.; Armengaud, E.; Zeller, M.; Hofig, K.: WAP: Digital dependability identities. In: 2015 IEEE 26th International Symposium on Software Reliability Engineering (ISSRE): IEEE, 02.11.2015 - 05.11.2015, S. 324–329.

[SCHÖ02] Schölkopf, B.: Learning with kernels. Support vector machines, regularization, optimization, and beyond. Cambridge, Mass.: MIT Press, 2002.

[SCHR16] Schroeder, G. N.; Steinmetz, C.; Pereira, C. E.; Espindola, D. B.: Digital Twin Data Modeling with AutomationML and a Communication Methodology for Data Exchange. In: IFAC-PapersOnLine. 49. Jg., 2016, Nr. 30, S. 12–17.

[SCHU16a] Schuh, G.; Blum, M.; Reschke, J.; Birkmeier, M.: Der Digitale Schatten in der Auftragsabwicklung. In: ZWF - Zeitschrift für wirtschaftlichen Fabrikbetrieb, 2016.

[SCHU16b] Schuh, G.; Blum, M.: Design of a data structure for the order processing as a basis for data analytics methods. In: International Conference on Management of Engineering and Technology (PICMET): IEEE, 2016, S. 2164–2169.

[SCHU18] Schulze, P.; Malik, A.; Rüßmann, M.; Szurowski, D.; Nübling, A.: Schlussbericht: VariSafe. Variantenübergreifende Risikobeurteilung für die Maschinensicherheit. Schlussbericht des im Rahmen der Fördermaßnahme KMU-innovativ: IKT geförderte Verbundprojekt Variantenübergreifende Risikobeurteilung für die Maschinensicherheit, 2018.

[SCHU20] Schuh, G.; Häfner, C.; Hopmann, C.; Rumpe, B.; Brockmann, M.; Wortmann, A.; Maibaum, J.; Dalibor, M.; Bibow, P.; Sapel, P.; Kröger, M.: Effizientere Produktion mit Digitalen Schatten. In: ZWF Zeitschrift für wirtschaftlichen Fabrikbetrieb. 115. Jg., 2020, special, S. 105–107.

[SCHW05] Schwab, C.; Tangermann, M.; Lüder, A.: Integration of Scalable Safety and Security Actions in IEC 61499 Control Applications. In: IFAC Proceedings Volumes. 38. Jg., 2005, Nr. 2, S. 1–8.

[SEHR20] Sehr, M. A.; Lohstroh, M.; Weber, M.; Ugalde, I.; Witte, M.; Neidig, J.; Hoeme, S.; Niknami, M.; Lee, E. A.: Programmable Logic Controllers in the Context of Industry 4.0. In: IEEE Transactions on Industrial Informatics, 2020, S. 1.

[SHI16] Shi, W.; Cao, J.; Zhang, Q.; Li, Y.; Xu, L.: Edge computing. Vision and challenges. In: IEEE Internet of Things Journal. 3. Jg., 2016, Nr. 5, S. 637–646.

[SIEG17] Siegert, J.; Schlegel, T.; Groß, E.; Bauernhansl, T.: Standardized Coordinate System for Factory and Production Planning. In: Procedia Manufacturing. 9. Jg., 2017, S. 127–134.

[SIEM19] Siemens AG: SIMATIC Safety - Projektieren und Programmieren. Programmier- und Bedienhandbuch, 2019.

[STAR17] Stark, R.; Kind, S.; Neumeyer, S.: Innovations in digital modelling for next generation manufacturing system design. In: CIRP Annals. 66. Jg., 2017, Nr. 1, S. 169–172.

[STOC19] Stock, D.; Schel, D.; Bauernhansl, T.: Cyber-Physical Production System Self-Description-Based Data Access Layer. In: 2019 24th IEEE International Conference on Emerging Technologies and Factory Automation (ETFA): IEEE, 10.09.2019 - 13.09.2019, S. 168–175.

[THE 22] The Presto Foundation: Presto Documentation. URL: https://prestodb.io/docs/current/index.html [Stand: 08.09.2022].

[TIET20] Tietjen, T.; Decker, A.: FMEA-Praxis. Einstieg in die Risikoabschätzung von Produkten, Prozessen und Systemen. 4., überarbeitete Auflage. München: Hanser, 2020.

[TRAN20] Tran, D. D.; Gruttner, K.; Oppenheimer, F.; Nebel, W.: Timing Contracts and Monitors for Safety Relevant Controller Design in IEC 61499. In: 2020 25th IEEE International Conference on Emerging Technologies and Factory Automation (ETFA): IEEE, 08.09.2020 - 11.09.2020, S. 156–163.

[VARG16] Varghese, B.; Wang, N.; Barbhuiya, S.; Kilpatrick, P.; Nikolopoulos, D. S.: Challenges and Opportunities in Edge Computing. In: 2016 IEEE International Conference on Smart Cloud (SmartCloud): IEEE, 18.11.2016 - 20.11.2016, S. 20–26.

[VDI/13] VDI/VDE-Gesellschaft Mess- und Automatisierungstechnik: Cyber-Physical Systems: Chancen und Nutzen aus Sicht der Automation. Thesen und Handlungsfelder, 2013.

[VDMA17] VDMA e.V.; Fraunhofer-Anwendungszentrum Industrial Automation (IOSB-INA): Industrie 4.0 - Kommunikation mit OPC UA. Leitfaden zur Einführung in den Mittelstand. Frankfurt am Main, 2017.

[VIOL01] Viola, P.; Jones, M.: Rapid object detection using a boosted cascade of simple features. In: Proceedings of the 2001 IEEE Computer Society Conference on Computer Vision and Pattern Recognition. CVPR 2001: IEEE Comput. Soc, 8-14 Dec. 2001, I-511-I-518.

[VIOL04] Viola, P.; Jones, M. J.: Robust Real-Time Face Detection. In: International Journal of Computer Vision. 57. Jg., 2004, Nr. 2, S. 137–154.

[VOGE20] Vogel-Heuser, B.; Seitz, M.; Cruz Salazar, L. A.; Gehlhoff, F.; Dogan, A.; Fay, A.: Multi-agent systems to enable Industry 4.0. In: at - Automatisierungstechnik. 68. Jg., 2020, Nr. 6, S. 445–458.

[VORD18] Vorderer, M.; Verl, A.; Kretschmer, F.; Ringhoffer, T.: Platform for Information Exchange in Versatile Production Systems. In: 2018 25th International Conference on Mechatronics and Machine Vision in Practice (M2VIP): IEEE, 20.11.2018 - 22.11.2018, S. 1–5.

[WAHL20] Wahlster, W.; Winterhalter, C.: Deutsche Normungsroadmap Künstliche Intelligenz, November 2020.

[WANG17] Wang, X. V.; Givehchi, M.; Wang, L.: Manufacturing System on the Cloud: A Case Study on Cloud-based Process Planning. In: Procedia CIRP. 63. Jg., 2017, S. 39–45.

[WEYR17] Weyrich, M.; Klein, M.; Schmidt, J.-P.; Jazdi, N.; Bettenhausen, K. D.; Buschmann, F.; Rubner, C.; Pirker, M.; Wurm, K.: Evaluation Model for Assessment of Cyber-Physical Production Systems. In: Jeschke, S.; Brecher, C.; Song, H.; Rawat, D. B. (Hrsg.): Industrial Internet of Things. (Reihe: Springer Series in Wireless Technology). Cham: Springer International Publishing, 2017, S. 169–199.

[WIEL19] WIELAND Electric GmbH: samosPRO. Handbuch. Dok.-Nr. BA000967 Stand 07/2019, 2019.

[WILL20] Willner, A.; Gowtham, V.: Toward a Reference Architecture Model for Industrial Edge Computing. In: IEEE Communications Standards Magazine. 4. Jg., 2020, Nr. 4, S. 42–48.

[WORT20] Wortmann, A.; Barais, O.; Combemale, B.; Wimmer, M.: Modeling languages in Industry 4.0: an extended systematic mapping study. In: Software and Systems Modeling. 19. Jg., 2020, Nr. 1, S. 67–94.

[XIAO18] Xiao, G.; Calvanese, D.; Kontchakov, R.; Lembo, D.; Poggi, A.; Rosati, R.; Zakharyaschev, M.: Ontology-Based Data Access: A Survey. In: Proceedings of the Twenty-Seventh International Joint Conference on Artificial Intelligence. California: International Joint Conferences on Artificial Intelligence Organization, 13.07.2018 - 19.07.2018, S. 5511–5519.

[ZDAN18a] Zdansky, J.; Valigursky, J.: Time response of safety function realised by decentralised SRCS with safety PLC. In: 2018 International Conference on Applied Electronics (AE): IEEE, 11.09.2018 - 12.09.2018, S. 1–4.

[ZDAN18b] Zdansky, P.; Balak, J.; Rastocny, K.: Safety Integrity Evaluation of Safety Function. In: 2018 International Conference on Applied Electronics (AE): IEEE, 11.09.2018 - 12.09.2018, S. 1–6.

[ZDAN19] Zdansky, J.; Valigursky, J.: Influence of Distributed SRCS Architectures on Dependability and Safety of Realised Safety Functions. In: 2019 International Conference on Applied Electronics (AE): IEEE, 10.09.2019 - 11.09.2019, S. 1–5.

[ZHAN17] Zhang, H.; Guo, Y.; Li, Q.; George, T. J.; Shenkman, E. A.; Bian, J.: Data Integration through Ontology-Based Data Access to Support Integrative Data Analysis: A Case Study of Cancer Survival. In: Proceedings. IEEE International Conference on Bioinformatics and Biomedicine. 2017. Jg., 2017, S. 1300–1303.

[ZHAN19] Zhang, C.; Xu, W.; Liu, J.; Liu, Z.; Zhou, Z.; Pham, D. T.: A Reconfigurable Modeling Approach for Digital Twin-based Manufacturing System. In: Procedia CIRP. 83. Jg., 2019, S. 118–125.

[ZUMA09] Zumalde, A. A. J.; Secall, J. M.; Junior, J. B. C.: Comparative Analysis on the Impact of Defensive Programming Techniques for Safety-Critical Systems. In: 2009 Fourth Latin-American Symposium on Dependable Computing: IEEE, 01.09.2009 - 04.09.2009, S. 95–102.

[ZVEI17] ZVEI - Zentralverband Elektrotechnik- und Elektronikindustrie e.V.: Orientierungsleitfaden für Hersteller zur IEC 62443. Frankfurt am Main, April 2017.

10 Anhang

Appendix

10.1 Tabellen

Tables

Tabelle 10.1: PL und PFH_D after [ISO15]

PL and PFH_D after [ISO15]

Performance Level (PL)	Durchschnittliche Wahrscheinlichkeit eines gefahrbringenden Ausfalls pro Stunde (PFHD), 1/h
a	≥10-5 to < 10-4
b	≥3x10-6 to < 10-5
c	≥10-6 to < 3x10-6
d	≥10-7 to < 10-6
e	≥10-8 to < 10-7

Tabelle 10.2: Vergleich der verschiedenen Referenzarchitekturen

Comparison of the different reference architectures

	ECRA 2.0	FAR-Edge RA	IIRA	RAMEC
Viewpoint				
Business Viewpoint	●	○	○	○
Deployment Viewpoint	●	○	○	○
Functional Viewpoint	●	●	●	○
Implementation Viewpoint	●	●	●	●
Crosscutting Functions				
Acceleration	○	○	○	●
Digital Models	○	●	○	○
Field Abstraction & Data Routing	○	●	○	○
Full-lifecycle Data Service	●	○	○	○
Global Orchestration	○	○	●	○
Industrial Analytics	○	○	●	○
Management	●	●	●	●
Real-Time	○	○	○	●
Security	●	●	●	●
Characteristics				
Blockchain	○	●	○	○
Compactness	○	◕	●	◑
Standards	●	○	●	◑

Legende:

● erfüllt Eigenschaft vollständig

○ erfüllt Eigenschaft nicht

Sonstiges: erfüllt Eigenschaft teilweise. Erfüllungsgrad durch schwarzen Anteil repräsentiert.

Tabelle 10.3: Funktionale und nicht-funktionale Anforderungen an Cloud und Edge Architekturen

Functional and non-functional requirements for cloud and edge architectures

Functional Requirements	Non-functional Requirements
• Execution of Cloud • administrated Action • Connection Cloud Field • Data Analysis through an algorithm • Modeling and Prediction • Executing Action • Sensing Data • Data Spooling • Data Compression • Data Forwarding • Data Optimization • Data Compression • Data Analysis • Simulation • Connection Field Edge • Analytics • Automation • Edge • Field • Cloud	• Hosting Analytics App • API • Data Storage • Serial Communication with Field Devices • Updating Field Device • Access Control • Blockchain • Data Distribution • Two Level of Data Processing • High Bandwidth • Real-Time • Connection Edge Cloud • Access to Field Device • Management • Security

Tabelle 10.4: Übersicht IoT-Protokolle

Overview IoT-Protocols

	MQTT	AMQP	CoAP	OPC UA	MTConnect	Apache Kafka
Typ	Nachrichten-transferprotokoll	Nachrichten-transferprotokoll	Webtransfer-protokoll	offener Kommunika-tionsstandard, Daten-modell, Informations-modell, Framework	Standard für die Darstellung von Prozessdaten des Shopfloors	offene Software-Plattform zu Verarbeitung von Datenströmen
Modus	Publish/Subscribe	Publish/Subscribe (Point-to-Point)	Client/Server	Client/Server, Publish/Subscribe	Client/Server	Publish/Subscribe
Transport	TCP	TCP	UDP	TCP und UDP	TCP	TCP
Security	SSL/TLS	SSL/TLS	DTLS	UA Security	TLS	SSL/SASL
Latenz (+/o/-)	+	o	+	Client/Server: - Publish/Subscribe: +	o	+
Semantik	nein	nein	nein	Eigenes Daten-modell oder Nutzung von Companion Specifications	Stellt Vokabular für Werkzeugma-schinen bereit	

Tabelle 10.5: Beispielhafte Simulation verschiedenster Eingriffsszenarien mit Statusmeldung

Exemplary simulation of various intervention scenarios with status reporting

<table>
<tr><td>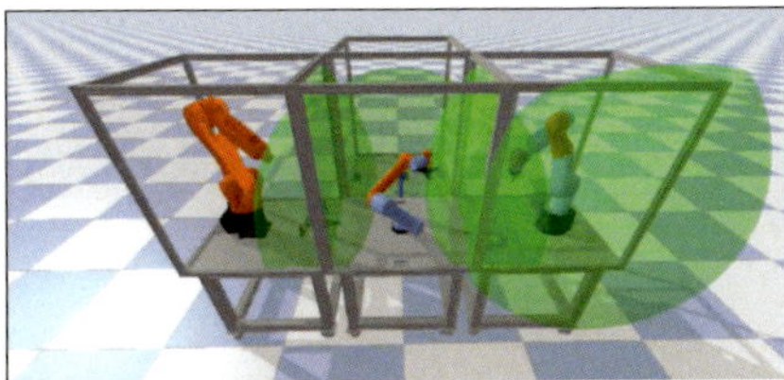
(1), (2), (3) befinden sich in den Startpositionen und sind ausschließlich in ihren Basiszellen: grün</td><td>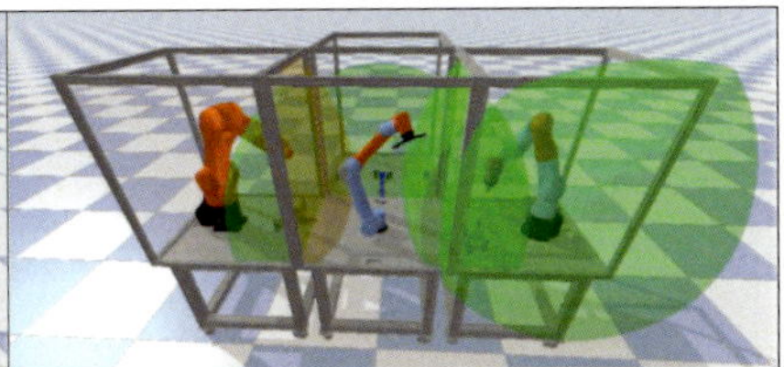
(1) in Kollisionsbereich, (2) in Reichweite: orange
(3) in Basiszelle</td></tr>
<tr><td>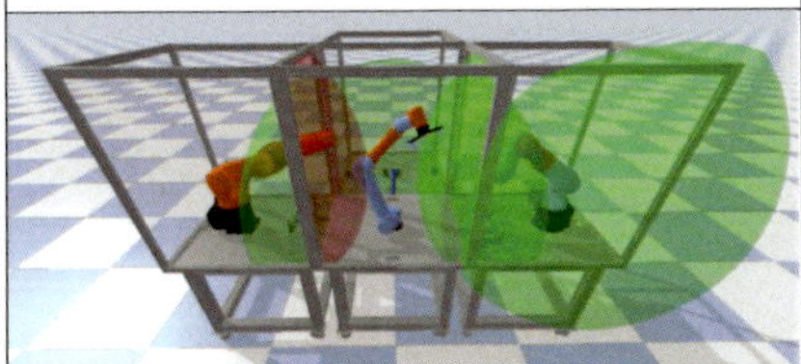
(1) in Kollisionsbereich, A < BG: rot
(2) in R von (1), (1) in Kollisionsbereich: orange
(3) in Basiszelle: grün</td><td>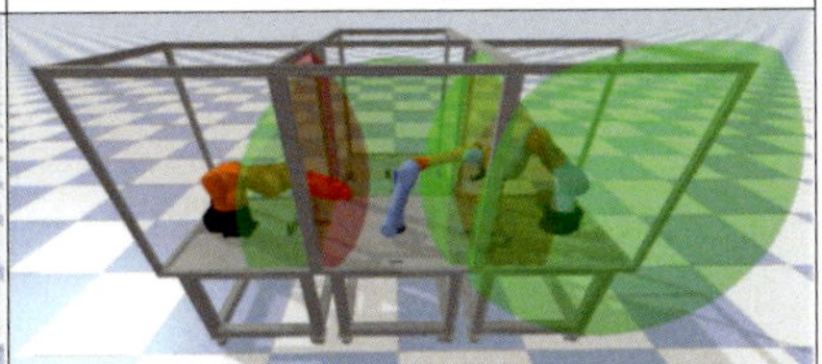
(1) bleibt gleich
(2), (3) in Kollision: rot</td></tr>
<tr><td>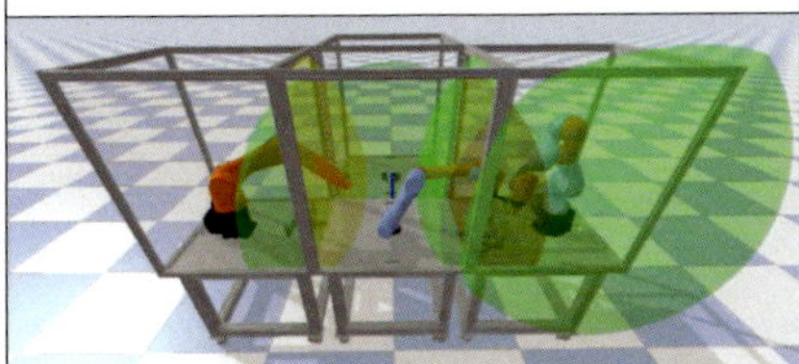
(1) in Kollisionsbereich: gelb
(2), (3) A < BG: rot</td><td>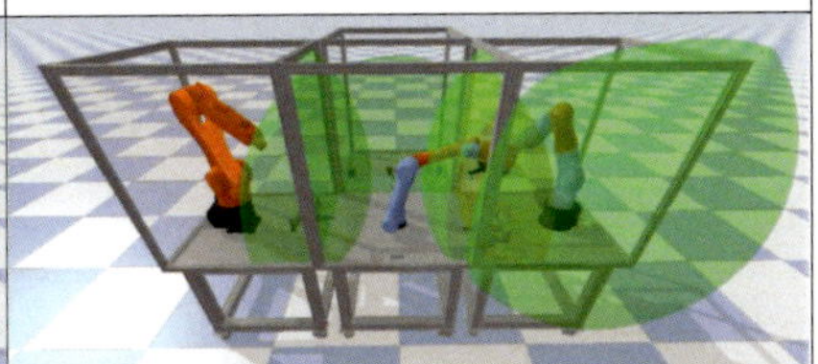
(1) in Basiszelle: grün
(2) in Kollisionsbereich, (3) in R: orange</td></tr>
<tr><td>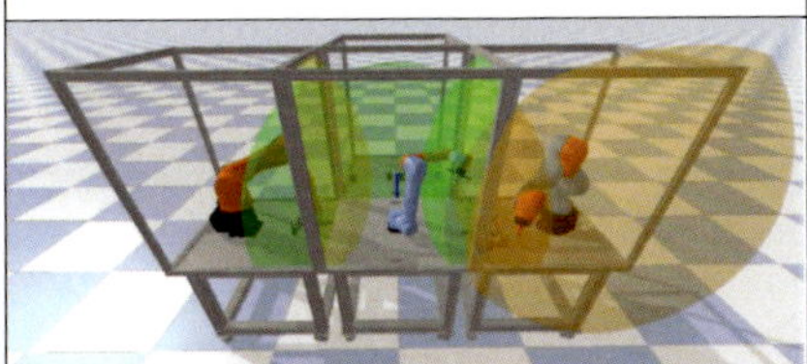
(1) in Kollisionsbereich: gelb
(2) in Kollisionsbereich, (3) in R: orange
(3) in Kollisionsbereich, in R von (2): orange</td><td>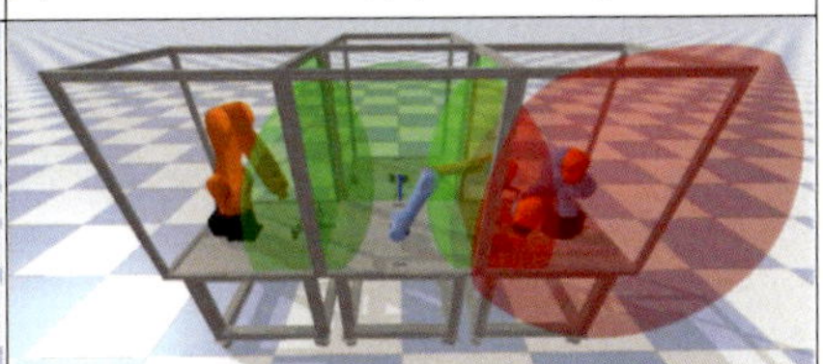
(1) in Basiszelle: grün
(2) unverändert: orange
(3) A < BG: rot</td></tr>
<tr><td></td><td>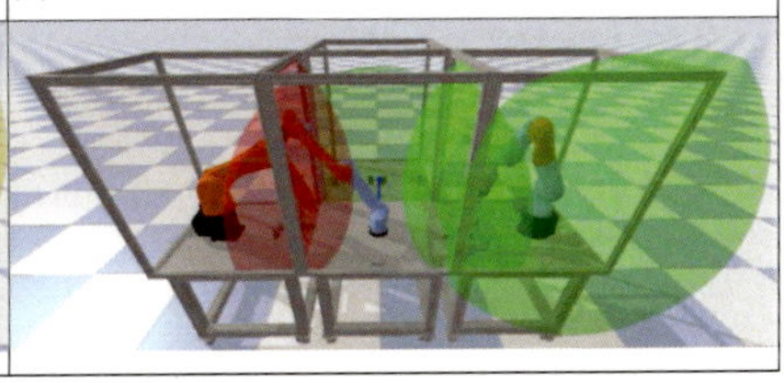</td></tr>
</table>

(1) A < BG: rot (2) in Kollisionsbereich: gelb (3) in Kollisionsbereich, A < SG: gelb	(1), (2) A < BG: rot

Tabelle 10.6: Abstandsgrenzwerte der Roboter Kuka LBR iiwa, UR5 und Kuka Agilus bei maximalen und angepassten Bedingungen

Distance limits of the Kuka LBR iiwa, UR5 and Kuka Agilus robots at maximum and adjusted conditions

Roboter	Gelenke	Max. Ge-schw. (°/s)	Bremsweg (°)	Bremsweg (mm)	Angepasste Geschw. (%)	Bremsweg (°)	Bremsweg (mm)
Kuka LBR iiwa	A1	85	21	0,00	33	2,50	0,00
	A2	85	28	0,00	33	3,50	0,00
	A3	100	44	79,42	33	2,50	9,43
	A4	75	38	141,02	66	5,50	18,63
	A5	130	-	396,48	0	-	51,27
	A6	135	-	617,33	0	-	85,3
	A7	135	-	777,46	0	-	110,02
	TCP	-	-	907,36	-	-	128,87
UR 5	A1	183	13	0,00	66	7,22	0,00
	A2	183	30	31,16	33	3,70	17,11
	A3	183	12	77,98	66	6,19	13,66
	A4	183	-	359,28	0	-	70,23
	A5	183	-	496,23	0	-	103,98
	A6	183	-	517,28	0	-	114,08
	TCP	-	-	587,10	-	-	128,59
Kuka Agilus	A1	360	70	0,00	22	8,46	0,00
	A2	300	60	28,68	15	4,27	3,68
	A3	360	54	411,67	15	6,82	31,15
	A4	388	-	425,03	0	-	34,01
	A5	615	-	1045,95	0	-	109,56
	TCP	-	-	1174,67	-	-	124,42

10.2 Ontologien

Ontologies

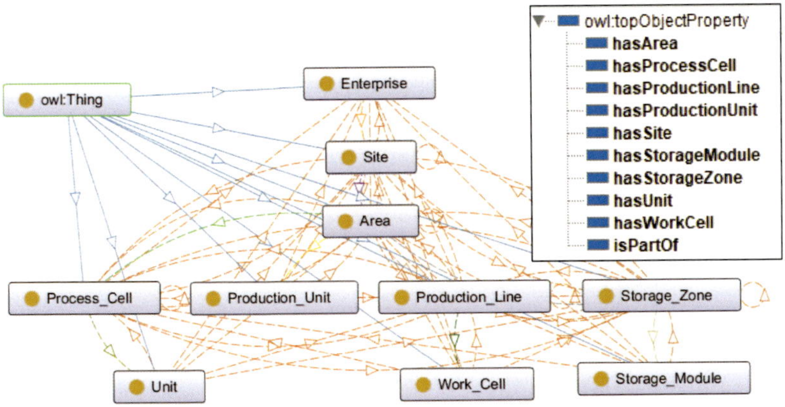

Bild 10.1: Abbildung der Hierarchieebenen der IEC 62264-1 als Ontologie

Illustration of the hierarchy levels of IEC 62264-1 as an ontology

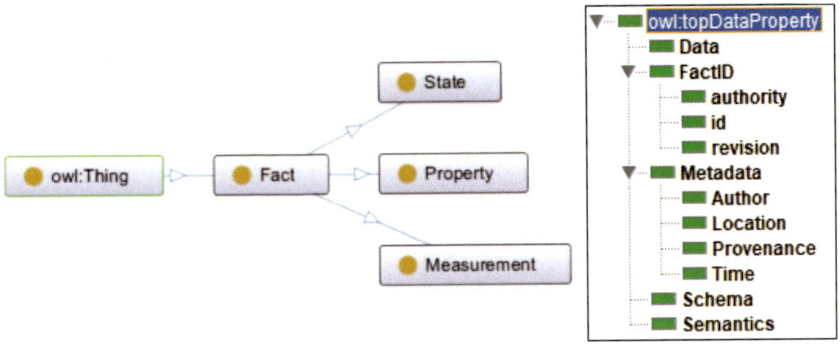

Bild 10.2: Abbildung des Konzepts der Facts als Ontologie

Illustration of the concept of Facts as an ontology

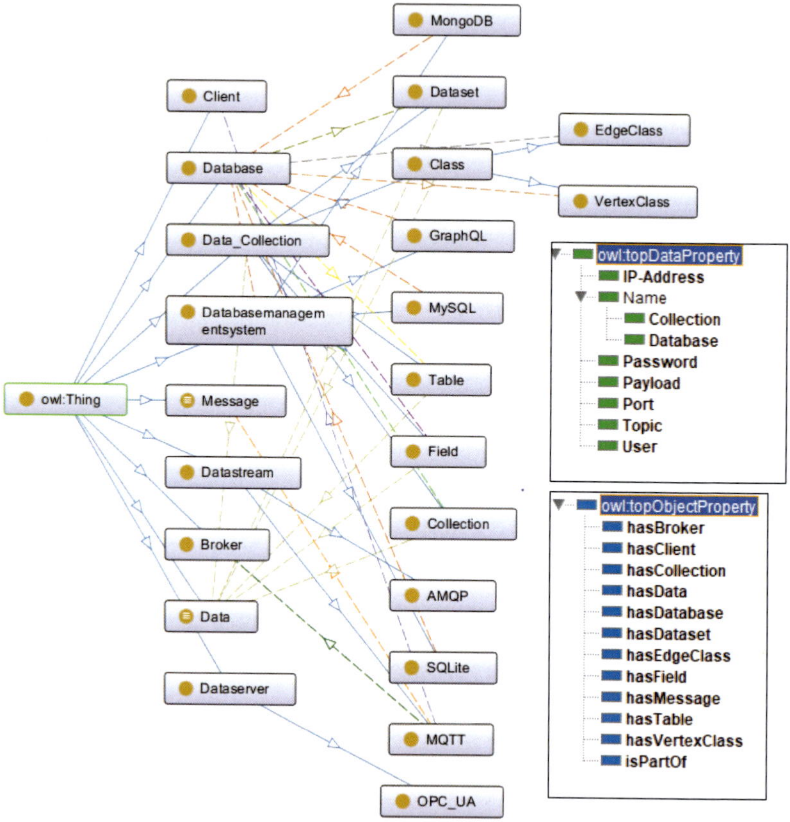

Bild 10.3: Abbildung der Datenquellen als Ontologie

Illustration of the data sources as an ontology

10.3 Integration der sicherheitsbezogenen Komponenten

Integration of safety-related components

Bild 10.4 zeigt die Integration der Sicherheitsausrüstung einschließlich der Lichtgitter und der Notausschalter sowie der Sicherheitssteuerungen einschließlich des Revolution Pi mit E/A-Modulen und des Raspberry Pi mit I2C-E/A-Modulen.

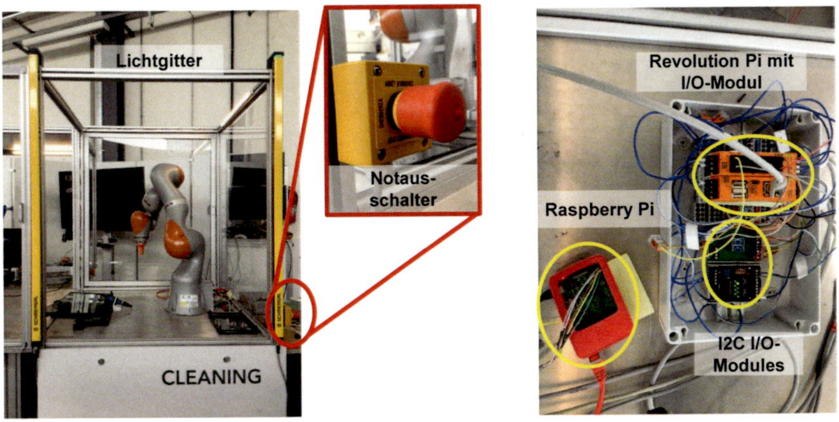

Bild 10.4: Integration der sicherheitsbezogenen Komponenten

Integration of safety-related components

Die Lichtgitter werden häufig als Sicherheitssensor zur Ausübung von Prozessunterbrechungen eingesetzt. Die Lichtgitter sind so angebracht, dass der Erfassungsbereich die Öffnung der Cleaner-Zelle abdeckt und jede Bewegung von außen in die Zelle diesen Bereich passieren muss und erkannt wird. Der Abstand zwischen Lichtgitter und der gefährlichen Komponente der Zelle (dem Roboter) beträgt etwa 50 cm. Daher ist die längste Reaktionszeit der Komponenten auf ein sicherheitsrelevantes Signal auf 0,6 Sekunden ausgelegt. Unter diesen Bedingungen haben die Komponenten genügend Zeit, um auf eine Unterbrechung mit einer maximalen Annäherungsgeschwindigkeit von etwa 0,8 m/s zu reagieren, was bei den meisten Anwendungsfällen angemessen ist.

Die Lichtgitter haben zwei unabhängige Ausgangssignal-Schaltgeräte (OSSD), OSSD 1 und OSSD 2. Wenn eine Unterbrechung stattfindet und die Lichtstrahlen der Lichtgitter blockiert werden, schalten die OSSD-Ausgänge auf 0 VDC. Sobald keine Unterbrechung mehr stattfindet, schalten die Ausgänge der OSSDs wieder auf 24 VDC. Die OSSD-Ausgänge werden als sicherheitsrelevantes Signal genutzt.

Außerhalb der gesamten ICECAT-Demonstration sind mehrere Notausschalter angebracht, die immer leicht erreichbar sein müssen. Die Notausschalter müssen manuell gedrückt werden, wenn eine gefährliche Situation beobachtet wird. Außerdem gibt es eine Reset-Taste für den gesamten Aufbau, mit der die Zellen zurückgesetzt werden, nachdem die Gefahrensituation ordnungsgemäß nachgekommen wurde. Alle Notausschalter haben einen gemeinsamen OSSD, und die Betätigung einer dieser Tasten bewirkt das Umschalten des Ausgangssignals des OSSD. Notausschalter sind als Öffner ausgeführt.

Es wurden ein Revolution Pi und ein Raspberry Pi zur Steuerung und Integration der Sicherheitslogik verwendet. Der Revolution Pi und der Raspberry Pi sind Einplatinencomputer mit dem Betriebssystem Raspbian, das auf dem Betriebssystem Linux basiert. Jeder von ihnen verfügt über eine Ethernet-Schnittstelle und mehrere USB-Schnittstellen. Der Raspberry Pi unterstützt den inter-integrierten Schaltkreis (I2C) und ist mit den I2C-E/A-Modulen verbunden. Das Eingangsmodul und das Ausgangsmodul haben jeweils acht Pins und können mit einer Betriebsspannung von 24 VDC arbeiten. Am Eingangsmodul ist ein Pin mit dem OSSD-Ausgang des Lichtgitters und ein weiterer Pin mit dem OSSD-Ausgang der Notausschalter verbunden. Die Signale der OSSD-Ausgänge können dann vom Raspberry Pi gelesen werden. Der Raspberry Pi kann den I2C-Ausgang der Pins setzen, der die pneumatische Absaugung steuert.

Ein digitales I/O-Modul von Revolution Pi wird mit dem Revolution Pi Core kombiniert, um die OSSD-Ausgänge des Lichtgitters und des Notausschalters zu empfangen. Es hat vierzehn digitale Eingangspins und vierzehn digitale Ausgangspins mit 24 VDC. Die Eingänge können gelesen und die Ausgänge über eine Softwareanwendung im Revolution Pi Core eingestellt werden.

10.4 Detaillierte Beschreibung der Viola-Jones Methode

Detailed description of the Viola-Jones Method

Die Viola-Jones-Methode wird für die Erkennung von Objekten – insbesondere für die Gesichtserkennung – in Bildern verwendet. Der kaskadierte Klassifikator wird anhand von gelabelten Bildern (positiv und negativ) trainiert [VIOL01]. In Bild 10.5 wird die Viola-Jones Methode schematisch dargestellt.

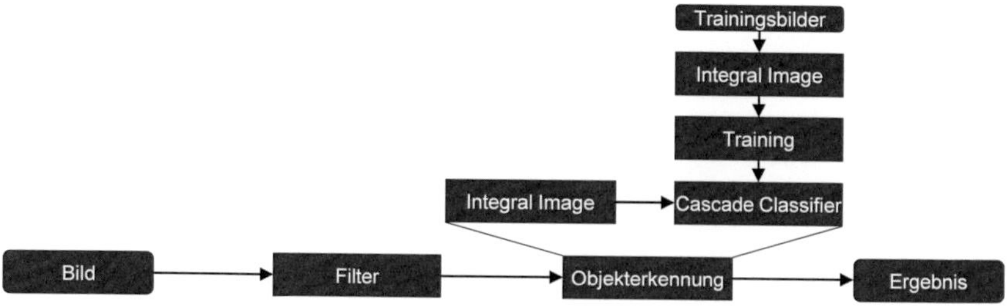

Bild 10.5: Schematische Darstellung der Viola-Jones Methode

Schematic representation of the Viola-Jones method

Es werden drei Grundtypen der Haar-like Features, wie in Bild 10.6 dargestellt, verwendet:

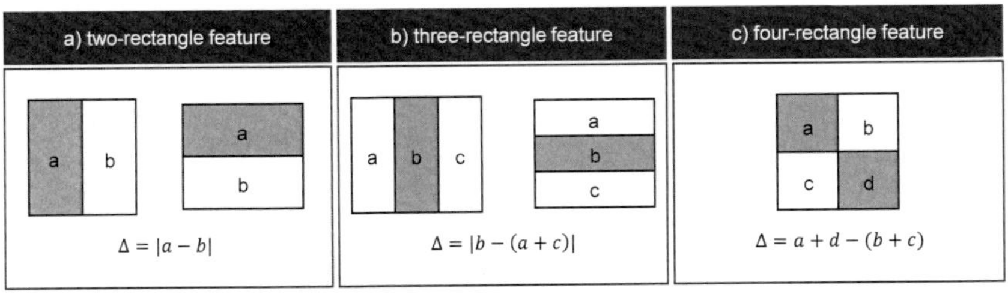

Bild 10.6: Grundtypen der Haar-like Features nach [VIOL01]

Basic types of hair-like features after [VIOL01]

Liegt die Differenz $\Delta \ll 1$, so wird durch das Feature eine einfarbige Region erkannt. Ist die Different $\Delta \gg 1$, so wird eine Grenze zwischen Regionen erkannt. Während des Trainings wird ein Schwellenwert berechnet, der bei der Erkennung eines Objekts in einem neuen Bild entscheidet, ob sich an dieser Stelle ein Haar-like Feature vorliegt oder nicht. [PAPA98]

Modifizierter AdaBoost Algorithmus

Durch Kombination mehrerer schwacher Klassifikatoren wird ein starker Klassifikator erstellt, mit dem ein neues Beispiel einer Zielklasse zugeordnet werden kann. Ein schwacher Klassifikator ist ein Klassifikator, dessen Fehler nur etwas besser als der Fehler von zufälligem Raten ist [HAST17]. Nicht alle möglichen Variationen von Features werden zur Erkennung eines gesuchten Objektes benötigt. Durch eine abgewandelte Variante des AdaBoost Algorithmus wird während des Trainings der Viola-Jones Methode eine Auswahl der Features getroffen. Die ausgewählten Features werden dann vom starken Klassifikator zur Objekterkennung genutzt. [VIOL01]

Bereits klassifizierte Trainingsbilder erhalten zu Beginn jeweils ein Startgewicht (siehe Bild 10.7). Dann wird für jedes Feature ein schwacher Klassifikator erstellt und in jeder Iterationsschleife der schwache Klassifikator mit dem geringsten Fehler ausgewählt. Die schwachen Klassifikatoren der Iterationsschleifen bilden einen starken Klassifikator.

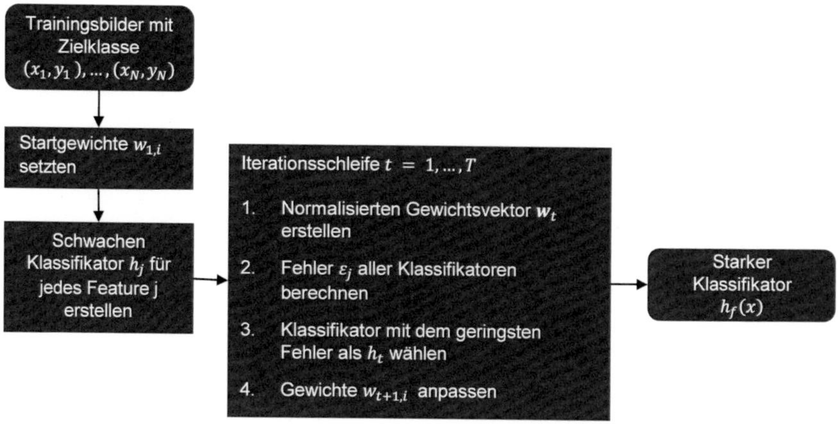

Bild 10.7: Schematische Darstellung des modifizierten AdaBoost Algorithmus

Schematic representation of the modified AdaBoost algorithm

Für den modifizierten AdaBoost Algorithmus wird ein Datensatz von Bildern $(x_1, \dots, x_n)$ mit Beispielen benötigt, die ihrer Zielklasse $(y_1, \dots, y_n)$ schon zugeordnet sind und negative beziehungsweise positive Beispiele $y = \{0,1\}$ für das zu erkennende Objekt darstellen. Als Erstes wird jedem Bild ein einheitliches Startgewicht $w_{t,i}$ zugeordnet, die mit der Formel

$$w_{1,i} = \frac{1}{2p} \; bzw. \; w_{1,i} = \frac{1}{2n} \tag{10.1}$$

p = Anzahl der positiven Beispiele

n = Anzahl der negativen Beispiele

Berechnet werden. Im nächsten Schritt wird für jedes Feature j ein schwacher Klassifikator h_j erstellt, die jeweils nur aus einem einzigen Feature bestehen. Nach der Erstellung der schwachen Klassifikatoren folgt für die Iterationsschritte $t = 1, 2, \dots, T$ die Normalisierung des Gewichtsvektors $\boldsymbol{w}_{t,i}$, die Erstellung eines schwachen Klassifikators h_t und die Anpassung der Gewichte. Zuerst werden die Gewichte mit

$$w_{t,i} = \frac{w_{t,i}}{\sum_{j=1}^{n} w_{t,j}} \tag{10.2}$$

normalisiert. Daraus wird dann der Gewichtsvektor $\boldsymbol{w}_t$ erstellt, der eine Wahrscheinlichkeitsverteilung darstellt. Nun werden die Fehler der einzelnen schwachen Klassifikatoren ε_j berechnet. Dabei wird der zuvor erstellte Gewichtsvektor $\boldsymbol{w}_t$ berücksichtigt. Der Fehler entspricht der Summe aller Gewichte, die zu den falsch klassifizierten Beispielen gehören und wird mit der Gleichung

$$\varepsilon_j = \sum_i w_{t,i} |h_j(x_i) - y_i| \tag{10.3}$$

bestimmt. Danach wird der schwache Klassifikator h_j mit dem geringsten Fehler ε_j als schwacher Klassifikator des aktuellen Iterationsschrittes h_t gewählt. Für den letzten Schritt wird zunächst der Parameter β_t

$$\beta_t = \frac{\varepsilon_t}{1 - \varepsilon_t} \tag{10.4}$$

berechnet. Dann folgt die Anpassung der Gewichte.

$$\boldsymbol{w}_{t+1,i} = \boldsymbol{w}_{t,i} \beta_t^{1-e_i} \tag{10.5}$$

$$\text{mit } e_i = \begin{cases} 0, & x_i \text{ wurde richtig klassifiziert} \\ 1, & x_i \text{ wurde falsch klassifiziert} \end{cases}$$

Wurden alle T Iterationsschritte durchlaufen, wird der finale Klassifikator $h_f(x)$ erstellt. Dieser Klassifikator entspricht einem starken Klassifikator und beinhaltet die zuvor in den Iterationsschritten bestimmten schwachen Klassifikatoren h_t. Über eine gewichtete Mehrheitswahl wird entschieden, in welche Zielklasse $y = \{0,1\}$ ein neues Bild eingeordnet wird.

$$h_f(x) = \begin{cases} 1, & falls \sum_{t=1}^{T} (\log \frac{1}{\beta_t}) h_t(x) \geq \frac{1}{2} \sum_{t=1}^{T} log \frac{1}{\beta_t} \\ 0, & ansonsten \end{cases} \tag{10.6}$$

So wird durch den modifizierten AdaBoost Algorithmus die Anzahl der Variationen an Features für den finalen Klassifikator reduziert, sodass sich die Rechenzeit für das Erkennen des gewünschten Objektes verringert. [VIOL01]

Integral Image

Für die Anwendung der Haar-like Features wird die Differenz zwischen Pixelwerten der Regionen berechnet. Um den Rechenaufwand zum Erhalt der Summe der Pixelwerte einer Region zu minimieren, kann das Integral Image verwendet werden [VIOL01]. Hierzu wird ein neues Bild (Integral Image) mit derselben Pixelanzahl und demselben Seitenverhältnis erstellt. Für die Bestimmung des Pixelwertes im Integral Image an der Stelle (x, y) werden alle Pixelwerte links von und über der Stelle (x, y), sowie den Pixel an der Stelle (x, y) des Originalbildes addiert und in das Integral Image an Stelle (x, y) eingesetzt. Für jeden Pixel wird die beschriebene Vorgehensweise wiederholt.

$$ii(x,y) = \sum_{x'=1}^{x} \sum_{y'=1}^{y} i\,(x',y') \tag{10.7}$$

$i(x, y)$ = Pixelwert des Originalbildes an der Stelle (x, y)

$ii(x, y)$ = Pixelwert des Integral Images an der Stelle (x, y)

In Bild 10.8 wird das Bilden des Integral Images beispielweise an einer Stelle mit Zahlenwerten gezeigt.

Originalbild

0,6	0,1	0,3	0,2	0,5	0,3
0,4	0,2	0,8	0,9	0,1	0,8
0,5	0,6	0,9	0,4	0,2	0,7
0,3	0,5	0,6	0,1	0,5	0,7
0,3	0,2	0,7	0,5	0,2	0,2

$i(4{,}3) = 0{,}6$

Integral Image

0,6	0,7	1,0	1,2	1,7	2,0
1,0	1,3	2,4	3,5	4,1	5,2
1,5	2,4	4,4	5,9	6,7	8,5
1,8	3,2	5,8	7,4	8,7	11,2
2,1	3,7	7,0	9,1	10,6	13,3

$$\mathrm{ii}(4{,}3) = ii(x,y) = \sum_{x'=1}^{4} \sum_{y'=1}^{3} i\,(x',y')$$
$$= 0{,}6 + 0{,}1 + 0{,}3 + 0{,}4 + 0{,}2 + 0{,}8 + 0{,}5 + 0{,}6 + 0{,}9 + 0{,}3 + 0{,}5 + 0{,}6 = 5{,}8$$

Bild 10.8: Vorgehen zum Bilden des Integral Images

Approach for the creation of the Integral Image

Wird nun die Summe der Pixelwerte einer Region (siehe Rechteck D in Bild 10.9) im Originalbild für den Vergleich mit einem Haar-like Feature benötigt, müssen vier Pixelwerte im Integral Image zur Berechnung (siehe Formel (10.8)) verwendet werden. Dazu wird das Rechteck in das Integral Image übertragen und die Eckwerte des Rechtecks verwendet, die die addierten Pixelwerte der Rechtecke A, B und C beschreiben. Um den Wert des Rechtecks D zur ermitteln, werden also die Werte der gesamten Region (A+B+C+D) um die Pixelwerte der Regionen A+B und A+C verringert. Der Pixelwert für Region A wird hinzugefügt. Es wird die Summe in der Region (Rechteck D) mit

$$D = ii(4{,}5) - ii(1{,}5) - ii(4{,}3) + ii(1{,}3) \quad (10.8)$$

bestimmt. [VIOL01]

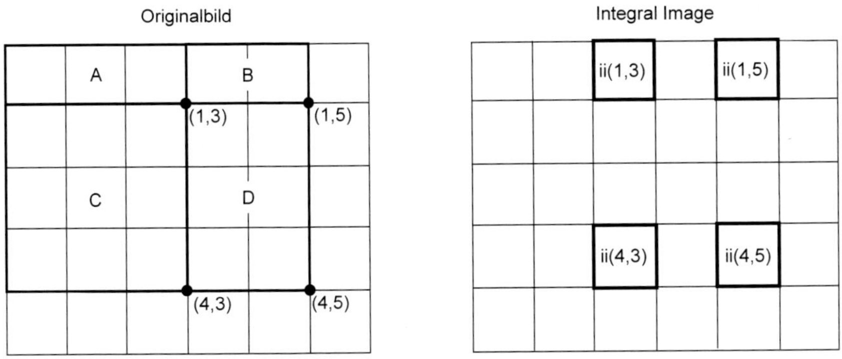

Bild 10.9: Berechnung eines Bildbereiches mithilfe des Integral Image

Calculation of an image area using the Integral Image

Aufgrund der aneinandergrenzenden Regionen zur Bestimmung der Haar-like Features kann ein *two-rectangle* Feature durch sechs Pixelwerten aus dem Integral Image berechnet werden. Für das *three-rectangle* Feature werden für die Berechnung acht Pixelwerte und für das *four-rectangle* Feature neun Pixelwerte aus dem Integral Image benötigt. [VIOL01]

Cascade Classifier

Der Cascade Classifier fokussiert entscheidende Bereiche des Bildes und verringert somit zusätzlich die Rechenzeit. Unterschiedlich komplexe werden in einer Kaskade angeordnet. Einfache Klassifikatoren sortieren einen Großteil der Bildbereiche aus, in denen sich das zu erkennende Objekt nicht befindet. Komplexere Klassifikatoren werden auf die übrig gebliebenen Bildbereiche angewendet. In jeder Stufe werden Objekte erkannt, die entsprechenden Bildbereiche werden in den nächsten Schritt übergeben und dort von einem komplexeren Klassifikator evaluiert (siehe Bild 10.10). [VIOL01]

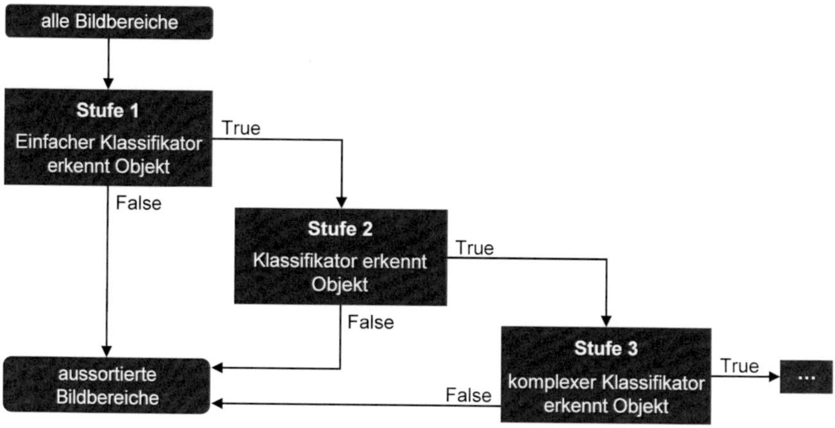

Bild 10.10: Schematische Darstellung des Cascade Classifiers

Schematic representation of the Cascade Classifier

Beim Training eines Cascade Classifiers werden die Stufen nacheinander erstellt. Jede Stufe enthält einen starken Klassifikator. Aus den Grundtypen an Features werden alle möglichen schwachen Klassifikatoren gebildet. Anhand von klassifizierten Trainingsbildern wird dann von dem modifizierten AdaBoost ein starker Klassifikator erstellt. [VIOL01] In Bild 10.11 wird das Training einer Stufe schematisch dargestellt.

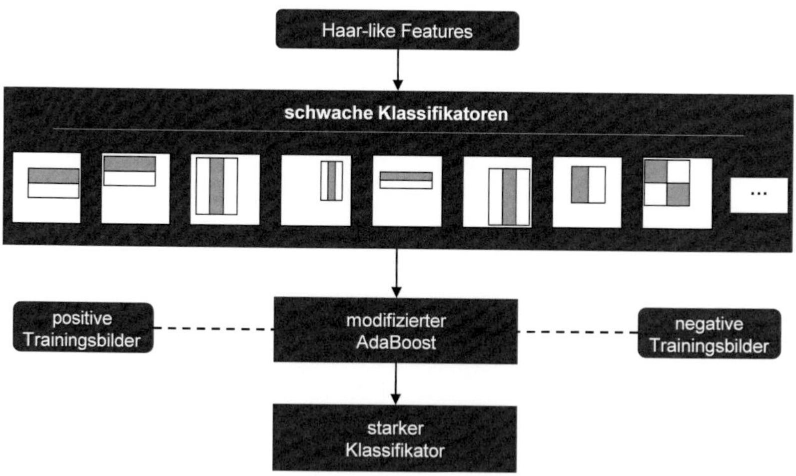

Bild 10.11: Schematische Darstellung von dem Training einer Kaskadenstufe

Schematic representation of the training of a cascade stage

Für die Erstellung der nächsten Stufe wird der Satz an negativen Trainingsbildern angepasst. Alle Trainingsbilder, in denen kein Objekt erkannt wird, werden aussortiert. Werden ein oder mehrere Objekte erkannt, wird das dazugehörige Trainingsbild in dem Satz an negativen Trainingsbildern für das Training der nächsten Stufe verwendet. Der Satz an negativen Trainingsbildern für die nächste Stufe besteht nun also ausschließlich aus von der vorherigen Stufe falsch klassifizierten Bildern (falsch-positiv). Der Satz an positiven Trainingsbildern wird für die nächste Stufe nicht verändert. Die Klassifikatoren werden mit jeder Stufe komplexer. [VIOL04]

Eine hohe Erfolgsrate ist von der Anzahl der Stufen und der Anzahl der schwachen Klassifikatoren abhängig. Je mehr schwache Klassifikatoren verwendet werden, desto höher ist die Erkennungsrate und desto weniger Objekte werden falsch erkannt (falsch-positiv). Ebenso sinkt die falsch-positiv Rate mit der Anzahl der Stufen. Allerdings erhöhen viele schwache Klassifikatoren, wie auch eine größere Anzahl von Stufen, die Rechenzeit. Außerdem verhindert ein zu hoher Schwellwert eine hohe Erkennungsrate. Ein zu niedriger Schwellwert hingegen erkennt Objekte, wo keine sind. Die falsch-positiv Rate wird dadurch zu hoch. Beim Training eines Cascade Classifiers wird das Problem der drei Komponenten

- Anzahl an schwachen Klassifikatoren
- Anzahl an Stufen
- Schwellenwert

in jeder Stufe gelöst. Vor dem Training wird manuell ein Stufenziel für die minimale Erkennungsrate d und ein Stufenziel für die maximale falsch-positiv Rate f gesetzt. In jeder Stufe werden nun so lange schwache Klassifikatoren hinzugefügt, bis die Stufenziele erreicht werden. Mithilfe eines Validierungssets wird in jeder Stufe überprüft, ob die Stufenziele erreicht wurden. Stufen werden so lange hinzugefügt, bis das globale Ziel für die falsch-positiv Rate F erreicht wird. Das globale Ziel lässt sich aus den beim Start gesetzten Stufenziel für die falsch-positiv Rate f und der Stufenanzahl s durch:

$$\mathrm{F} = f^s \tag{10.9}$$

errechnen. [VIOL04]

In der Reihe **Ergebnisse aus der Produktionstechnik** zuletzt erschienen:

Padberg, Melanie:
Ansätze der inhärent sicheren Konstruktion modifizierbarer, cyberphysischer Produktionssysteme
ISBN: 978-3-98555-184-2
Erscheinungsdatum: 07.12.2023

Wlecke, Shari:
Industrialisierung hochiterativ entwickelter Produkte
ISBN: 978-3-98555-171-2
Erscheinungsdatum: 13.11.2023

Müller, Clemens:
Elektrische Widerstandserwärmung von Blechwerkstoffen zur Steigerung der Umformbarkeit
ISBN: 978-3-98555-175-0
Erscheinungsdatum: 16.10.2023

Scheuer, Thomas:
Fähigkeitsbündel zur Steigerung der Arbeitsproduktivität für intelligente produzierende Unternehmen
ISBN: 978-3-98555-173-6
Erscheinungsdatum: 25.09.2023

Heutmann, Timo:
Proactive Production Control for a Synchronized Tool Production
ISBN: 978-3-98555-164-4
Erscheinungsdatum: 03.08.2023

Müller, Ulrich:
Material Removal and Grinding Wheel Wear Mechanisms during Grinding of Polycrystalline Cubic Boron Nitride
ISBN: 978-3-98555-163-7
Erscheinungsdatum: 01.08.2023

Studerus, Bastian:
Gestaltung von Kooperationen zwischen Technologiekonzernen und Start-ups
ISBN: 978-3-98555-186-6
Erscheinungsdatum: 04.12.2023

Riedel, Jörn:
Scannendes Verfahren zur flexiblen Messung asphärischer Optiken
ISBN: 978-3-98555-177-4
Erscheinungsdatum: 31.10.2023

Buckhorst, Armin Friedrich:
Planung und Steuerung von Abläufen in linienlosen mobilen Montagesystemen
ISBN: 978-3-98555-174-3
Erscheinungsdatum: 26.09.2023

Schwarberg, Annika:
Identifizierung von Innovationspotenzialen durch die Analyse von Produktnutzungsinformationen
ISBN: 978-3-98555-169-9
Erscheinungsdatum: 17.08.2023

Schroers, Marius:
Gehörbezogene Auslegung zweistufiger Getriebe unter Berücksichtigung dynamischer Anregungseffekte
ISBN: 978-3-98555-165-1
Erscheinungsdatum: 01.08.2023

Vogel, Paul-Alexander:
Entwicklung eines Prozessmodells für die nicht-isotherme vakuumunterstützte Dünnglasumformung
ISBN: 978-3-98555-140-8
Erscheinungsdatum: 21.06.2023

Edition Wissenschaft
Apprimus

Chavan, Prateek:

Substructuring Methods for Efficient Prediction of Spindle-Holder-Tool Assembly Dynamics

ISBN: 978-3-98555-160-6
Erscheinungsdatum: 05.06.2023

Schneidermann, Dennis:

Orchestration von Vertrauen in interorganisationalen Wissensnetzwerken der Fabrikplanung

ISBN: 978-3-98555-153-8
Erscheinungsdatum: 15.05.2023

Welsing, Martin:

Bewertung der ökologischen Nachhaltigkeit von Produktionsnetzwerkkonfigurationen

ISBN: 978-3-98555-155-2
Erscheinungsdatum: 19.04.2023

Beckers, Alexander:

Auslegung wirtschaftlich-technologisch optimierter Fertigungsprozessfolgen mittels prozessübergreifender Modellierung

ISBN: 978-3-98555-154-5
Erscheinungsdatum: 18.04.2023

Gipperich, Marius:

Untersuchung eines Zweistrahlprozesses als Ansatz zur Prozessstabilitätserhöhung des drahtbasierten Laserauftragschweißens

ISBN: 978-3-98555-151-4
Erscheinungsdatum: 15.03.2023

Ochel, Tim:

Prognostik zur Resilienzsteigerung im Werkzeugbau

ISBN: 978-3-98555-161-3
Erscheinungsdatum: 22.05.2023

Greipel, Jonathan:

Grouping of Inspection Characteristics to Reduce Costs of Adaptive Inspection Planning in Variant Production

ISBN: 978-3-98555-157-6
Erscheinungsdatum: 03.05.2023

Troß, Nico:

Mehrskalenmodellierung der thermomechanischen Werkzeugbelastung beim Trockenwälzfräsen

ISBN: 978-3-98555-158-3
Erscheinungsdatum: 19.04.2023

Nicksch, Christoph:

Konfiguration verteilter Large-Scale Metrology Systeme in rekonfigurierbaren Montageumgebungen

ISBN: 978-3-98555-152-1
Erscheinungsdatum: 20.03.2023

Motschke, Tobias:

Analyse und Modellierung der Dämpfungseigenschaften von Spindellagern

ISBN: 978-3-98555-148-4
Erscheinungsdatum: 06.03.2023

Edition Wissenschaft
Apprimus

FSC
www.fsc.org
MIX
Papier | Fördert gute Waldnutzung
FSC® C083411

Zeitfracht Medien GmbH
Ferdinand-Jühlke-Straße 7
99095 Erfurt, Deutschland
produktsicherheit@kolibri360.de